全国高职高专课程教学改革实践教材

亚龙智能装备集团股份有限公司校企合作项目成果系列教材

模拟电子技术基础计算机仿真与教学实验指导

主　编　唐灿耿　张志愿

副主编　李萍萍　谢　春　程向娇

参　编　陈　建　张思思　高明泽

机　械　工　业　出　版　社

本书作为全国高职高专课程教学改革实践指导教材系列之一，是关于模拟电子技术基础知识的计算机仿真与教学实验指导，以“教师好教”“学生好学”“学后好用”为改革目标，结合 YL-1007B 课程实验模块，将理论知识与实验项目紧密结合，图文并茂、直观形象。本书既有典型电路的原理分析，又有根据原理进行的 Multisim 软件仿真，还有根据实验模块进行的动手操作，并在每个实验项目最后将实验结果与电路原理、软件仿真结果进行对比分析，给出合理的理论解释，巩固和深化对原理的理解和记忆。

本书可作为高职高专或应用型本科院校电子信息工程、自动化、物联网工程等专业的教材，也可作为相关技术人员的培训教材或参考书。

为便于教学，本书配有电子课件等教学资源，选择本书作为教材的教师可来电（010-88379195）索取，或登录 www.cmpedu.com 网站注册并免费下载。

图书在版编目（CIP）数据

模拟电子技术基础计算机仿真与教学实验指导/唐灿耿，张志愿主编. —北京：机械工业出版社，2018.4
全国高职高专课程教学改革实践教材
ISBN 978-7-111-59747-6

Ⅰ.①模…　Ⅱ.①唐…　②张…　Ⅲ.①模拟电路-电子技术-高等职业教育-教学参考资料　Ⅳ.①TN710.4

中国版本图书馆 CIP 数据核字（2018）第 082120 号

机械工业出版社（北京市百万庄大街 22 号　邮政编码 100037）
策划编辑：赵红梅　责任编辑：柳　瑛　责任校对：刘　岚
封面设计：马精明　责任印制：常天培
北京京丰印刷厂印刷
2018 年 7 月第 1 版第 1 次印刷
184mm×260mm · 11.5 印张 · 269 千字
0001—2000 册
标准书号：ISBN 978-7-111-59747-6
定价：33.00 元

序

在落实《国家中长期教育改革和发展规划纲要（2010—2020年）》新时期职业教育的发展方向、目标任务和政策措施的时候，教育部制定了《中等职业教育改革创新行动计划（2010—2012年）》（以下简称《计划》）。《计划》中指出，以教产合作、校企一体和工学结合为改革方向，以提升服务国家发展和改善民生的各项能力为根本要求，全面推动中等职业教育随着经济增长方式转变“动”，跟着产业结构调整升级“走”，围绕企业人才需要“转”，适应社会和市场需求“变”。

中等职业教育的改革，着力解决教育与产业、学校与企业、专业设置与职业岗位、课程教材与职业标准不对接，职业教育针对性不强和吸引力不足等各界共识的突出问题，紧贴国家经济社会发展需求，结合产业发展实际，加强专业建设，规范专业设置管理，探索课程改革，创新教材建设，实现职业教育人才培养与产业，特别是区域产业的紧密对接。

《计划》中关于推进中等职业学校教材创新的计划是：围绕国家产业振兴规划、对接职业岗位和企业用人需求，创新中等职业学校教材管理制度，逐步建立符合我国国情、具有时代特征和职业教育特色的教材管理体系，开发建设覆盖现代农业、先进制造业、现代服务业、战略性新兴产业和地方特色产业，苦脏累险行业，民族传统技艺等相关专业领域的创新示范教材，引领全国中等职业教育教材建设的改革创新。2011—2012年，制订创新示范教材指导建设方案，启动并完成创新示范教材开发建设工作。

在落实该《计划》的背景下，亚龙智能装备集团股份有限公司与机械工业出版社共同组织中等职业学校教学第一线的骨干教师，为先进制造业、现代服务业和新兴产业类的电气技术应用、电气运行与控制、机电技术应用、电子技术应用、汽车运用与维修等专业的主干课程、方向性课程编写“做学教一体化”系列教材，探索创新示范教材的开发，引领中等职业教育教材建设的改革创新。

多年来，中等职业学校第一线的教师对教学改革的研究和探索，得到了一个共同的结论：要提升服务国家发展和改善民生的各项能力，就应该采用理实一体的教学模式和教学方法。以项目为载体，工作任务引领，完成工作任务的行动导向；让学生在完成工作任务的过程中学习专业知识和技能，掌握获取资讯、决策、计划、实施、检查、评价等工作过程的知识，在完成工作任务的实践中形成和提升服务国家发展和改善民生的各项能力。一本体现课程内容与职业资格标准、教学过程与生产过程对接，符合中等职业学校学生认知规律和职业能力形成规律，形式新颖、职业教育特色鲜明的教材；一本解决“做什么、学什么、教什么？怎样做、怎样学、怎样教？做得怎样、学得怎样、教得怎样？”问题的教材，是中等职业学校广大教师热切期盼的。

承载职业教育教学理念，解决“做什么、学什么、教什么？怎样做、怎样学、怎样教？做得怎样、学得怎样、教得怎样？”问题的教学实训设备，同样是中等职业学校广大教师热切期盼的。亚龙智能装备集团股份有限公司秉承服务职业教育的宗旨，潜心研究职业教育。在源于企业、源于实际、源于职业岗位的基础上，开发“既有真实的生产性功能，又整合学习功能”的教学实训设备；同时，又集设备研发与生产、实训场所建设、教材开发、师资队伍建设等于一体的整体服务方案。

广大教学第一线教师的期盼与亚龙智能装备集团股份有限公司的理念、热情和真诚，激发了编写“做学教一体化”系列教材的积极性。在亚龙智能装备集团股份有限公司、机械工业出版社和全体编者的共同努力和配合下，“做学教一体化”系列教材以全新的面貌、独特的形式出现在中等职业学校广大师生的面前。

“做学教一体化”系列教材是校企合作编写的教材，是把学习目标与完成工作任务、学习内容与工作内容、学习过程与工作过程、学习评价与工作评价有机结合在一起的教材。呈现在大家面前的“做学教一体化”系列教材，有以下特色：

一、教学内容与职业岗位的工作内容对接，解决做什么、学什么和教什么的问题

真实的生产性功能、整合的学习功能，是亚龙智能装备集团股份有限公司研发、生产的教学实训设备的特色。根据教学设备，按中等职业学校的教学要求和职业岗位的实际工作内容设计工作项目和任务，整合学习内容，实现教学内容与职业岗位、职业资格的对接，解决中等职业学校在教学中“做什么、学什么、教什么”的问题，是“做学教一体化”系列教材的特色。

职业岗位做什么，学生在课堂上就做什么，把职业岗位要做的事情规划成工作项目或设计成工作任务；把完成工作任务涉及的理论知识和操作技能，整合在设计的工作任务中。拿职业岗位要做的事，必需、够用的知识教学生；拿职业岗位要做的事来做，拿职业岗位要做的事来学。做、学、教围绕职业岗位，做、学、教有机结合、融于一体，“做学教一体化”系列教材就这样解决做什么、学什么、教什么的问题。

二、教学过程与工作过程对接，解决怎样做、怎样学和怎样教的问题

不同的职业岗位，工作的内容不同，但包括资讯、决策、计划、实施、检查、评价等在内的工作过程却是相同的。

“做学教一体化”系列教材中工作任务的描述、相关知识的介绍、完成工作任务的引导、各工艺过程的检查内容与技术规范和标准等，为学生完成工作任务的决策、计划、实施、检查和评价并在其过程中学习专业知识与技能提供了足够的信息。把学习过程与工作过程、学习计划与工作计划结合起来，实现教学过程与生产过程的对接，“做学教一体化”系列教材就这样解决怎样做、怎样学、怎样教的问题。

三、理实一体的评价，解决评价做得怎样、学得怎样、教得怎样的问题

企业不是用理论知识的试卷和实际操作考题来评价员工的能力与业绩，而是根据工作任务的完成情况评价员工的工作能力和业绩。“做学教一体化”系列教材根据理实一体的原则，参照企业的评价方式，设计了完成工作任务情况的评价表。评价的内容为该工作任务中各工艺环节的知识与技能要点、工作中的职业素养和意识；评价标准为相关的技术规范和标准，评价方式为定性与定量结合，自评、小组与老师评价相结合。

全面评价学生在本次工作中的表现，激发学生的学习兴趣，促进学生职业能力的形成和

提升，促进学生职业意识的养成，“做学教一体化”系列教材就这样解决做得怎样、学得怎样、教得怎样的问题。

四、图文并茂，通俗易懂

“做学教一体化”系列教材考虑到中等职业学校学生的阅读能力和阅读习惯，在介绍专业知识时，把握知识、概念、定理的精神和实质，将严谨的语言通俗化；在指导学生实际操作时，用图片配以文字说明，将抽象的描述形象化。

用中等职业学校学生的语言介绍专业知识，图文并茂的形式说明操作方法，便于学生理解知识、掌握技能，提高阅读效率。对中等职业学校的学生来说，“做学教一体化”系列教材是非常实用的教材。

五、遵循规律，循序渐进

“做学教一体化”系列教材设计的工作任务，有操作简单的单一项目，也有操作复杂的综合项目。由简单到复杂，由单一向综合，采用循序渐进的原则呈现教学内容、规划教学进程，符合中等职业学校学生认知和技能学习的规律。

“做学教一体化”系列教材是校企合作的产物，是职业院校教师辛勤劳动的结晶。“做学教一体化”系列教材需要人们的呵护、关爱、支持和帮助，才能健康发展，才能有生命力。

亚龙智能装备集团股份有限公司　陈继权

浙江温州

前　言

随着计算机与信息技术的不断发展与应用，国内各类院校也在不断进行课程改革的探索与实践，如何让教师更好地教课、让学生更好地学习并应用知识是一直在探讨的话题。本书的特点是理论与实际设备紧密结合，并适当地引入计算机仿真软件进行辅助分析与设计。书中所用实验模块均为亚龙智能装备集团股份有限公司生产的YL-1007B课程实验模块，其实验接口能够与美国国家仪器公司（NI）出品的教学实验平台NI ELVIS Ⅱ+紧密结合，仿真软件为美国国家仪器公司（NI）公司出品的Multisim。

在学时安排上，完成实训教学一般需要30学时，也可以根据学校的具体课程安排进行适当的删减。在教材项目的配置上，每个项目分三部分内容进行介绍，第一部分是实验原理的介绍，帮助学生解析电路原理知识；第二部分是电路仿真，引入计算机仿真软件进行电路原理仿真。仿真软件具有很好的人机交互界面，传统电压和电流的测量、波形的测量与显示、参数调整等均可以完美地实现，不仅可加深对电路原理的理解，也可以加深对电路原理所呈现出来的技术参数的理解；第三部分是实验内容与步骤，实验步骤逻辑清晰，旨在帮助学生安全正确地使用实验设备，在原理分析、原理仿真的基础上，更好地观察、检测实际电路中输出的各种参数、波形，既达到了训练动手能力的目的，又实现了理论与实际相结合进行分析、比对的目的。

本书由唐灿耿、张志愿任主编，由李萍萍、谢春、程向娇任副主编，陈建、张思思、高明泽参与编写。具体分工如下：唐灿耿编写所有实验项目中的实验项目目的、实验所需模块与元器件、实验原理及电路仿真，以及实验项目一的实验内容与步骤部分，并对编写思路与大纲进行总体规划，对全书进行统稿；张志愿编写实验项目二~实验项目八中的实验内容与步骤部分内容；李萍萍编写实验项目九~实验项目十一中的实验内容与步骤部分；谢春编写实验项目十二~实验项目十四中的实验内容与步骤部分；程向娇编写实验项目十五中的实验内容与步骤部分；陈建对实验项目中的实验数据进行记录；张思思对图片进行收集和整理；美国国家仪器公司的工程师高明泽编写实验项目一中的实验仪器和设备部分。感谢YNY（亚龙、NI、院校）计划院校中郑州电子信息职业技术学院、大连电子学校、贵州电子信息职业技术学院、温州职业技术学院等对编写本书的帮助与支持。

由于编者水平有限，书中难免存在疏漏，恳请读者批评指正。

说明：为了方便读者进行软件仿真与实验操作，书中仿真电路图与实验模块图的图形符号与文字符号均沿用Multisim软件与实验模块中的惯用符号，未统一采用国家标准符号。正文中的元器件符号如Rx、Cx等，与仿真电路图、实验模块图中的RX、CX等相对应（其中X=1，2，3…）。

编　者

目录

实验项目一

NI ELVIS Ⅱ+虚拟仪器的操作与使用

一、实验项目目的

1）了解 NI ELVIS Ⅱ+虚拟仪器的功能和性能指标。

2）掌握 NI ELVIS Ⅱ+虚拟仪器的操作和使用方法。

二、实验仪器和设备

NI ELVIS Ⅱ+工作台、计算机。

三、实验内容与步骤

1. 了解 NI ELVIS Ⅱ+

美国国家仪器有限公司的教学实验室虚拟仪器（NI ELVIS Ⅱ+）平台集成了 12 款最常用仪器，包括示波器、数字万用表、函数信号发生器、波特图分析仪等，紧凑的结构是实验室及课堂教学的理想选择。

图 1.1 所示为一个典型的 NI ELVIS Ⅱ+系统。NI ELVIS Ⅱ+可通过 USB 连接计算机，连接简单，便于调试。

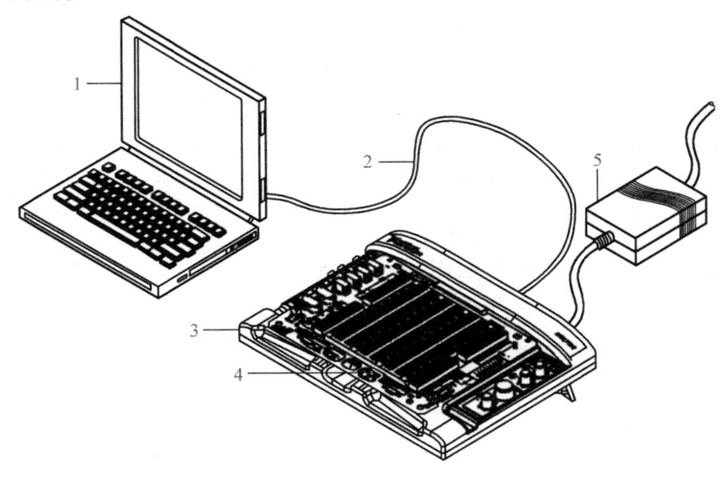

图 1.1　典型的 NI ELVIS Ⅱ+系统

1—笔记本式计算机　2—USB 数据线　3—NI ELVIS Ⅱ+工作台
4—NI ELVIS Ⅱ+系列模型板　5—AC/DC 电源

NI ELVIS Ⅱ+工作台面板俯视图如图 1.2 所示，可调电源和函数信号发生器均可由工作台提供的旋钮进行手工操作，并提供方便连接的 BNC 接头形式和香蕉头连接器形式的接口，以方便连接到函数信号发生器、示波器和数字万用表。

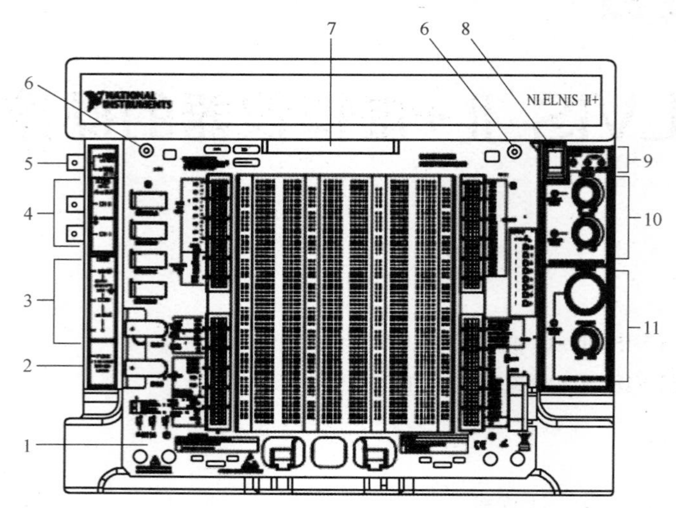

图 1.2　NI ELVIS Ⅱ+工作台面板俯视图

1—NI ELVIS Ⅱ+系列模型板　2—数字万用表熔丝　3—数字万用表接口　4—示波器接口
5—FGEN/Trigger 接口　6—模型板安装螺钉孔　7—模型板接口　8—模型板电源开关
9—LED 状态显示　10—可变电源手动控制　11—函数信号发生器手动控制

工作台面板主要功能如下。

1）LED 状态显示见表 1.1。

表 1.1　LED 状态显示

激活 LED	准备 LED	描述
灯灭	灯灭	主电源关闭
黄色	灯灭	指示没有连接到主机，请务必安装 NI-DAQmx 驱动软件并连接 USB 数据线
灯灭	绿色	连接到一个全速 USB 主机
灯灭	黄色	连接到一个高速 USB 主机
绿色	绿色或黄色	连接主机

2）可变电源手动控制。

① 正电压调节旋钮——正极可变电源手动输出电压控制。正极电源可以输出0~12V电压。

② 负电压调节旋钮——负极可变电源手动输出电压控制。负极电源可以输出0~-12V电压。

③ 可输出最大电流为 500mA。

④ 电压变化分辨率为 10 位（bit）。

3）示波器接口——双通道显示，还包括交流（AC）、直流（DC）、接地（GND）三种耦合方式。

① CH 0 BNC 接口——示波器通道 0 的输入接口。

② CH 1 BNC 接口——示波器通道 1 的输入接口。

4）FGEN/Trigger 接口为函数信号发生器输出/数字触发输入接头。

工作台后面板有电源开关、交流/直流电源接口、USB 接口等，如图 1.3 所示。

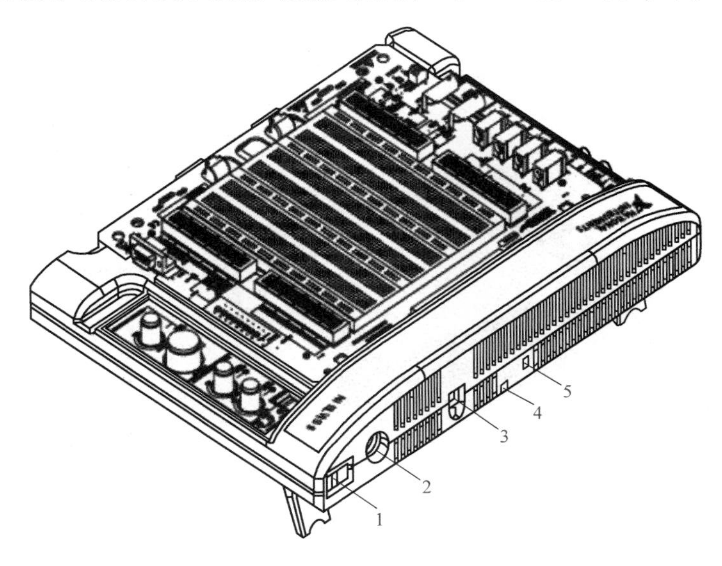

图 1.3　NI ELVIS Ⅱ+ 工作台后面板

1—电源开关　2—交流/直流电源接口　3—USB 接口

4—捆绑导线插槽　5—Kensington 安全锁接口

NI ELVIS Ⅱ+ 模型板连接到工作站，图 1.4 所示为模型板上端口的分布。

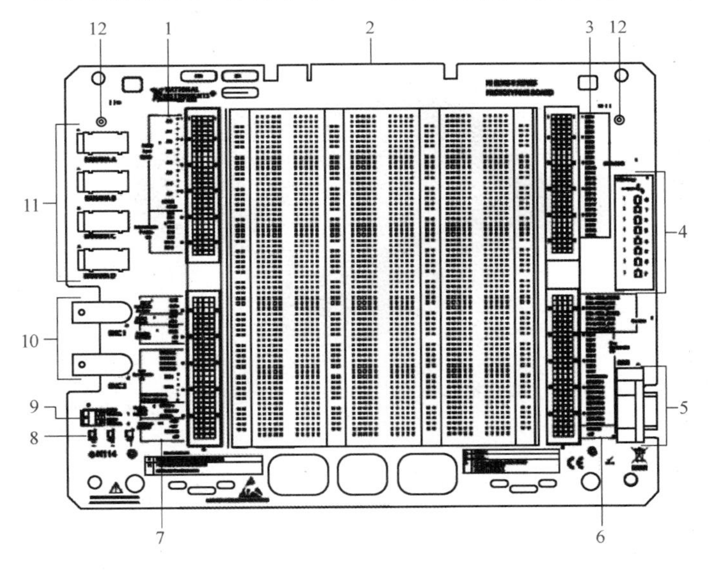

图 1.4　NI ELVIS Ⅱ+模型板上端口分布图

1—AI 和 PEI 信号列　2—工作站接口连接器　3—DIO 信号列　4—用户可配置的 LED

5—用户配置的 D-SUB 连接器　6—计算器/定时器、用户配置的 I/O 口、直流电源信号列

7—DMM（数字万用表）、AO（模拟量输出）、信号（函数）发生器、用户配置的 I/O 口、可变倍率电源、直流电源信号列　8—直流电源指示灯　9—用户配置的螺栓端子　10—用户可配置的同轴电缆连接器　11—用户配置的香蕉头插座连接器　12—锁定螺钉位置

2. NI ELVIS Ⅱ+性能指标

NI ELVIS Ⅱ+主要硬件技术指标如图 1.5 所示。

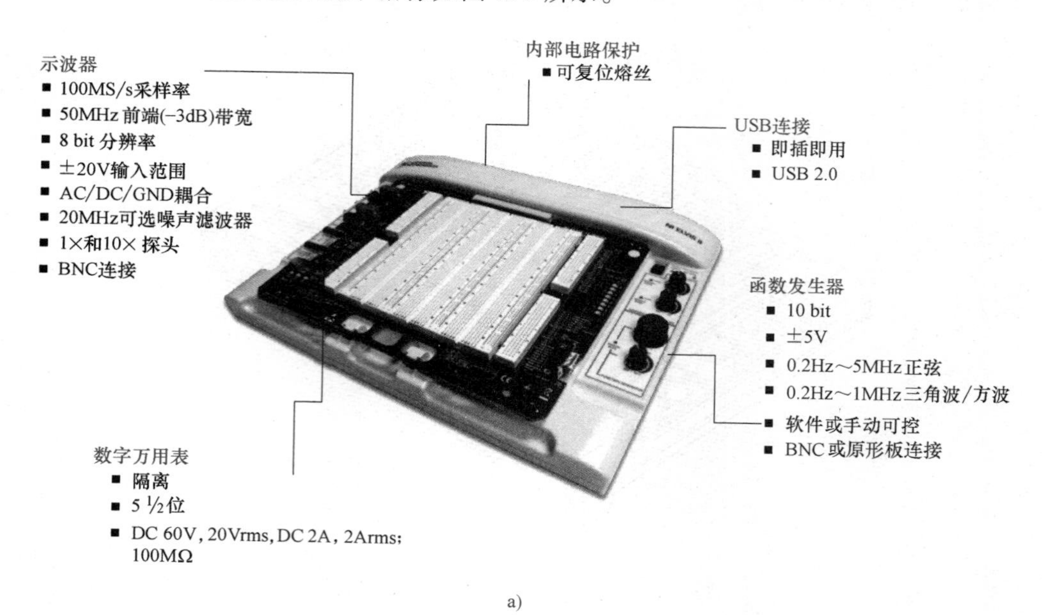

a)

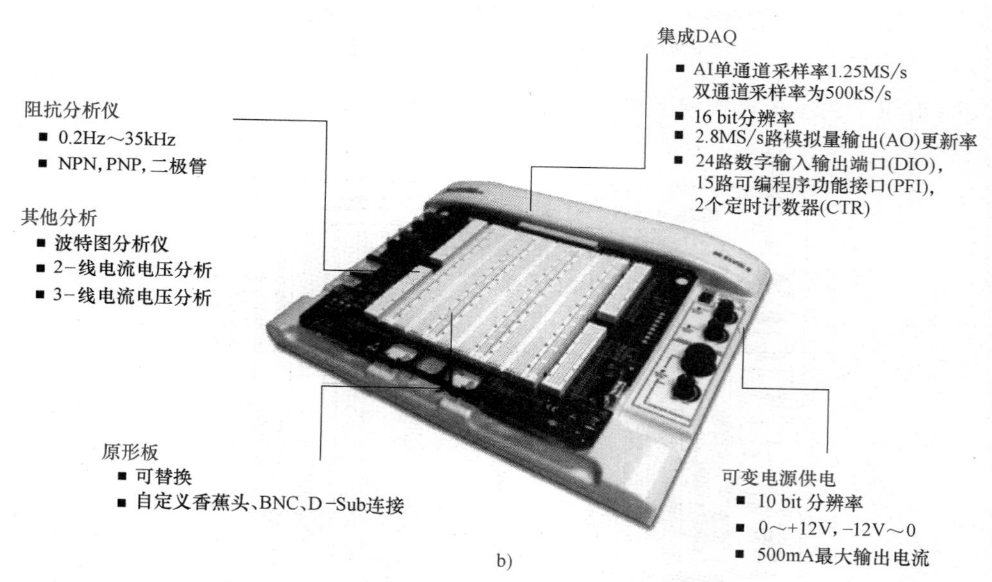

b)

图 1.5　NI ELVIS Ⅱ+硬件技术指标

3. NI ELVISmx 软件

NI ELVISmx 软件在 LabVIEW 中创建，利用了虚拟仪器的功能，通过软件面板调用，可以实现与传统仪器前面板类似的功能。NI ELVISmx 软件面板如图 1.6 所示。

如图 1.6 所示 NI ELVISmx 自带了十多种常用仪器功能，包括：

① 数字万用表（Digital Multimeter）。

② 示波器（Oscilloscope）。

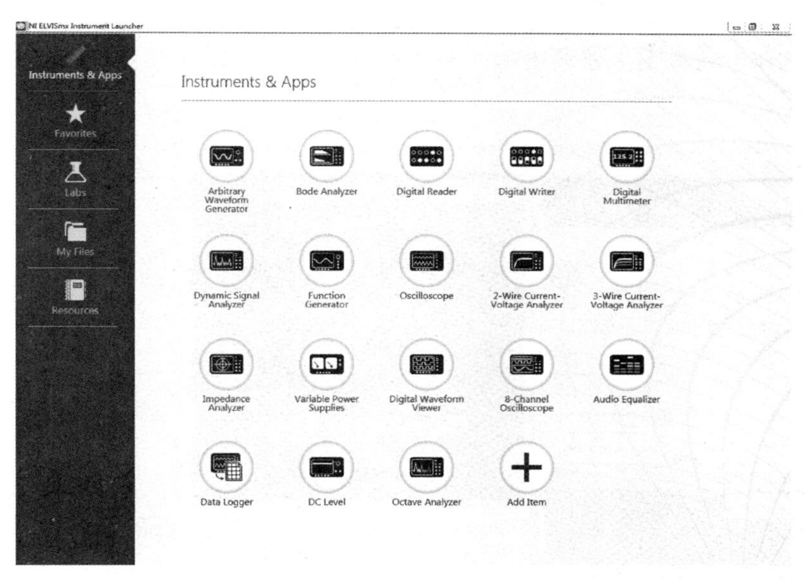

图 1.6　NI ELVISmx 软件面板

③ 函数发生器（Function Generator）。

④ 可变电源（Variable Power Supplies）。

⑤ 波特图仪（Bode Analyzer）。

⑥ 动态信号分析仪（Dynamic Signal Analyzer）。

⑦ 任意波形发生器（Arbitrary Waveform Generator）。

⑧ 数字读取器（Digital Reader）。

⑨ 数字写入器（Digital Writer）。

⑩ 阻抗分析仪（Impedance Analyzer）。

⑪ 2-线伏安特性测试仪（2-Wire Current-Voltage Analyzer）。

⑫ 3-线伏安特性测试仪（3-Wire Current-Voltage Analyzer）。

使用者可以通过 LabVIEW 编程实现自定义的数据处理、显示、存储等功能，或开发针对专业课程实验的软件程序。

下面用几个实验具体演示虚拟仪器的使用方法。

（1）示波器、数字万用表、函数信号发生器的使用

1）用示波器、数字万用表测量正弦波信号参数。打开 NI ELVIS Ⅱ+工作台电源，进入 NI ELVISmx 面板，打开 Oscilloscope 可进入双踪示波器面板。打开 Function Generator 进入函数信号发生器面板，单击“Signal Route”后选择“FGEN BNC”将信号输出接口调至 ELVIS 工作台的 BNC 接口上，单击“Run”按钮打开函数信号发生器，调节函数信号发生器，使输出频率分别为 100Hz、1kHz、10kHz、100kHz 的正弦波信号，并将信号源输出峰-峰值电压调为 $V_{pp}=1V$。连接函数信号发生器输出和示波器接口的 CH0 通道，只需按下“Run”和“Autoscale”键，即可扫描到波形，读出函数信号发生器输出信号源的频率、电压峰-峰值和有效值。打开 Digital Multimeters（数字万用表），启动并切换到交流电压档。由于 NI ELVIS Ⅱ+的数字万用表交流电压档可以测量高频的正弦波信号，故可以当

作交流毫伏表使用，后续实验中交流毫伏表均用数字万用表交流电压档代替。将数字万用表接口连接到函数信号发生器输出端，测出不同频率的读数。NI ELVISmx 仪器面板演示如图 1.7 所示。

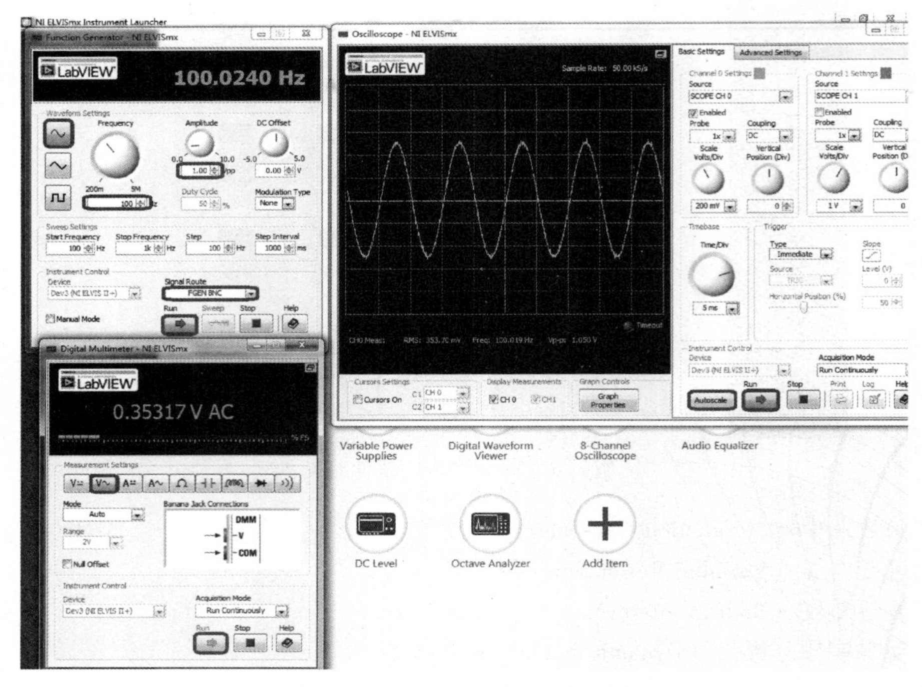

图 1.7　NI ELVISmx 仪器面板演示

将以上测量结果记入表 1.2 中。

2）用示波器、数字万用表测量不同幅值的正弦电压。将函数信号发生器输出信号频率设为 1kHz 的正弦波。输入不同幅值的电压信号，测出相关电压值，并将测量结果填入表 1.3。

表 1.2　测量结果

正弦波信号频率	数字万用表读数/V	示波器测量值		
		频率/Hz	电压峰-峰值 V_{PP}/V	有效值 RMS/V
100Hz				
1kHz				
10kHz				

表 1.3　测量结果

函数信号发生器电压峰-峰值 V_{PP}	300mV	500mV	1000mV	2000mV	4000mV
数字万用表测量结果(有效值)					
示波器测量结果(电压峰-峰值)					

(2) 几种周期性信号的幅值、有效值及频率的测量

调节函数信号发生器，使它的输出信号波形分别为正弦波、方波和三角波，信号的频

率为 2kHz，电压峰-峰值 V_{PP} 为 2V，用数字示波器可以直接测量并读出其频率和电压峰-峰值、有效值，并将结果记入表 1.4 中。

表 1.4　测量结果

信号波形	信号发生器输出频率/V_{PP}	数字万用表/V	示波器测量值		计算值
			电压峰-峰值 V_{PP}/V	有效值 U/V	有效值 U/V
正弦波	2kHz/2V				
三角波	2kHz/2V				
方　波	2kHz/2V				

注：正弦波有效值 $V=V_{PP}/(2\times1.41)$；
三角波有效值 $V=V_{PP}/(2\times1.73)$；
方波有效值 $V=V_{PP}/2$。

实验项目二

常用二极管及其特性

一、实验项目目的

1）掌握二极管的单向导电性。

2）掌握稳压二极管的稳压特性。

3）掌握发光二极管的单向导电性以及正向导通电流与亮度的关系。

二、实验所需模块与元器件

1）常用二极管及其特性模块。

2）杜邦线若干。

三、实验原理及电路仿真

（一）实验原理

与 PN 结一样，二极管具有单向导电性。普通二极管的特性电路如图 2.1a 所示，只有在正向电压大到一定程度时，二极管正向电流才会从零开始随端电压按指数规律增大。稳压二极管的特性电路如图 2.1b 所示，在一定的电流范围内，端电压几乎不变，在某些实际应用中可作为稳压电源使用。发光二极管也具有单向导电性，其特性电路如图 2.1c 所示，只有当外加的正向电压足够大，使得正向电流也足够大时，发光二极管才发光。

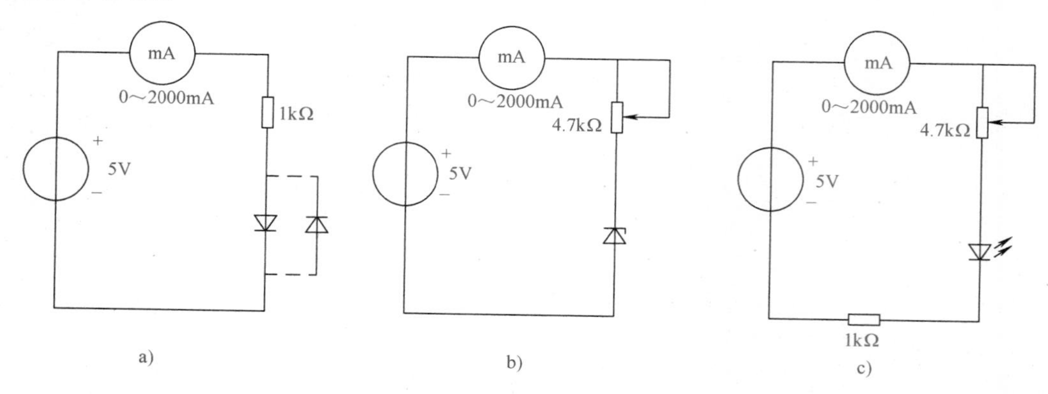

图 2.1 二极管特性电路
a）普通二极管 b）稳压二极管 c）发光二极管

（二）电路仿真

具体仿真步骤如下：

1）打开计算机中电工电子电路仿真软件 Multisim，单击［File］→［New］→［Blank］→［Create］新建一个空白的图样。

2）右击图样空白区域选择［Place Component］，打开［Select a Component］对话框，在［Group］下拉菜单中选择［Diodes］，在［Family］选项框中选择［All Families］，在［Component］下分别搜索 1N4001、1N4728A，分别把［1N4001］和［1N4728A］放在图样上，如图 2.2 所示。

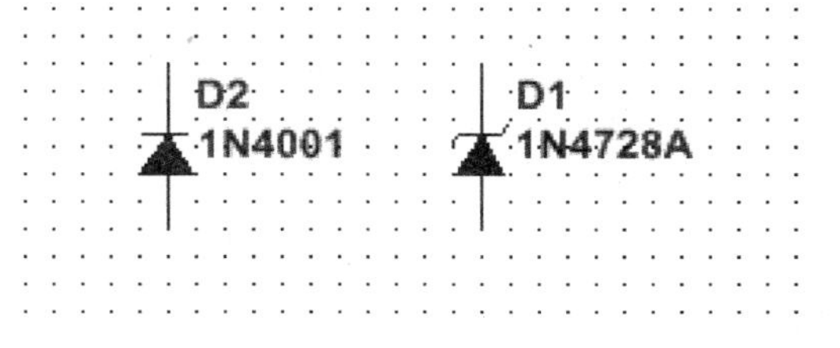

图 2.2　放置二极管

3）同理，打开［Select a Component］对话框，在［Group］下拉菜单中选择［Basic］，在［Family］选项框中选择［RESISTOR］，参照图 2.1 中各电阻的阻值选择合适的电阻，放置在图样上。在［Family］下的［POTENTIOMETER］中选择电位器，如图 2.3 所示。

4）在［Select a Component］对话框中的［Group］下拉菜单中选择［Sources］，在［Family］选项框中选择［POWER_ SOURCES］，分别在右边的［Component］选项框中选择［DC_ POWER］和［GROUND］放置在图样上，如图 2.4 所示。

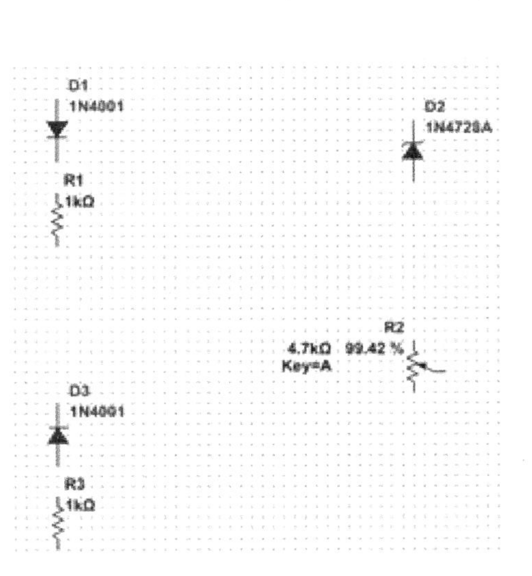

图 2.3　放置电阻及电位器

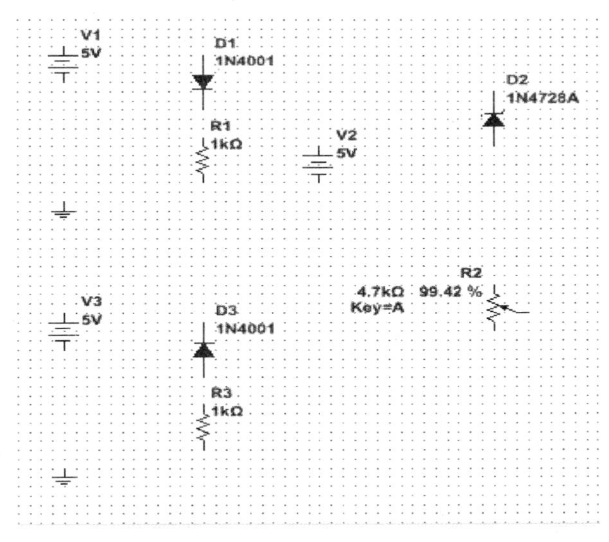

图 2.4　放置电源和接地

5）在 Multisim 界面右边的虚拟仪器工具栏中选择［Multimeter］放置在图样上，如图 2.5 所示，并为其设置对应的电压或电流测量功能。图 2.6a 所示为设置成直流电流表，图 2.6b 所示为设置成直流电压表。

6）将所摆放的元器件按图 2.7 所示电路连接好。

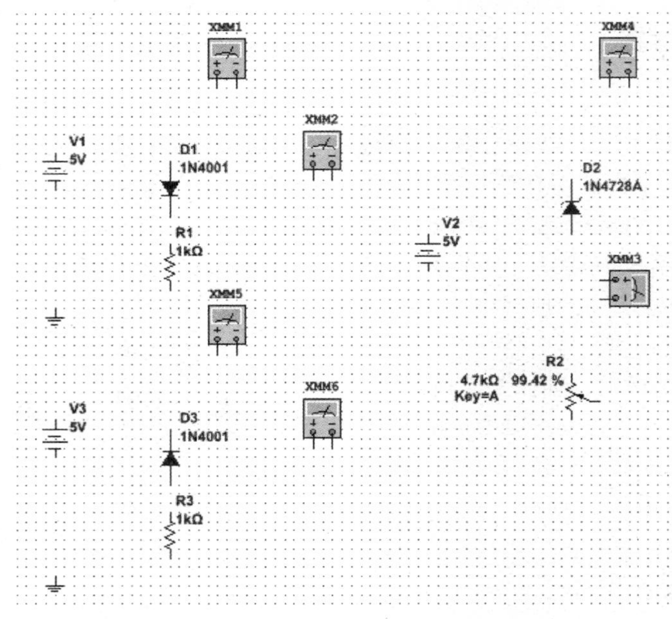

图 2.5 放置万用表

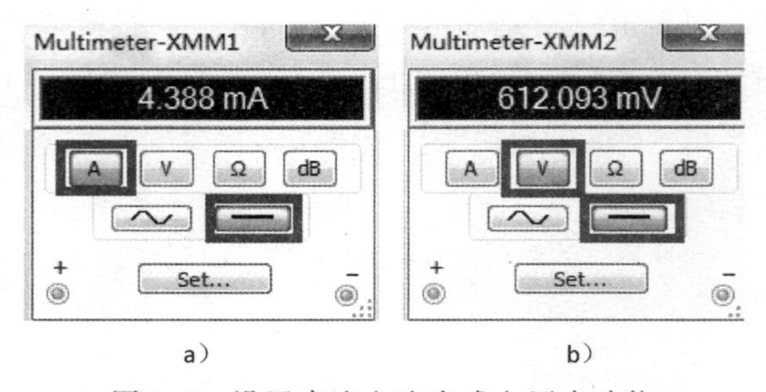

a） b）

图 2.6 设置直流电流表或电压表功能

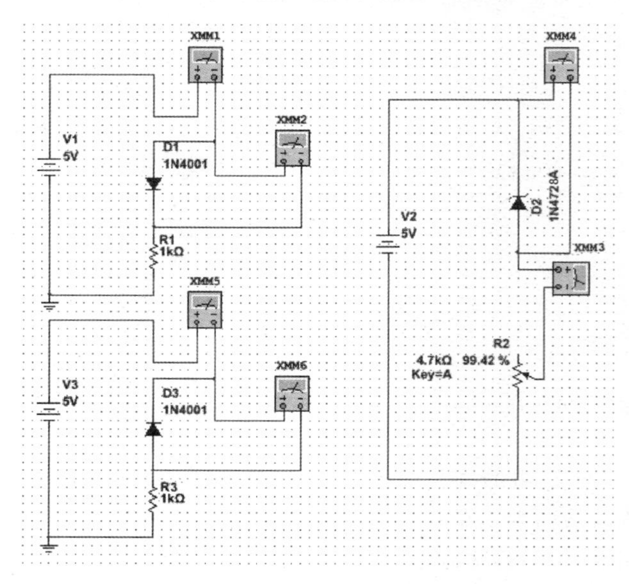

图 2.7 连接仿真电路

7）单击［Simulate］→［Run］进行电路仿真。双击图样上的测量表，可以调出各对应测试表的显示界面。

8）测量 1N4001 在正反接时对应电路的电流及其两端电压，如图 2.8 所示，1N4001 正接时通过的电流为 4.388mA，其两端电压为 612.093mV。如图 2.9 所示，1N4001 反接时通过的电流为 888.178nA，几乎为 0，其两端电压为 5V。

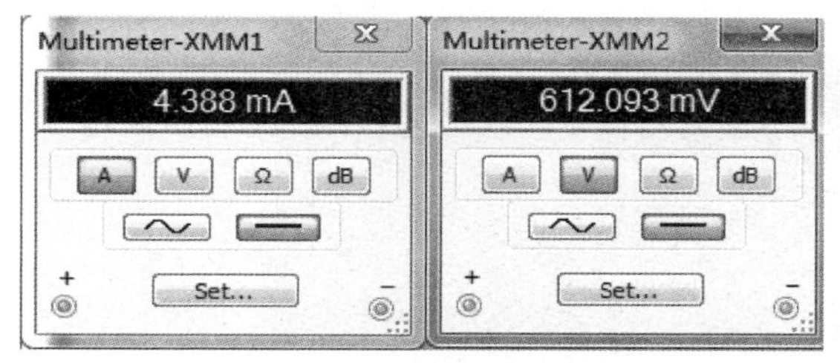

图 2.8　1N4001 正接时电路电流及两端电压

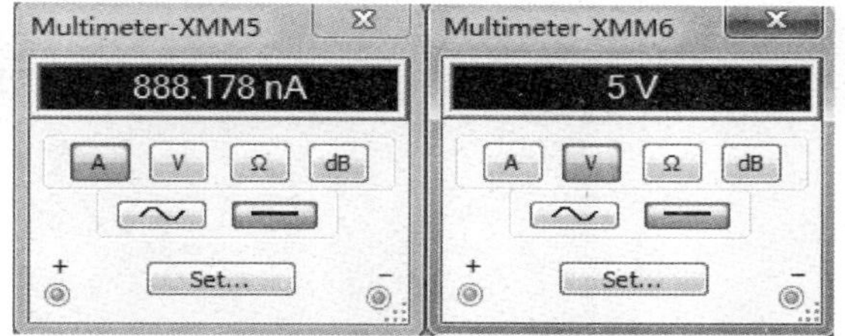

图 2.9　1N4001 反接时电路电流及两端电压

9）调节图 2.7 中的电位器 R_2，直到直流电压表的读数为 3.3V 为止，并分别向左和向右缓慢地调整电位器，使得稳压二极管电压分别停留在稳定电压 3.3V 的上下限（视 3.28V 为下限，视 3.32V 为上限），对应上下限分别测量出最小稳定电流 I_{zmin} 以及最大稳定电流 I_{zmax}。如图 2.10 所示，当其两端电压为 3.28V 时，通过的最小稳定电流为 I_{zmin} = 35.87mA。如图 2.11 所示，当其两端电压为 3.32V 时，通过的最大稳定电流为 I_{zmax} = 162.518mA。

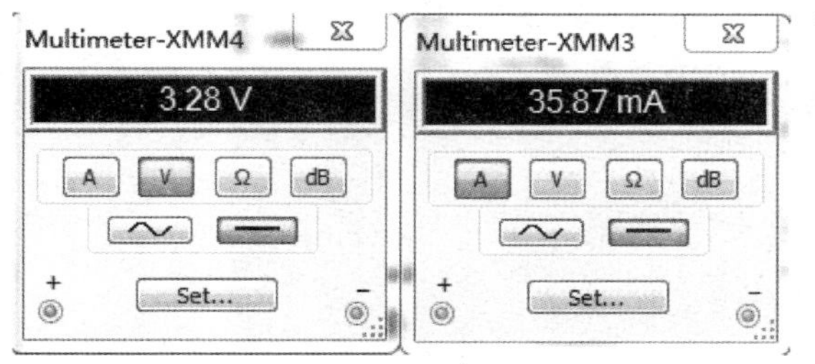

图 2.10　稳压管稳定电压下限及最小稳定电流

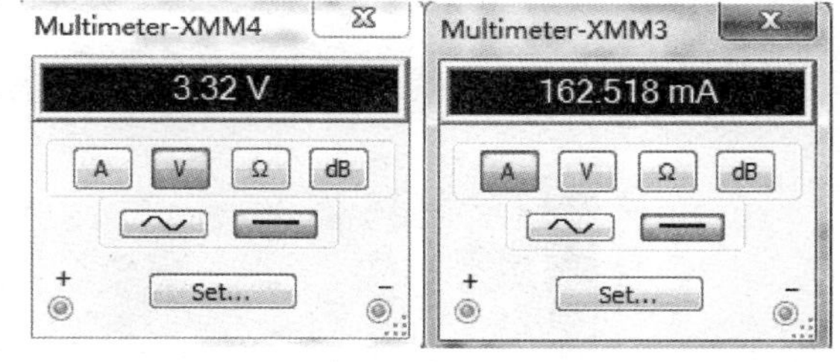

图 2.11　稳压管稳定电压上限及最大稳定电流

10）保存并退出 Multisim，可以看到仿真软件中的数据与实际电路理论数据基本一致，当稳压二极管在稳定电压处上下有微小变化时，其电流变动相比电压变动是巨大的，即在一定的电流范围内，稳压二极管端电压几乎没有变化，从而表现出稳压特性。

四、实验内容与步骤

电路原理实验

具体实验步骤如下：

1）确保 NI ELVIS Ⅱ+的电源开关处于断开状态。

2）将 NI ELVIS Ⅱ+工作台上的原形板取下，取出 YL-NI ELVIS Ⅱ+系列实验模块转接主板（后简称为实验模块转接主板），将其插在 NI ELVIS Ⅱ+工作台上，注意检查是否接插到位。

3）实验模块转接主板接插到位后，取出课程实验模块（常用二极管及特性），将其插在实验模块转接主板上，注意检查是否接插到位。

4）按照图 2. 1a 用杜邦线将电路连接好。一部分电路已经连接好，而另一部分电路需要学生自行连接，以便增强其动手能力并加强对电路的记忆。注意检查接线是否正确。电路板连接示意图如图 2. 12 所示，实际连线图如图 2. 13 所示。将 NI ELVIS Ⅱ+工作台上的数字万用表设置成直流电流档，并串联进电路。

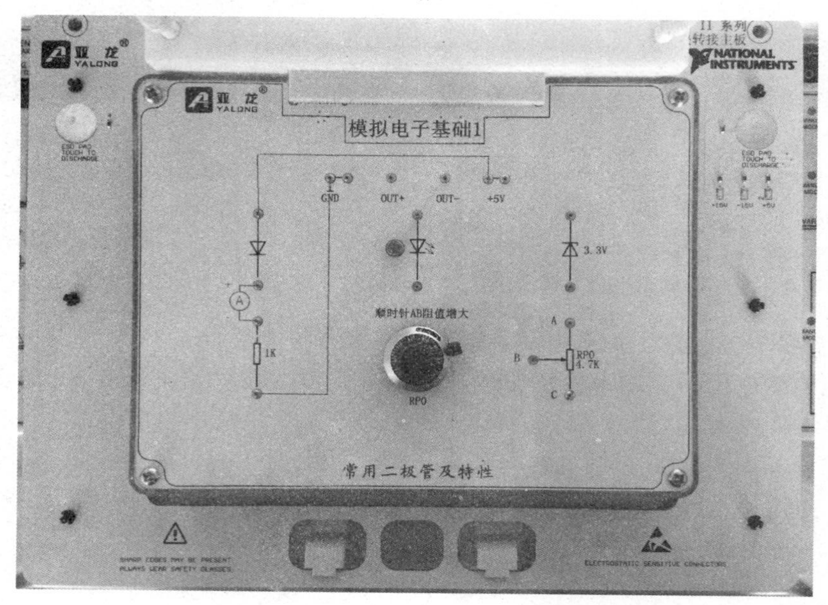

图 2. 12　电路板连接示意图

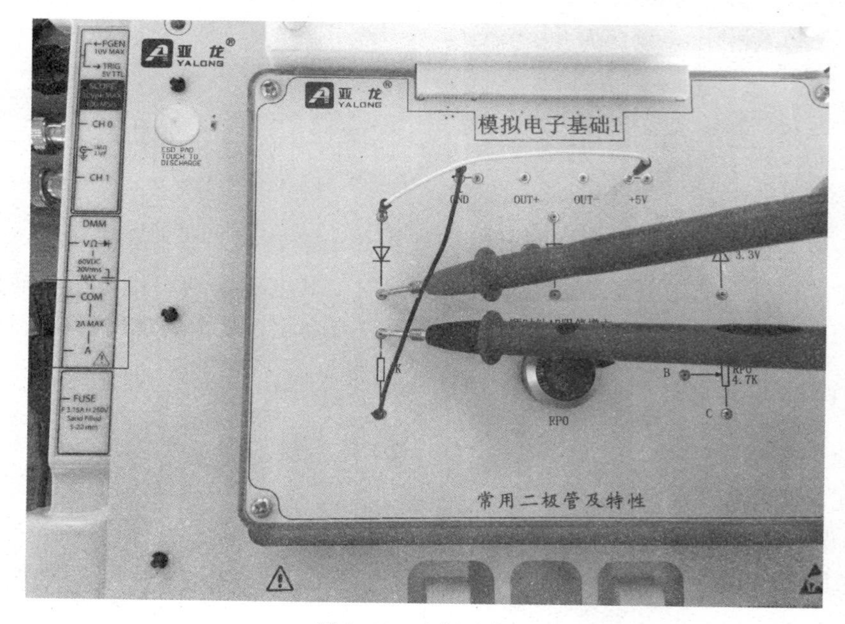

图 2. 13　实际连线图

5）检测电路无误后先打开 NI ELVIS Ⅱ+工作站开关，再打开原形板开关，等待计算机识别设备。

6）单击［开始］→［所有程序］→［National Instruments］→［NI ELVISmx for NI ELVIS & myDAQ］→［NI ELVISmx Instruments Launcher］菜单，在弹出面板上打开［Digital Multimeters］（数字万用表），单击“Run”按钮启动并切换到直流电流档，如图 2.14 所示。连线完成后读出电流表的读数并记录下来，填入表 2.1。

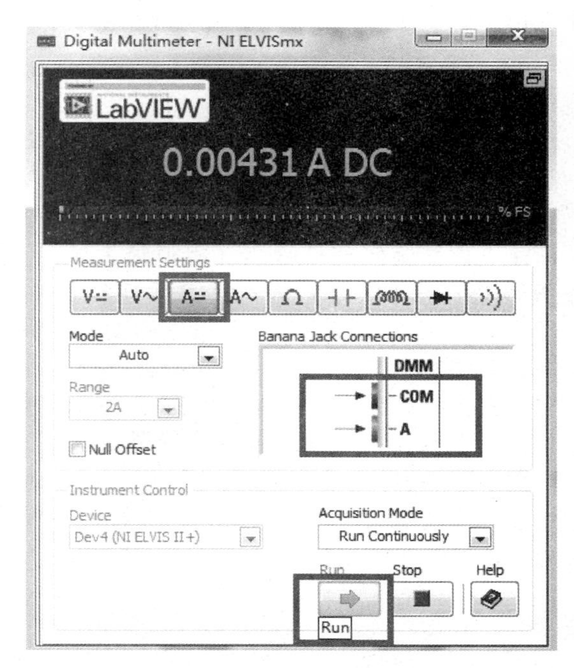

图 2.14　电流表读数

然后将数字万用表切换到电压电阻档测量，电路板连接示意图如图 2.15 所示，用杜邦线实际连线图如图 2.16 所示，将数字万用表的表笔并联在二极管的两端。将数字万用表切换到直流电压档测量，如图 2.17 所示，读出电压表的读数，然后记录并填入表 2.1。

最后再将二极管反接，重复以上步骤，并将电流表和电压表的读数记录于表 2.1 中。

表 2.1　普通二极管导通与截止时的电流与电压

实验步骤	电流表读数	电压表读数
二极管正接	4.31mA	0.64V
二极管反接	0mA	-4.97V（参考值）

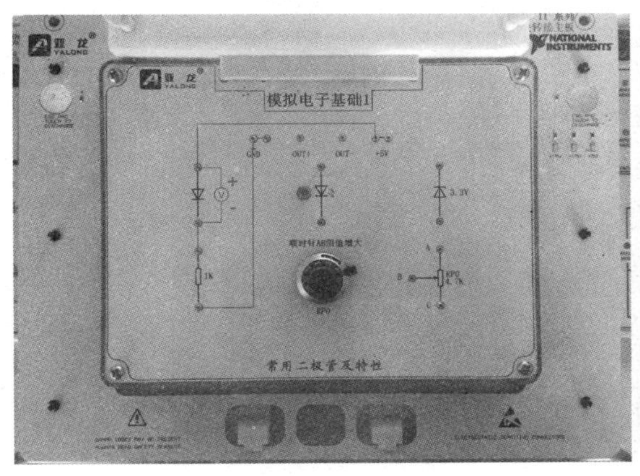

图 2.15　电路板连接示意图

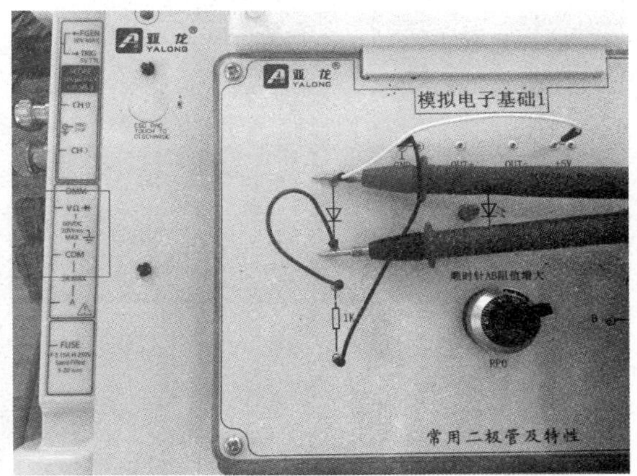

图 2.16　实际连线图

7）关闭电源，根据图 2.1b 所示首先将 4.7kΩ 电位器旋转到最右侧（阻值最大处），连接好电路如图 2.18 所示，实际连线图如图 2.19 所示。打开电源，将数字万用表切换到直流电压档，并并联在 3.3V 稳压二极管两端，逐渐将 4.7kΩ 电位器往左旋转，直到直流电压表的读数为 3.3V 为止，并朝左右两个方向细心缓慢地旋转电位器使其分别停留在稳压二极管的稳定电压 3.3V 的上下限（视 3.28V 为下限，视 3.32V 为上限），这时候将切换到直流电流档，并串联进电路，分别测量出最小稳定电流 I_{zmin}（见图 2.20）以及最大稳定电流 I_{zmax}（见图 2.21），记录在表 2.2 中。

8）关闭电源，按照图 2.1c 所示首先将 4.7kΩ 电位器旋转到最右侧（阻值最大处），电路板连接图如图 2.22 所示，实际连线图如图 2.23 所示。线路连接好后，可以看到发光二极管微亮，表明发光二极管像普通二极管一样，加正向电压就会导通。逐渐把电位器向左旋转，减小电位器的电阻，可以看到发光二极管逐渐变亮。打开数字万用表并切换到直流电流档，可以观察到电流也随之增大。可见，发光二极管的亮度和导通电流有关，电流越大，发光二极管越亮。

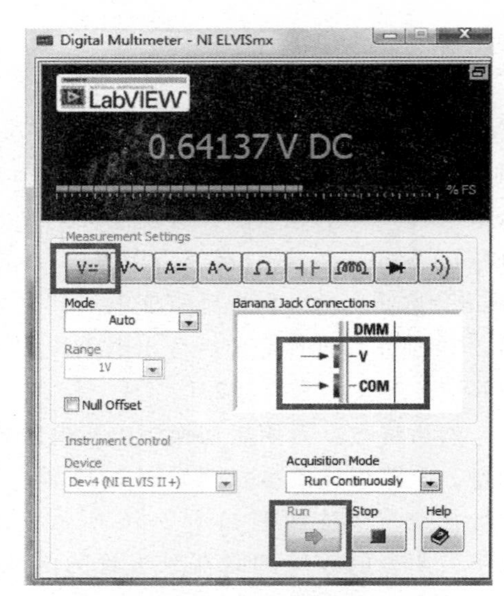

图 2.17　电压表读数

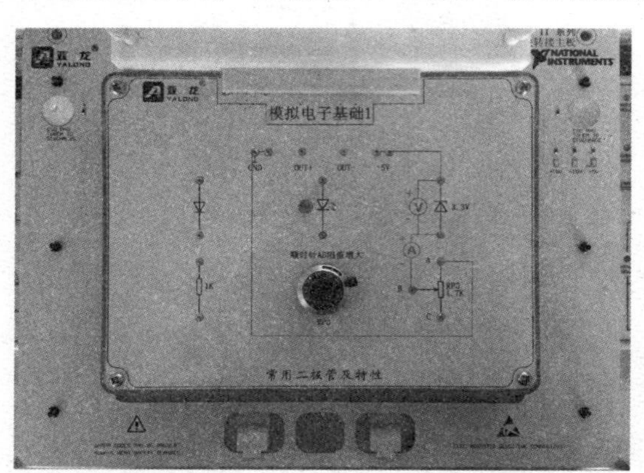

图 2.18　电路板连接示意图

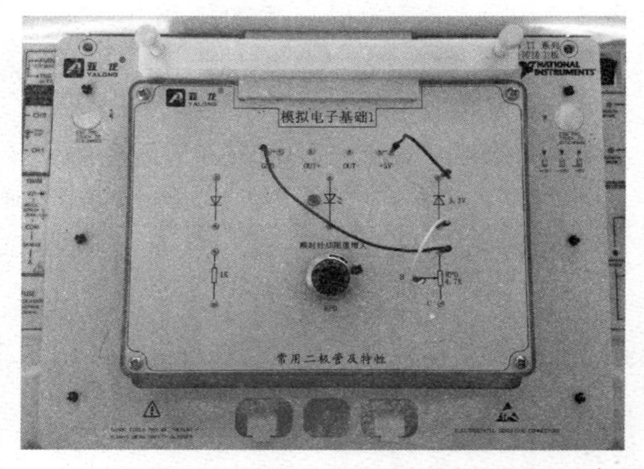

图 2.19　用杜邦线实际连线图

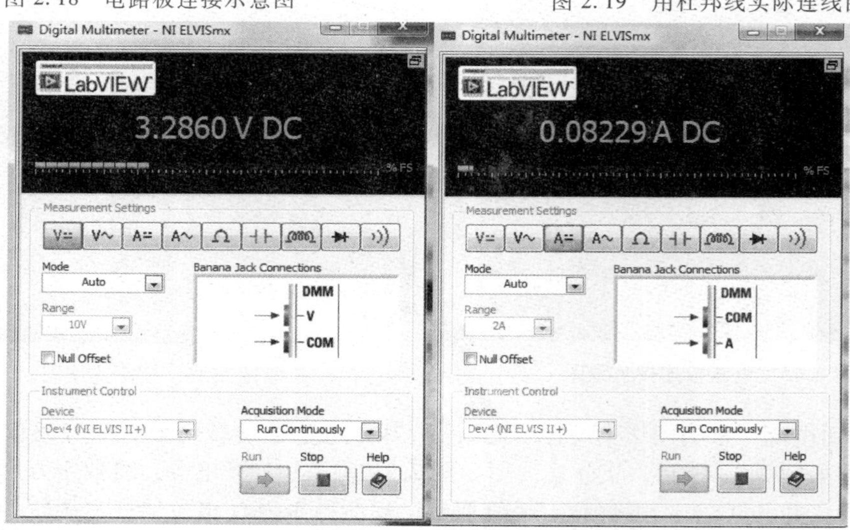

图 2.20　最小稳定电流 I_{zmin}

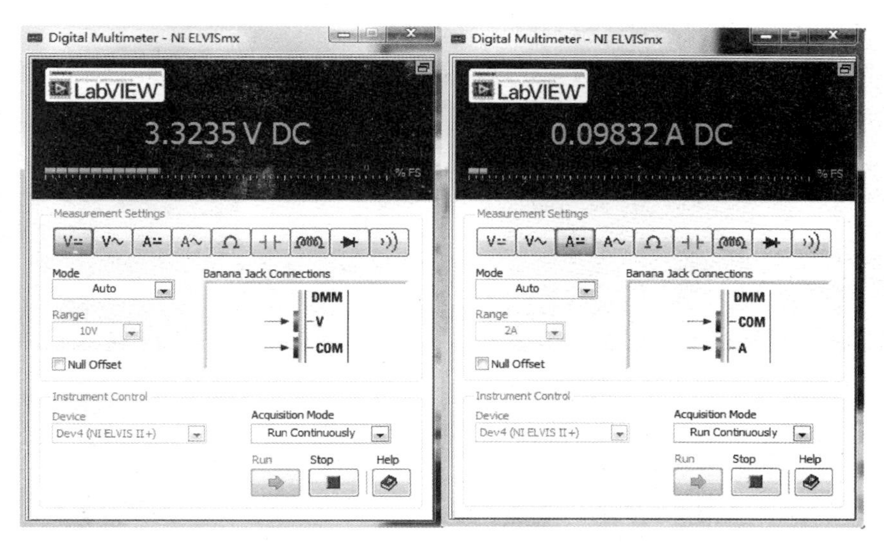

图 2.21　最大稳定电流 I_{zmax}

表 2.2　稳压二极管最大稳定电流与最小稳定电流

最大稳定电流(I_{zmax})	98.32mA
最小稳定电流(I_{zmin})	82.29mA

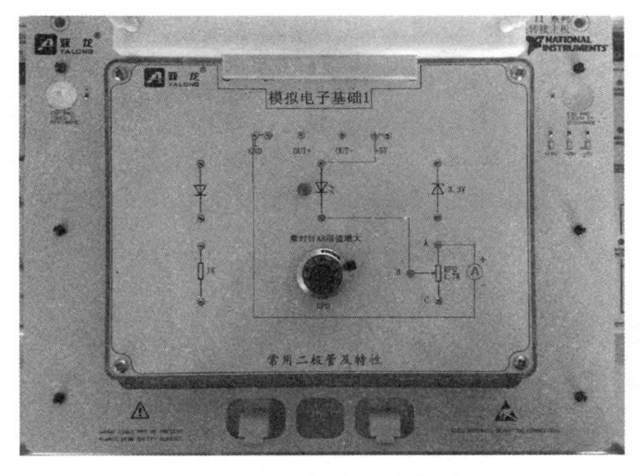

图 2.22　电路板连接图

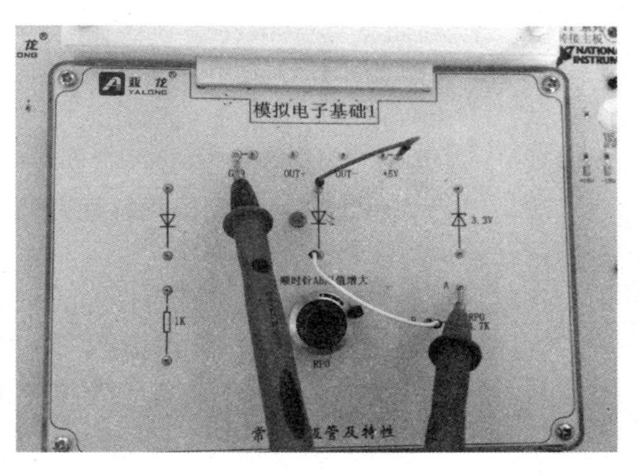

图 2.23　实际连线图

9）测试二极管的极性。半导体结型晶体管是一种极性元件，封装上有带状标记的一端为负极，另一端为正极。尽管有许多方法可以确定二极管的极性，但有一点是始终不变的——在正极上加上正电压可以使二极管正向偏置，并有电流流经二极管。这里也可以使用 NI ELVIS Ⅱ+确定二极管的极性。

按以下步骤设置 NI ELVIS Ⅱ+，并进行二极管及其极性测试：

① 单击［开始］→［所有程序］→［National Instruments］→［NI ELVISmx for NI ELVIS & myDAQ］→［NI ELVISmx Instruments Launcher］菜单，在弹出面板上打开［Digital Multimeters］。

② 单击二极管测试按钮，然后单击“Run”运行。

③ 将发光二极管连接到工作站上的香蕉头 DMM 及 COM 上。当在阴极加上正电压时，

二极管因反接而阻止电流通过，显示器显示 OPEN，如图 2.24 所示。

当在阳极加上正电压时，二极管正向导通，允许电流通过。处于正向偏置的发光二极管显示的电压约为 0.6V，如图 2.25 所示。

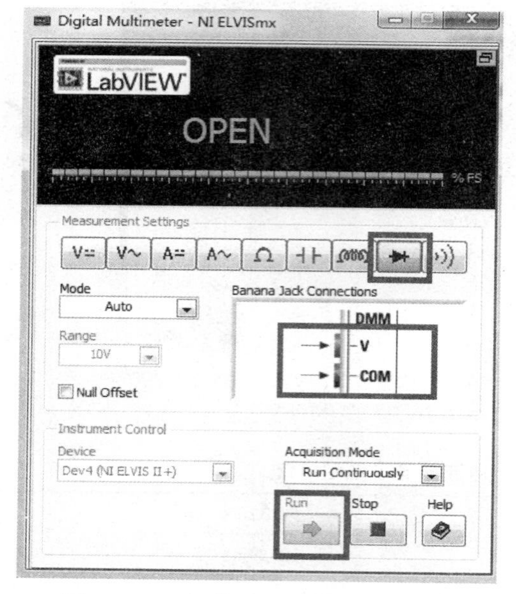

图 2.24　二极管反向偏置的电压读数

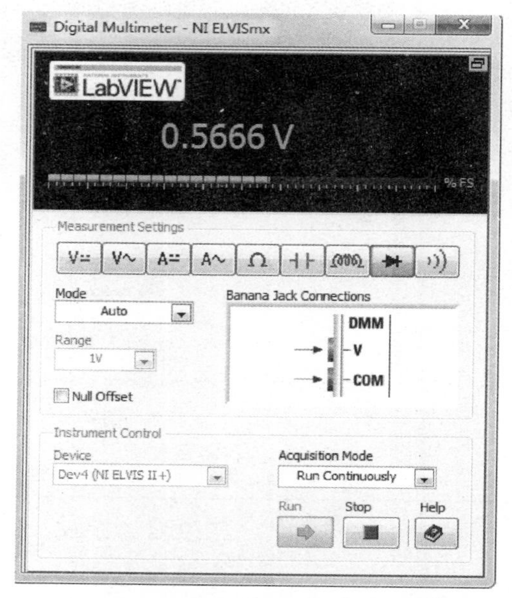

图 2.25　二极管正向偏置的电压读数

注意：可以使用这个简单的测试确定有色发光二极管的极性。将红色发光二极管连接到测试接头上，在一个方向上可以看到发光（正向偏置），而在另一个方向上不发光（反向偏置）。在发光二极管发光的时候，红色接头连接的一端是正极。

10）二极管特性曲线。二极管特性曲线是通过二极管的电流与电压的关系函数曲线，可以很好地展示二极管的电子特性。

按以下步骤可以得出二极管特性曲线：

① 将硅二极管放在数字万用表/阻抗分析仪管脚插槽 DUT+与 DUT-的两端，DUT+为电容、电感测量以及阻抗分析仪的激励端，DUT-为相对于 DUT+的虚拟地。二极管正极连接到+输入端，如图 2.26 所示。

② 单击［开始］→［所有程序］→［National Instruments］→［NI ELVISmx for NI ELVIS & myDAQ］→［NI ELVISmx Instruments Launcher］菜单，在弹出面板上打开［2-wire Current Voltage Analyzer］（双线电流-电压分析仪），用于测试并显示被测设备的伏安特性曲线。通过控制软件面板对二极管施加测试电压，以步进电压的方式从开始到停止，这些参数都可以自行选择。

③ 对于硅二极管，设置以下参数：

Start（起始）：-2V

Stop（停止）：+2V

Increment（增量）：0.05V

④ 设置两个方向的最大电流，确保二极管不会损坏，查看二极管规格。

Negative（负向）：-10mA

Postive（正向）：20mA

⑤ 单击“Run”运行，查看硅二极管伏安特性曲线，如图 2.27 所示。

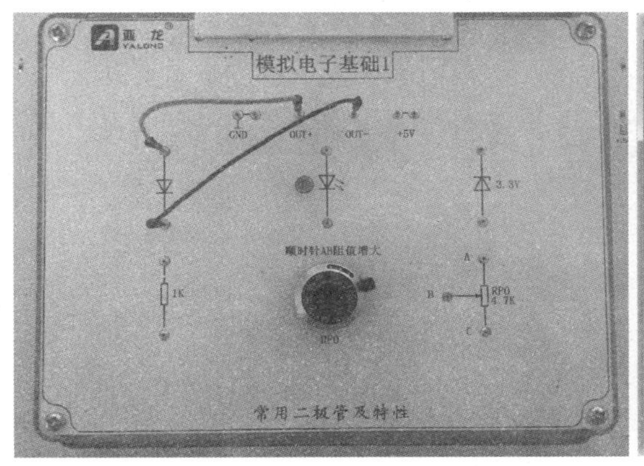

图 2.26　测试硅二极管特性曲线的电路板连接图

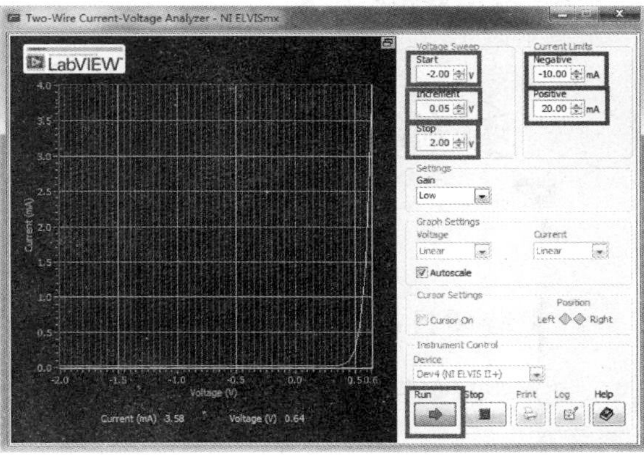

图 2.27　硅二极管的伏安特性曲线

在反向偏置下，电流可能会很小（μA 级）并且是负数。在正向偏置下，将会看到当超过临界电压之后，电流会呈指数级增加到最大临界电流。

⑥ 修改［Graph Settings］下拉菜单中［Voltage］和［Current］的［Linear］或［Logarithmic］，查看在不同坐标下曲线的形状。

⑦ 使用软件界面中的游标操作，勾选［Cursor Settings］下的［Cursor On］，单击选择［Left］或［Right］，在沿着游标轨迹移动的过程中可以在左侧或右侧显示伏安坐标数值。临界电压与二极管使用的半导体材料相关，硅二极管的临界电压约为 0.6V，锗二极管的临界电压约为 0.3V。估算临界电压的一种方法是在正向偏置区域最大电流附近，拟合一条切线，切线与电压轴的交点即定义为临界电压。

将硅二极管换成红色发光二极管如图 2.28 所示，可以看到发光二极管逐渐变亮。发光二极管的伏安特性曲线如图 2.29 所示。对于这个发光二极管而言，切线与电压轴交点处电压即为临界电压，约为 1.56V，对比前面数据可知，发光二极管的导通电压比普通硅二极管高出很多。

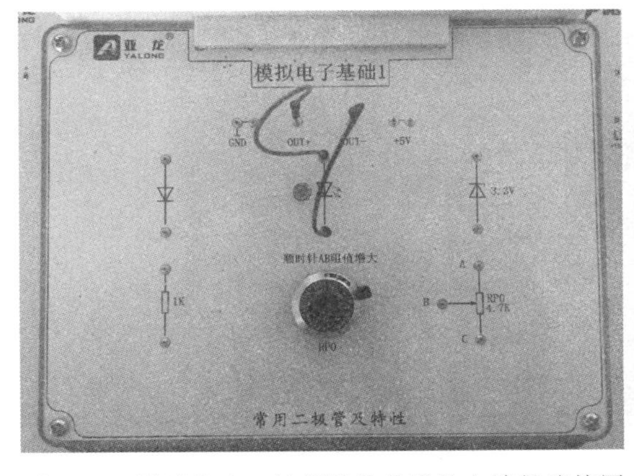

图 2.28　测试发光二极管特性曲线的电路板连接图

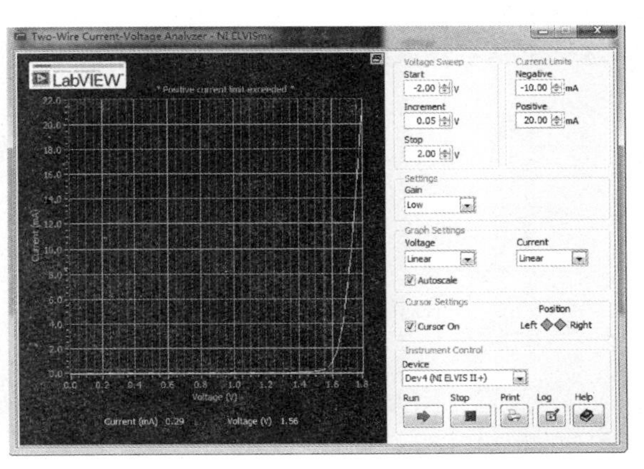

图 2.29　红色发光二极管的伏安特性曲线

实验项目三

多种单管基本放大电路的分析与设计

一、实验项目目的

1）掌握单管基本放大电路（包括共射、共集、共基放大电路）静态工作点的测量和调整方法。

2）了解电路参数变化对静态工作点的影响。

3）掌握单管共射放大电路动态指标（A_v、R_i、R_o）的测量方法。

4）掌握单管共集放大电路的特点。

5）了解单管共基放大电路的特点。

6）掌握单管基本放大电路的输入输出波形相位关系。

二、实验所需模块与元器件

1）单管共射、共集、共基放大电路模块。

2）杜邦线若干。

三、实验原理及电路仿真

（一）实验原理

单管共射放大电路如图 3.1 所示，图 3.2 所示为单管共集放大电路，图 3.3 所示为单管共基放大电路。可以看出，图 3.1 和图 3.2 的唯一区别是输出电压信号的引出端不同。这三个基本放大电路均采用相同的自稳定静态工作点的分压式偏置电路，其直流通路如图

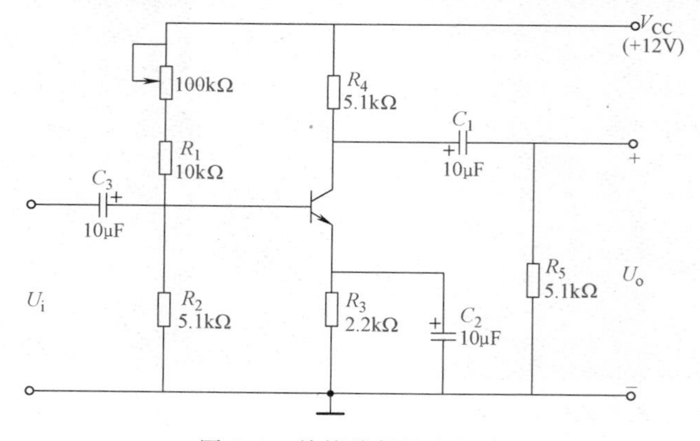

图 3.1　单管共射放大电路

3.4 所示，其温度稳定性好。

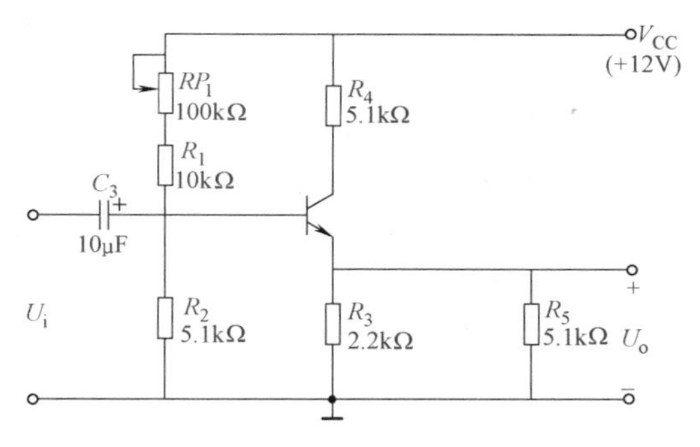

图 3.2　单管共集放大电路

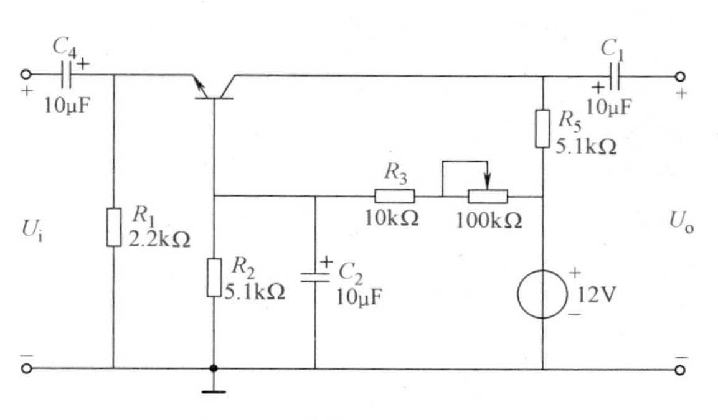

图 3.3　单管共基放大电路

1. 静态工作点的测量

为了获得最大不失真输出电压，静态工作点应选在输出特性曲线上交流负载线的中点。若静态工作点选得太高，容易引起饱和失真，而选得太低，又容易引起截止失真。实验中，如果测得 U_{CEQ}<0.6V，说明晶体管已经饱和；如果测得 $U_{CEQ} \approx V_{CC}$，则说明晶体管已截止。对于线性放大电路，这两种工作点都是不合适的，必须对其进行调整。当电路参数确定以后，工作点的调整主要通过调节参考电路中的 100kΩ 的电位器来实现，电位器电阻调小，静态工作点增高，电位器电阻调大，静态工作点降低。当然，如果输入信号过大，使晶体管工作在非线性区，即使工作点选在交流负载线的中点，输出电压波形仍可能出现双向失真。对单管放大电路静态工作点的测量，就是测量当输入交流信号为零时的晶体管集电极电流 I_{CQ} 和管压降 U_{CEQ}。可以直接在集电极回路中串入档位为 2mA 的万用表直接测量，如图 3.4 所示。测量 U_{CEQ} 时则在晶体管 C、E 两个极上并接一个 0~30V 的直流电压表。

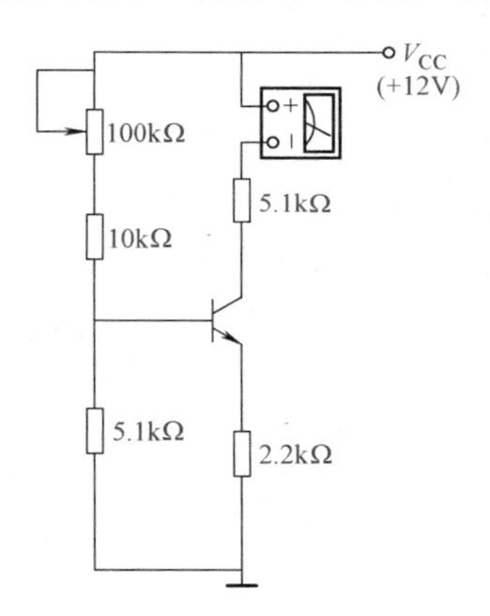

图 3.4　测量静态集电极电流

2. 电压放大倍数的测量

电压放大倍数 A_U 是指输出电压与输入电压的有效值之比，即 $A_U = U_o / U_i$。实验中用示波器监视放大电路输出电压，当波形不失真时，用交流毫伏表分别测量输入、输出电压，然后计算出电压放大倍数。由于晶体管已经选定，β 值也是一定的，故 A_U 主要受静态工作点电流 I_{CQ} 和负载电阻值 R_L 的影响。

3. 输入电阻的测量

输入电阻 R_i 的大小反映出放大电路从信号源或前级放大电路获取电流的大小，输入电阻越大，从前级获取电流越小，对前级的影响就越小。

输入电阻的测量原理如图 3.5 所示。在信号源与放大电路之间串入一个已知阻值的电阻 R，用交流毫伏表分别测出 R 两端的电压 U_s 与 U_i，输入电阻为 $R_i = U_i / I_i = U_i / [(U_s - U_i)/R]$。

电阻 R 的值不宜取得过大，过大易引起干扰，但也不宜取得过小，过小易引起较大的测量误差。最好 R 取值与 R_i 为同一数量级。

4. 输出电阻的测量

输出电阻 R_o 的大小表示电路带负载能力的大小。输出电阻越小，带负载能力越强，下级放大电路所获得的电压值越大。输出电阻的测量原理如图 3.6 所示，用交流毫伏表分别测量放大器的开路电压 U_o 和负载电阻上的电压 U_{oL}，则输出电阻 R_o 可通过计算得出。由图 3.6 可知，$U_{oL}=U_o/(R_o+R_L)\times R_L$，所以 $R_o=(U_o-U_{oL})/U_{oL}R_L$。同样，为了测量值尽可能准确，最好取 R_L 和 R_o 的阻值为同一数量级。

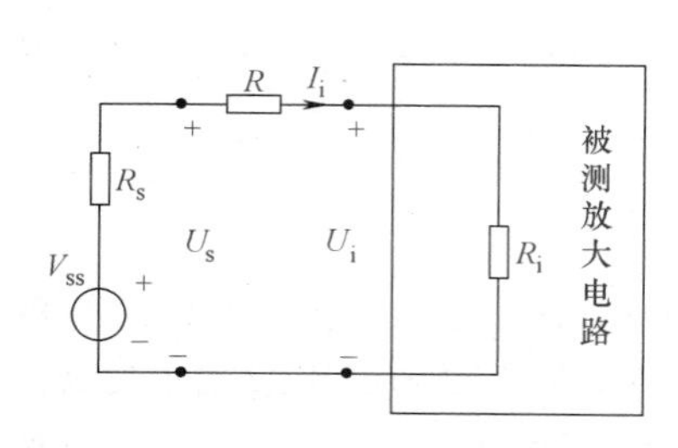

图 3.5 输入电阻的测量原理

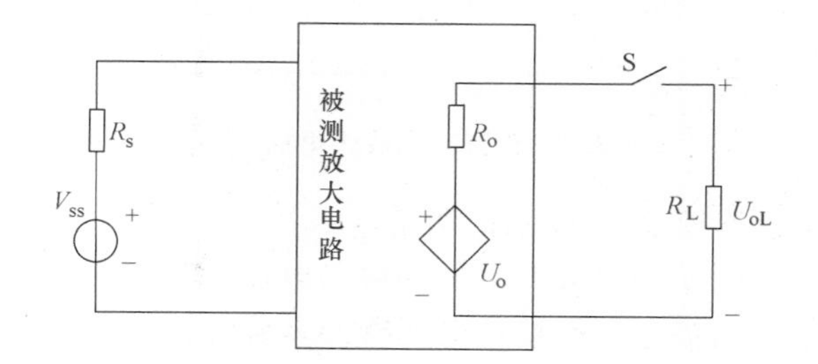

图 3.6 输出电阻的测量原理

（二）电路仿真

具体仿真步骤如下：

1）打开计算机中电工电子电路仿真软件 Multisim，单击 [File]→[New]→[Blank]→[Create] 新建一个空白的图样。

2）右击图样空白区域选择 [Place Component]，打开 [Select a Component] 对话框，在 [Group] 下拉菜单中选择 [Transistors]，在 [Family] 选项框中选择 [All Families]，在 [Component] 下搜索 2N2222 放在图样上，如图 3.7 所示。

3）同理打开 [Select a Component] 对话框，在 [Group] 下拉菜单中选择 [Basic]，在 [Family] 选项框中选择 [RESISTOR]，参照图 3.1 中各电阻的阻值选择合适的电阻放置在图样上。在 [Family] 选项框下的 [POTENTIOMETER] 中选择电位器，如图 3.8 所示。

4）打开 [Select a Component] 对话框，在 [Group] 下拉菜单中选择 [Basic]，在 [Family] 选项框中选择 [CAP_ ELECTROLIT]，参照图 3.1 中各电容的值选择合适的电容放置在图样上，如图 3.9 所示。

5）在 [Select a Component] 对话框中的 [Group] 下拉菜单中选择 [Sources]，在 [Family] 选项框中选择 [POWER_ SOURCES]，分别在右边的 [Component] 选项框中选择 [DC_ POWER] 和 [GROUND]，放置在图样上，如图 3.9 所示。

6）在 [Select a Component] 对话框中的 [Group] 下拉菜单中选择 [All Groups]，在 [Families] 选项框中选择 [All Families]，在 [Component] 下搜索 [AC_ VOLTAGE]，把 [AC_ VOLTAGE] 放在图样上，如图 3.9 所示。交流信号源参数设置如图 3.10 所示。

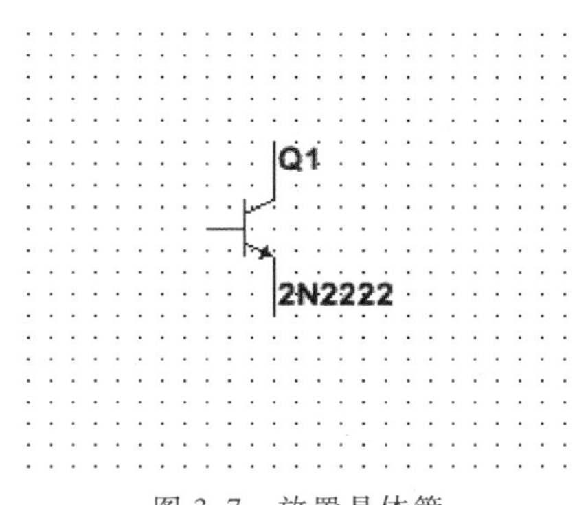

图 3.7　放置晶体管

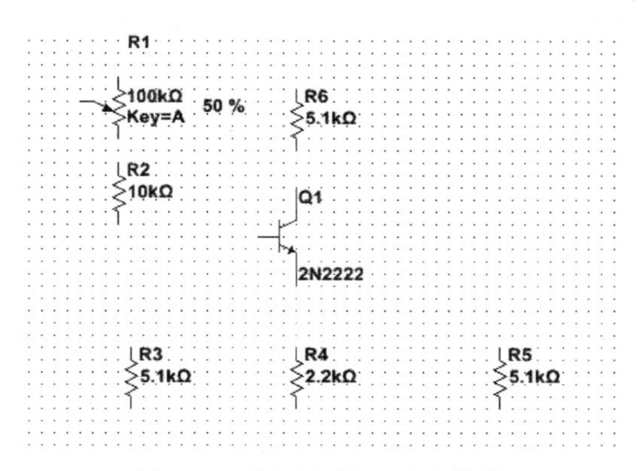

图 3.8　放置电阻以及电位器

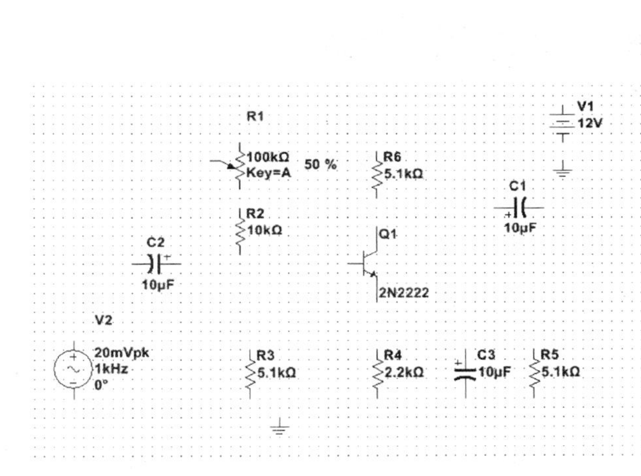

图 3.9　放置电容、电源、信号发生器

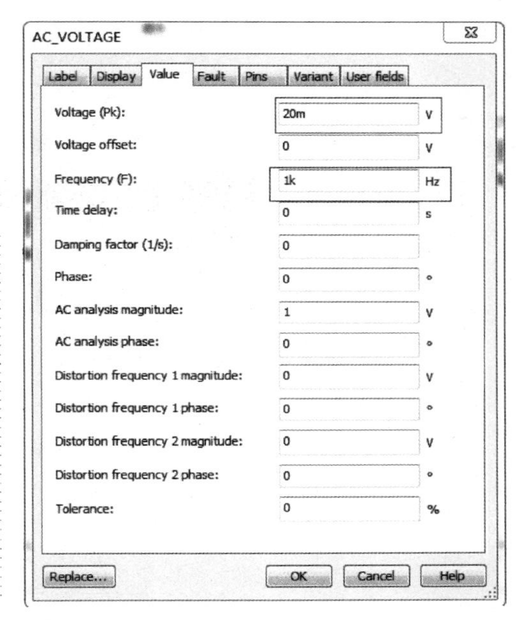

图 3.10　交流信号源参数设置

7）在 Multisim 界面右边的虚拟仪器工具栏中选择［Multimeter］和［Oscilloscope］，放置在图样上，如图 3.11 所示，并对其设置对应的电压或电流测量功能。如图 3.12a 所示为设置成直流电流表，图 3.12b 所示为设置成直流电压表。

8）将所摆放的元器件按图 3.1 所示电路进行连接，连接好的电路如图 3.13 所示。

9）单击软件顶部主菜单栏中的［Simulate］→［Run］进行电路仿真。双击图样上的测量表，可以调出各对应测量表的显示界面。调整 100kΩ 电位器 R_1（约为 0.8%时），使示波器上显示的 U_{o1} 波形达到最大不失真（放大电路带负载 R_5 之后，在输入信号 U_i 不变的情况下，最大不失真输出电压也产生变化，理论上最大不失真输出电压峰值等于 $I_{CQ}\times(R_5/\!/R_6)$［$R_5/\!/R_6$ 表示 R_5 与 R_6 并联，阻值为 $R_5R_6/(R_5+R_6)$］，而 I_{CQ} 又受 RP_1 影响，因此调整 RP_1 即可在 U_i 不变的情况下通过观察输出波形是否失真得到最大不失真输出电压，将此时作为电路静态工作点）。然后关闭函数信号发生器，即 $U_i=0$，读

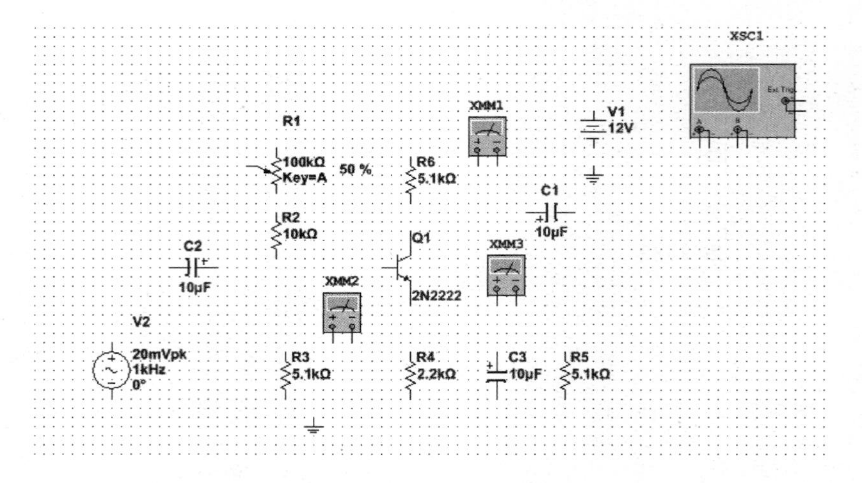

图 3.11　放置万用表、示波器

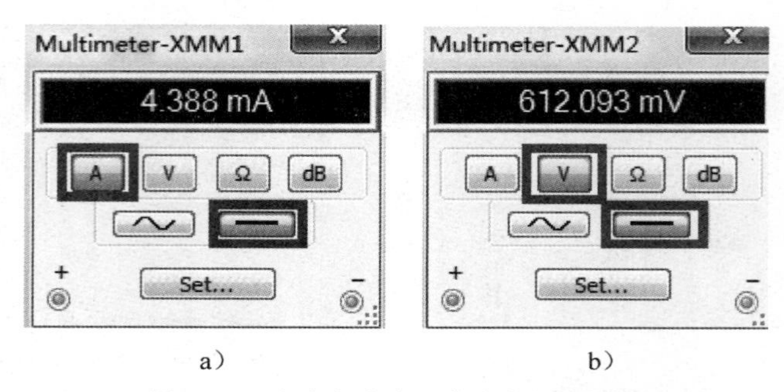

a）　　　　　　　　b）

图 3.12　直流电流表、直流电压表设置

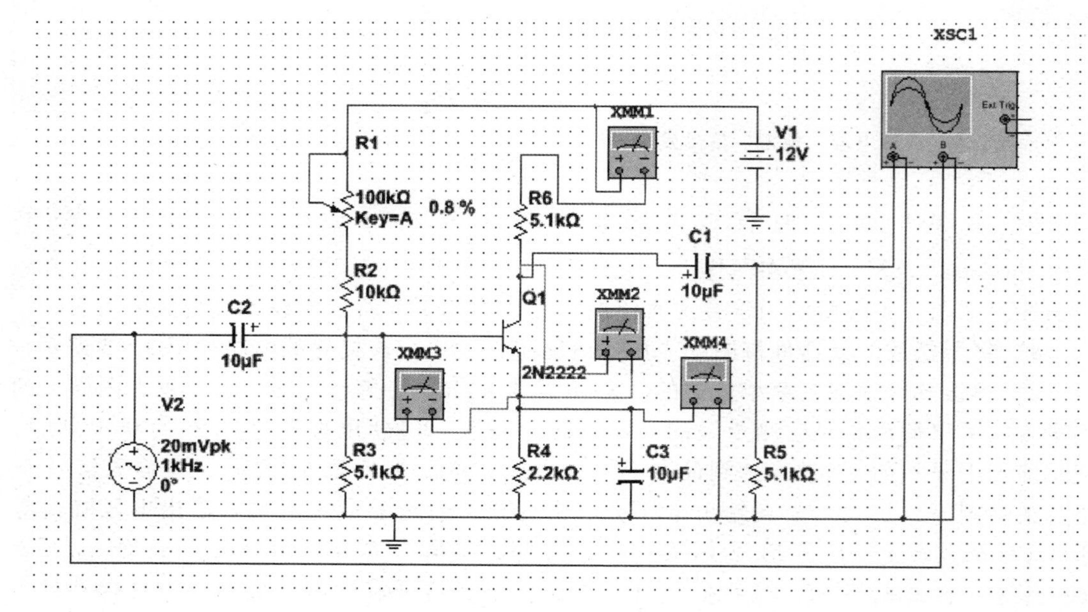

图 3.13　电路连接

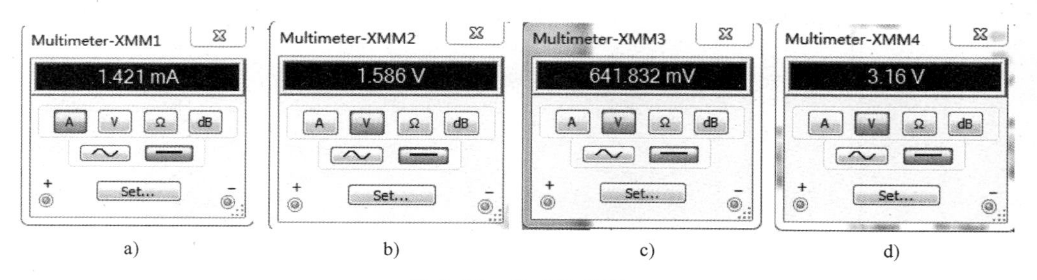

图 3.14　各表的读数

出 XMM1 电流表（即 $I_{CQ}=1.421\text{mA}$）、XMM2 电压表（即 $U_{CEQ}=1.586\text{V}$）、XMM3 电压表（即 $U_{BE}=641.832\text{mV}$）、XMM4 电压表（即 $U_E=3.16\text{V}$）的读数，如图 3.14 所示。

10）测试单管共射放大电路的电压放大倍数 A_U。

① 从信号发生器送入 $f=1\text{kHz}$，$U_i=14\text{mV}$（号电压的峰值 $20\text{m}V_{pK}$ 表示正弦信峰-峰值电压 V_{pp} 调为 40mV）的正弦电压有效值，用万用表交流电压档测量输出电压，XMM5 的输出电压有效值 $U_o=1.154\text{V}$，测量电路与电压表读数如图 3.15、图 3.16 所示，计算电压放大倍数 $A_U=U_o/U_i=1.154/0.014=82.43$。

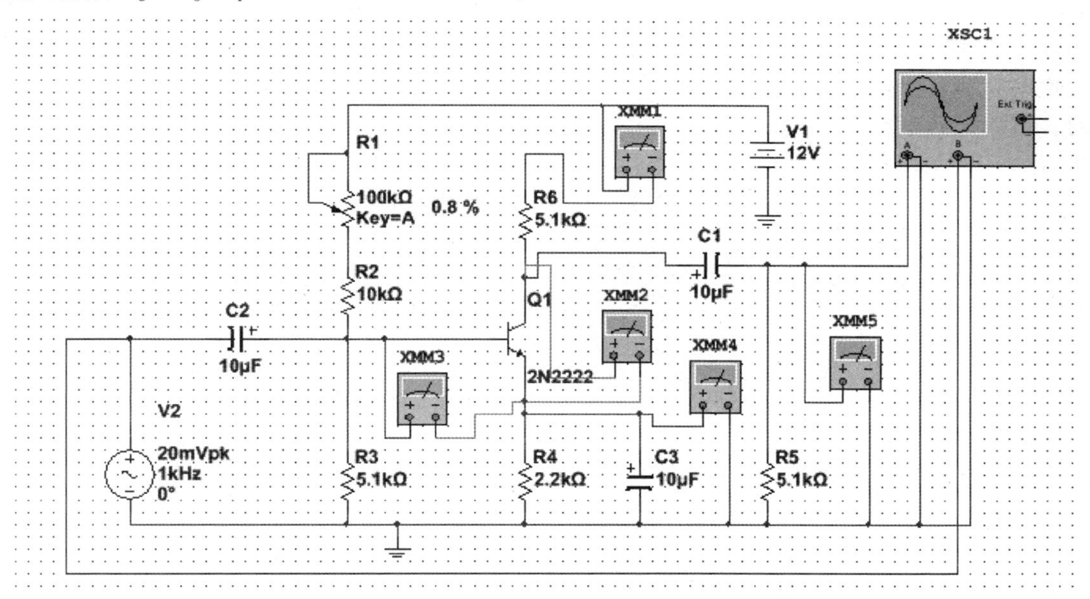

图 3.15　输出电压、测量电路

② 用示波器 XSC1 观察 U_i 和 U_o 电压的幅值和相位。如图 3.17 所示，在示波器软面板上观察它们的幅值和相位，可以看出共射放大电路具有对输入输出电压信号进行反向放大的作用。

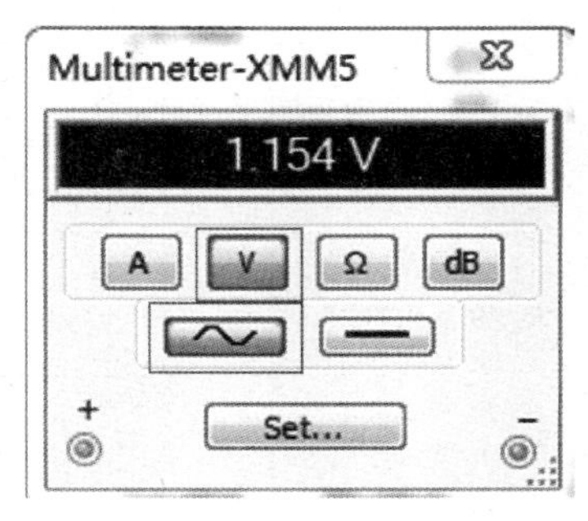

图 3.16　电压表读数

11）了解由于静态工作点设置不当，给放大电路带来的非线性失真现象。调节 100kΩ 电位器 R_1，分别减小或增大其阻值，观察输出波形的失真情况，分别测出此时相应的静态工作点，测量与调整方法同 9），实验参考

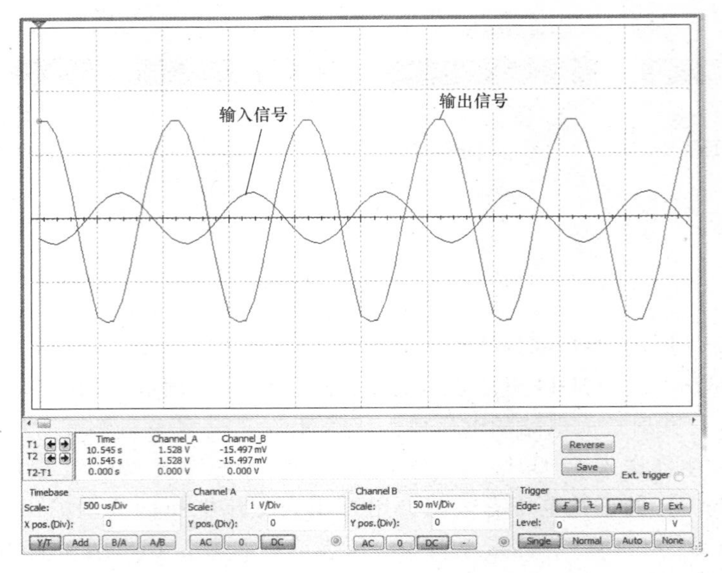

图 3.17 输入输出波形

结果见表 3.1（晶体管进入饱和状态时，由于波形底部被削平而导致峰值几乎相等，但仍为饱和状态。而截止状态时可以看到顶部并不是平顶，而是圆滑的曲线。测试放大电路时，可以通过输出电压波形正、负半周幅值是否出现较大差异来判断电路是否产生截止失真）。

表 3.1 截止、饱和状态的波形及相关参数

工作状态	输出波形	静态工作点		
		I_{CQ}	U_{CEQ}	U_{BE}
截止 （R_1 约为 9%）	Time / Channel_A T1 748.106 us / -1.476 V T2 293.561 us / 1.166 V T2-T1 -454.545 us / 2.642 V	854.428μA	5.738V	619.455mV
饱和 （R_1 约为 0.7%）	Time / Channel_A T1 748.106 us / -1.563 V T2 255.682 us / 1.543 V T2-T1 -492.424 us / 3.106 V	1.432mA	1.51V	642.247mV

12）按照图 3.2 将前面仿真电路连接成单管共集放大电路，实际电路如图 3.18 所示，并确认连接无误。

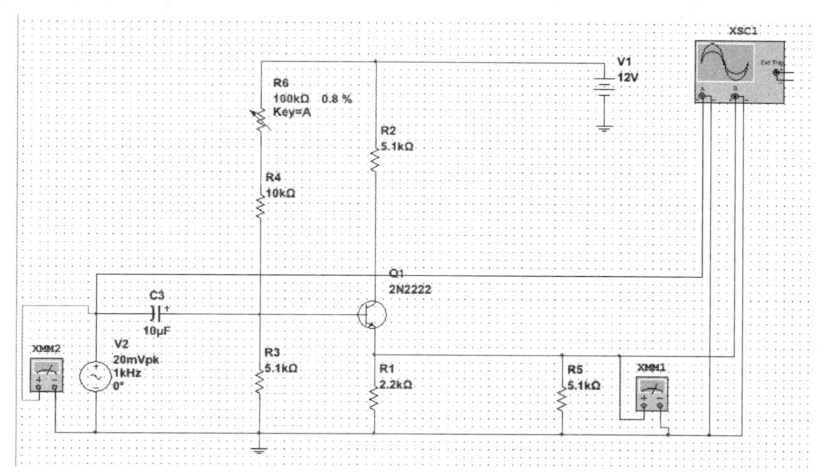

图 3.18　仿真电路连接

测试单管共集放大电路的电压放大倍数以及输入输出波形之间的关系。

从信号发生器输出 $f=1\text{kHz}$。$U_i=14\text{mV}$（峰-峰值电压调为 40mV）的正弦电压信号并将其接到放大电路的输入端，此时输入端电压（见图 3.19a）$U_i=14.142\text{mV}$，然后将数字万用表转换到交流电压档，连接到信号输出端，测出输出交流信号的电压有效值（见图 3.19b）$U_o=13.904\text{mV}$，填入表 3.2，并用电压放大倍数的公式 $A_U=U_i/U_o$ 算出 A_U 后填入表 3.2，分别观察放大电路的输入、输出端波形，并截取同一周期内的波形画在表 3.2 中。可以看出共集放大电路具有电压跟随的作用，即输出电压信号与输入电压信号相比是同相且基本不放大，只对电流信号进行放大。

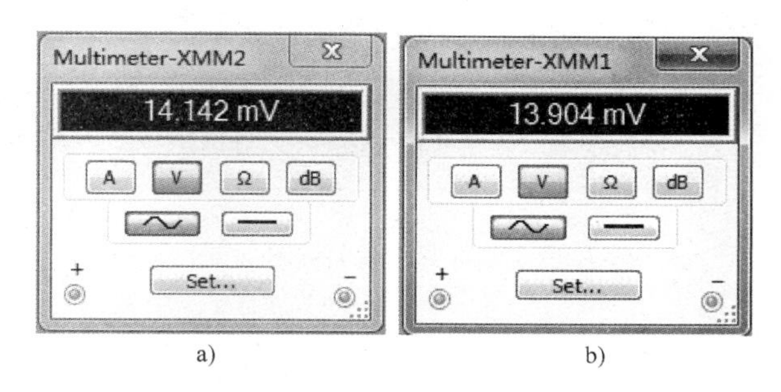

a)　　b)

图 3.19　相关交流电压读数

表 3.2　共集放大电路输入输出电压及波形

输入电压 U_i	输出电压 U_o	放大倍数 A_U	输入信号波形	输出信号波形
14.142mV	13.904mV	0.98		（偏小）

四、实验内容与步骤

具体实验步骤如下：

1）确保 NI ELVIS Ⅱ+的电源开关处于断开状态。

2）将 NI ELVIS Ⅱ+上的原形板取下，取出 YL-NI ELVIS Ⅱ+系列实验模块转接主板，将其插在 NI ELVIS Ⅱ+上，并确保接插到位。

3）取出课程实验模块（单管共射、共集放大电路）将其插在实验模块转接主板上，注意检查是否接插到位。

4）按照图 3.1 所示电路用杜邦线连接好。电路板连接示意图如图 3.20 所示，实际连线图如图 3.21 所示。

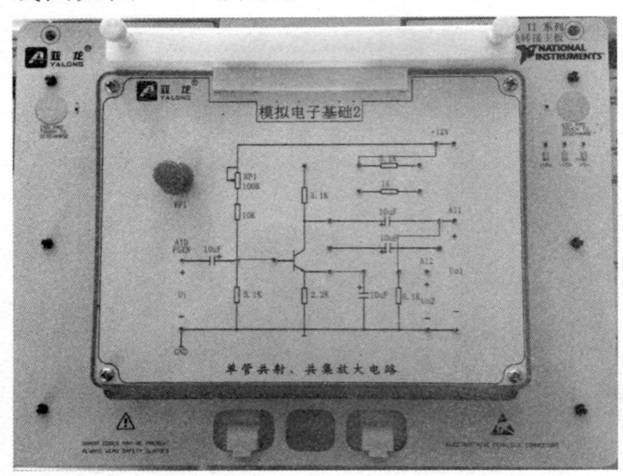

图 3.20　电路板连接示意图

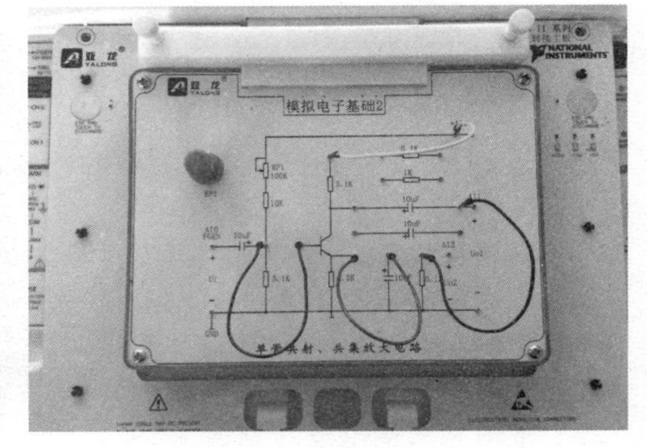

图 3.21　实际连线图

5）单击［开始］→［所有程序］→［National Instruments］→［NI ELVISmx for NI ELVIS & myDAQ］→［NI ELVISmx Instruments Launcher］菜单，在弹出面板上单击［Digital Multimeters］（数字万用表），调节正电源至 12V，单击“Run”启动，如图 3.22 所示。

6）检测电路无误后先打开 NI ELVIS Ⅱ+工作站开关，再打开原形板开关，等待计算机识别设备。

7）测试电路在线性放大状态时的静态工作点。打开［NI ELVISmx Instruments Launcher］面板上的［Function Generator］函数信号发生器面板，调节 $f=1\text{kHz}$、$U_i=14\text{mV}$（此为有效值，计算可得峰-峰值电压为 40mV，由于信号源输出小信号精确程度有限，可以将软件前面板上的峰-峰值电压调为 40mV）的正弦电压信号，如图 3.23 所示。

函数信号发生器输出端已接入电路中的输入端，打开［NI ELVISmx Instruments Launcher］面板上的［Oscilloscope］（AI 1 端口为输出波形），如图 3.24 所示。

单击“Antoscale”按钮自动调整波形，如果波形不合适可以手动调节到合适大小（图 3.24 为参考参数，以实际调节为准），如果波形抖动可以切换 Type 到 Edge 档稳定波形。

调整 100kΩ 电位器 RP_1，使示波器上显示的 U_{o1}波形达到最大不失真状态（放大电路带负载 R_5 之后，在输入信号 U_i 不变的情况下，最大不失真输出电压发生变化。理论上最

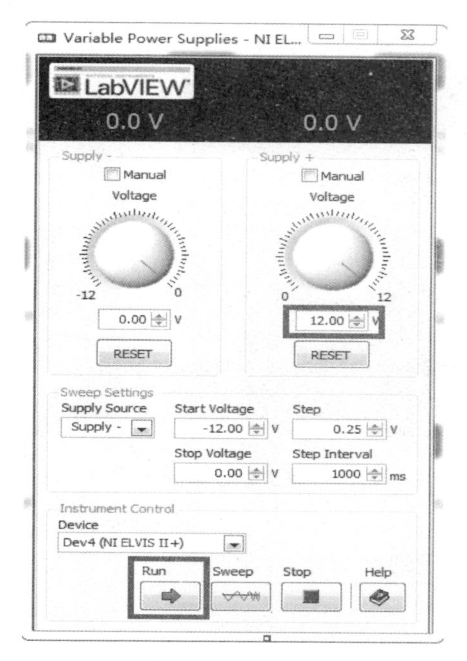

图 3.22　电源设置

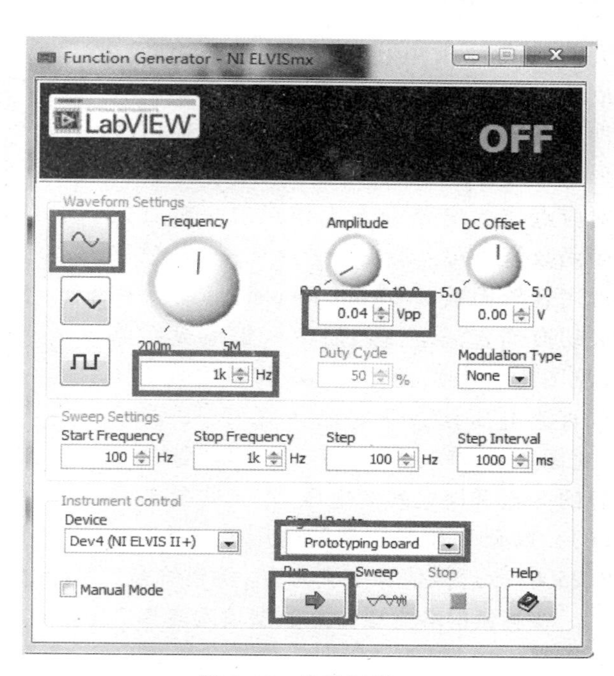

图 3.23　信号源设置

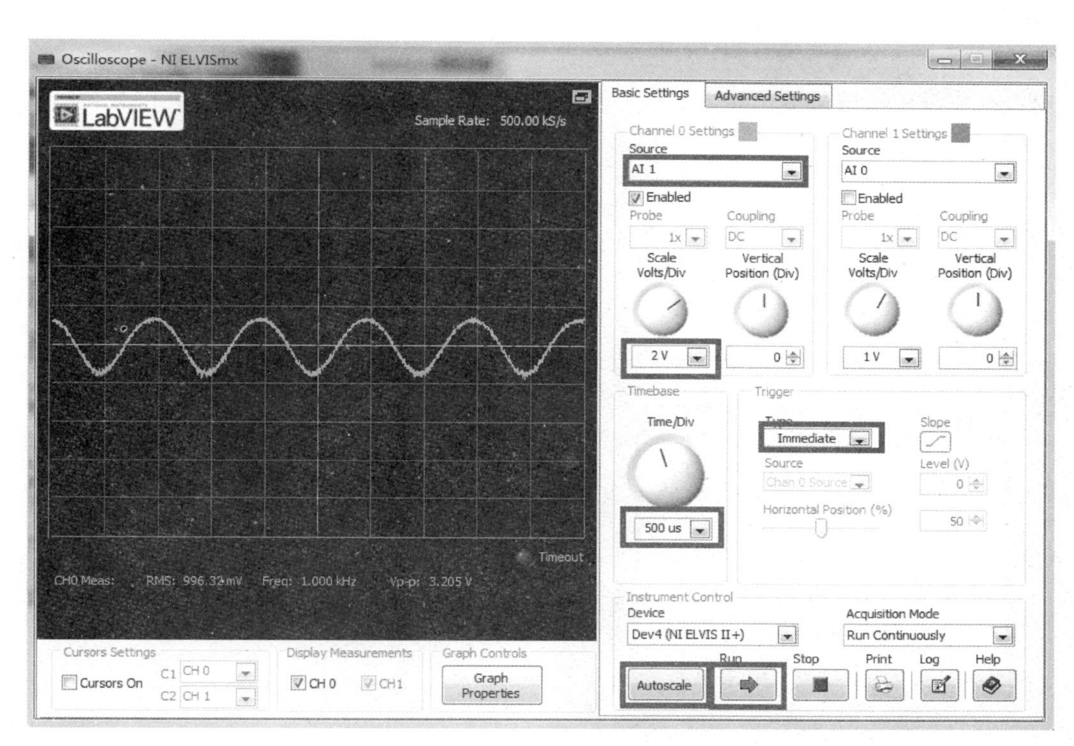

图 3.24　观察输出波形

大不失真输出电压峰值等于 $I_{CQ}(R_5//R_4)$，而 I_{CQ} 受 RP_1 影响，因此调整 RP_1 即可在 U_i 不变的情况下通过观察输出波形是否失真确定最大不失真输出电压，将对应点作为电路静态工作点。）。然后关闭函数信号发生器，即 $U_i=0$，打开数字万用表软面板［Digital Reader］，将万用表切换到直流电流档后串入集电极回路（见图 3.25①），测出 I_{CQ}。将万用表切换到直流电压档并联在晶体管 C、E 两极（见图 3.25②），测出 U_{CEQ}，再测量晶体管的 E 极和地之间的电压 U_E（见图 3.25③），以及 B 和 E 之间的电压 U_{BE}（见图 3.25④），近似估算中认为 U_{BE} 为已知量，对于硅晶体管通常取 0.6V。

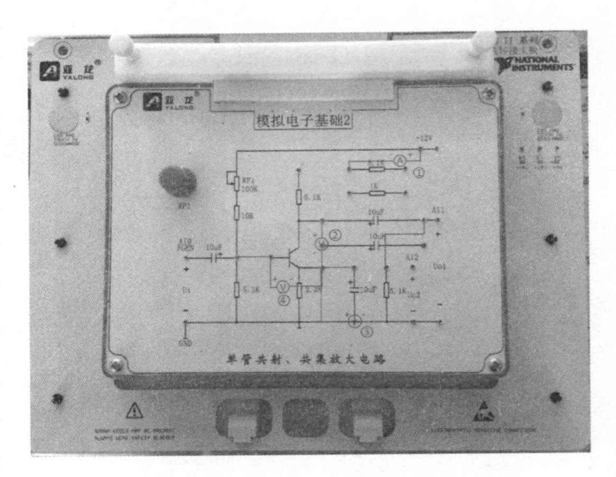

图 3.25　各相关参数测量

将测量的静态工作点数据填入表 3.3 中。

表 3.3　各表读数

U_E	$I_{CQ}(\approx U_E/R_3)$	U_{CEQ}	U_{BE}
2.952V	1.4mA	2.257V	0.618V

8）测试单管共射放大电路的电压放大倍数 A_U。

① 从信号发生器送入 $f=1\text{kHz}$，$U_i=14\text{mV}$（峰-峰值调为 40mV）的正弦电压，用数字万用表交流电压档测量输出电压 U_o（见图 3.26、图 3.27），计算电压放大倍数 $A_U=U_o/U_i=1.02/0.014=72.86$。

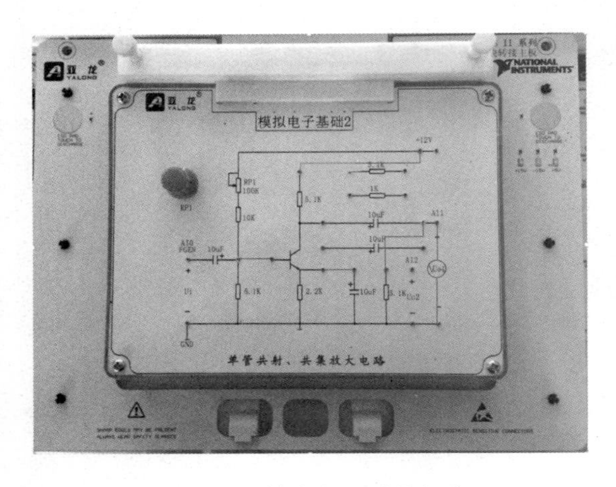

图 3.26　输出电压测量电路

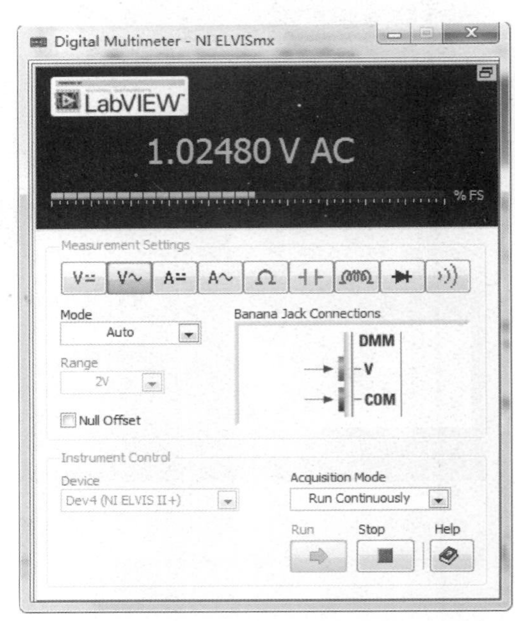

图 3.27　输出电压读数

② 用示波器观察 U_i 和 U_o 电压的幅值和相位。如图 3.28 所示，在示波器软面板上观察它们的幅值大小和相位（AI 0 为信号源测量端口、AI 1 为 U_{01} 输出波形测量端口）。可以看出共射放大电路具有对输入输出电压信号进行反相放大的作用。

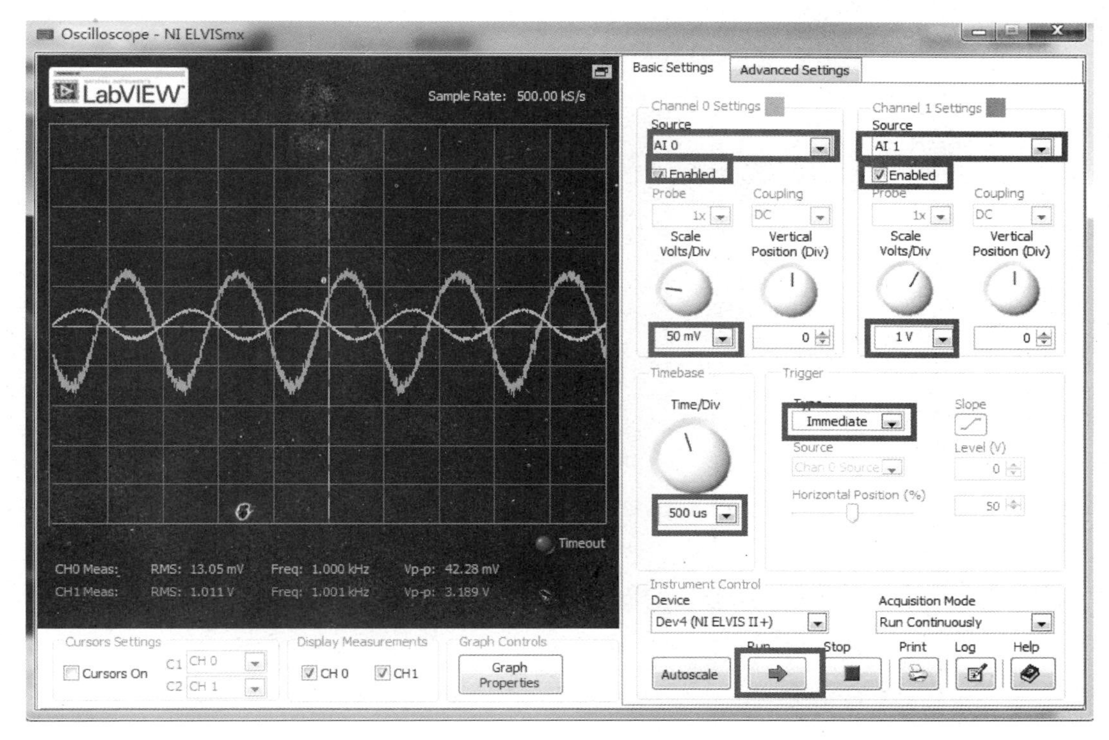

图 3.28　共射放大电路波形

9）了解由于静态工作点设置不当，给放大电路带来的非线性失真现象。调节 100kΩ 电位器 RP_1，分别使其阻值减小或增大，观察输出波形的失真情况，分别测出此时相应的静态工作点，测量方法同 7），并将结果填入表 3.4。

表 3.4　截止、饱和状态时的波形以及电流电压参数

工作状态	输出波形	静态工作点		
		I_{CQ}	U_{CEQ}	U_{BE}
截止		0.37mA（此时 I_{CQ} 很小）	9.706V	0.577V
饱和		1.55mA（此时 I_{CQ} 很大）	1.08V	0.62V

10）输入电阻 R_i 的测量。关闭电源，根据图 3.29 接入电路，FGEN 接信号源输出，实际线路图如图 3.30 所示，信号发生器设置如图 3.31 所示。此时 $R=1\text{k}\Omega$，调整信号源的输出电压大小，使得用数字万用表交流电压档测出的 U_i（见图 3.29②）为一个固定的数值（如 14mV），然后再测出 U_s（见图 3.29①），则由 $R_i=[U_i/(U_s-U_i)]\times R$ 可计算出输入电阻 R_i，将测量的电压值及计算的输入电阻值填入表 3.5。

图 3.29　电路示意图

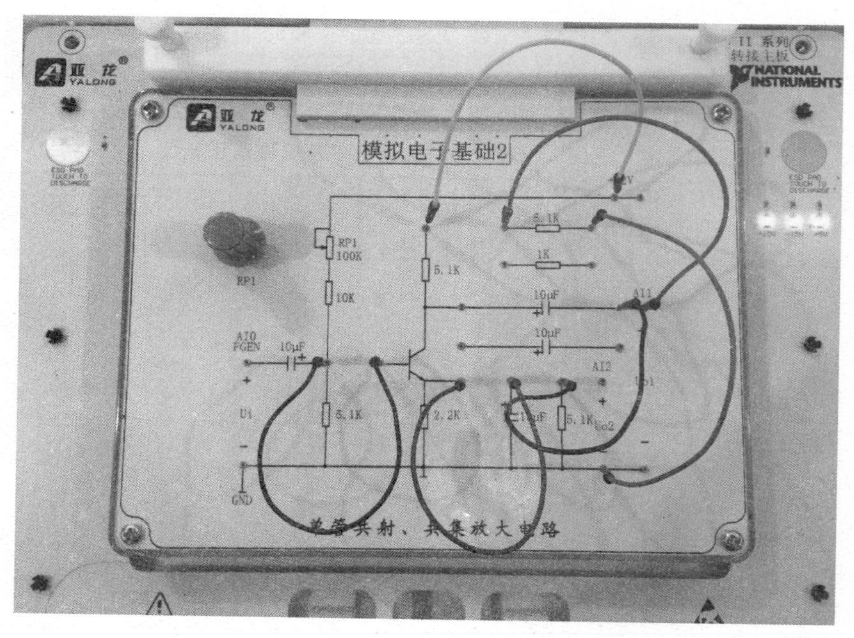

图 3.30　实际线路图

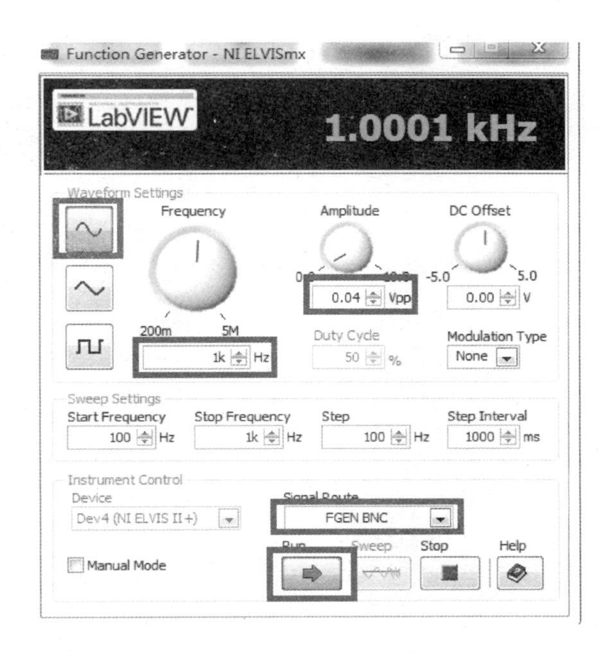

图 3.31　信号发生器设置

11）输出电阻 R_o 的测量。关闭电源，根据图 3.32 接入电路，实际线路如图 3.33 所示。取 $R_L=5.1\text{k}\Omega$，调整信号源的输出电压大小如图 3.34 所示，使得用数字万用表交流档测出 $R_L=\infty$ 时的开路电压 U_o 为一个固定值（如 0.5V），再测出接入 $R_L=5.1\text{k}\Omega$ 负载时的输出电压 U_{ol}。

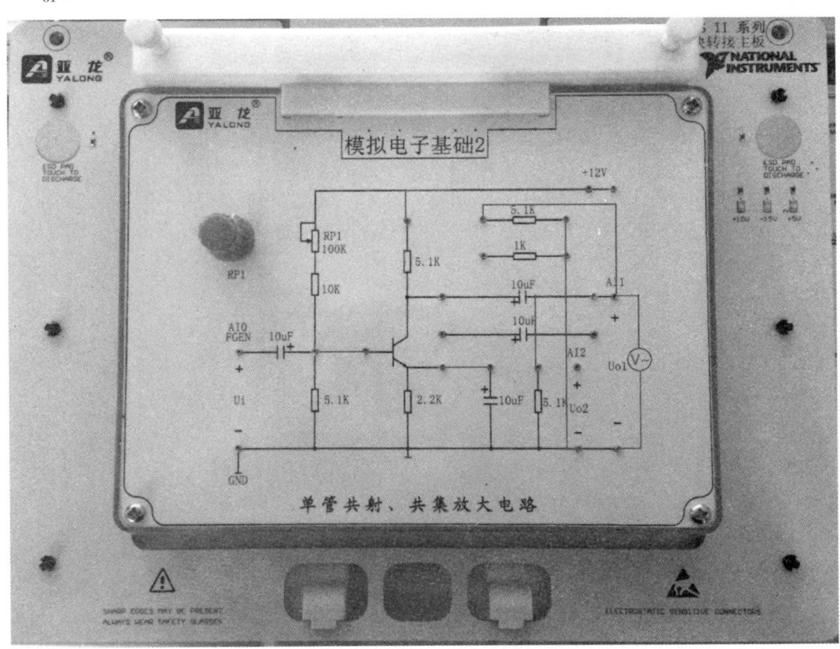

图 3.32　电路示意图

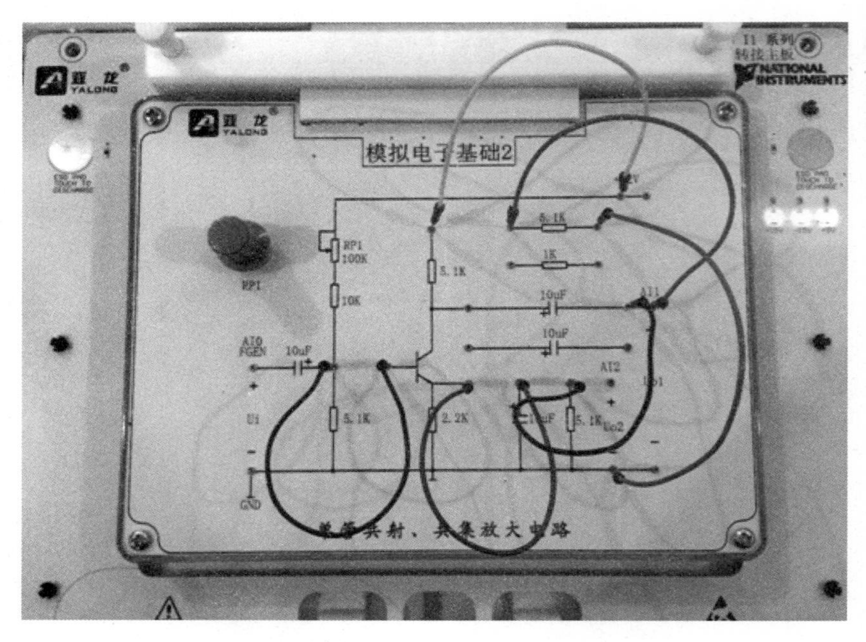

图 3.33　实际线路图

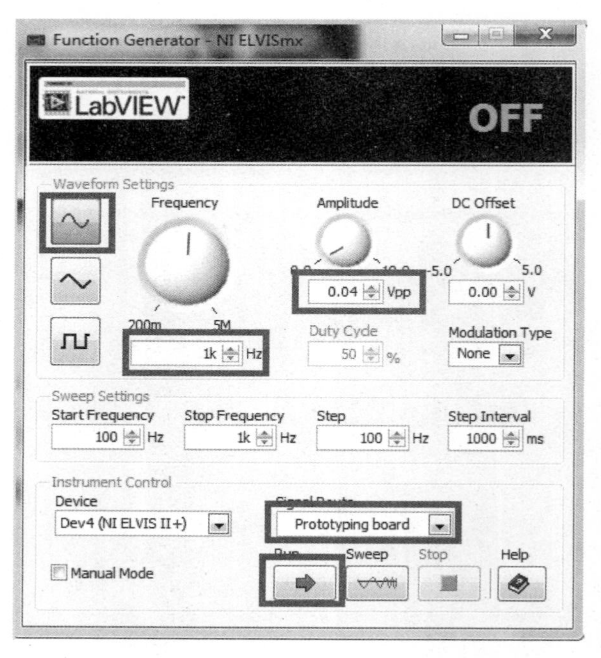

图 3.34　信号源设置

则根据 $R_o=[(U_o-U_{ol})/U_{ol}]\times R_L$ 可算出输出电阻，将测量的电压值及计算的输入电阻值填入表 3.5。

表 3.5　输入输出电压、电阻及测量参考值

U_i	U_s	U_o	U_{ol}	R_i	R_o
12.7mV	10.12mV	19.32mV	14.08mV	4.8kΩ	1.9kΩ

12）关闭电源，根据图 3.2 搭接好单管共集放大电路并检查无误。测试单管共集放大电路的电压放大倍数以及输入输出波形之间的关系。

从信号发生器输出 $f=1\text{kHz}$、输入电压 $U_i=14\text{mV}$（峰-峰值调为 40mV）的正弦电压信号，并将其接到放大电路的输入端（见图 3.35①），然后将数字万用表交流电压档接到信号输出端，测量输出交流信号的电压有效值 U_o（见图 3.35②），并用电压放大倍数的公式 $A_U=U_i/U_o$ 算出放大倍数 A_U，将数据填入表 3.6，分别测量放大电路的输入输出端并观察其波形（见图 3.36），截取同一个周期内的波形画在表 3.6 中，可以看出共集放大电路具有电压跟随的作用，并不对电压信号进行放大，只对电流信号进行放大。

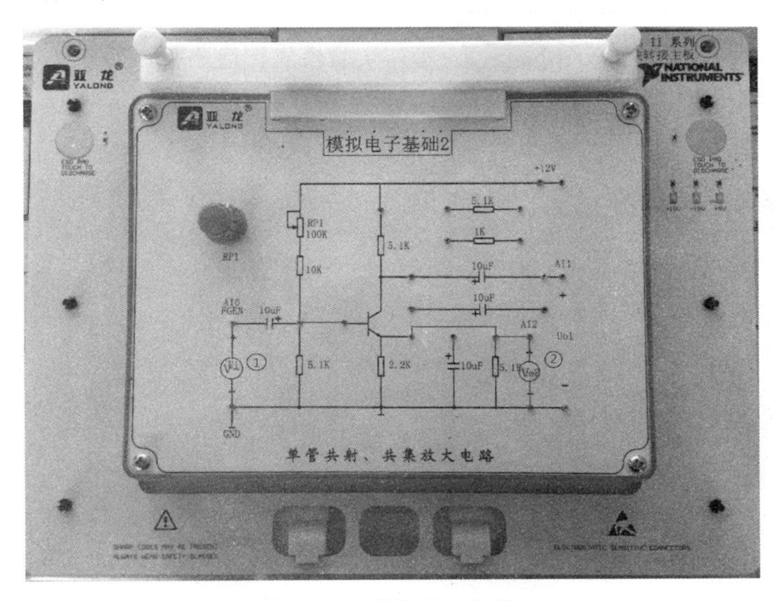

图 3.35　共集放大电路

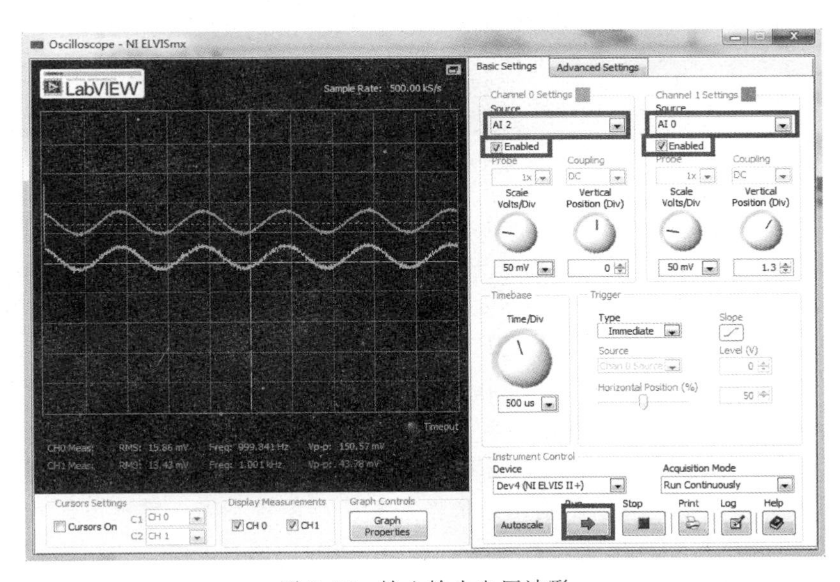

图 3.36　输入输出电压波形

表 3.6　输入输出电压及其波形

输入电压 U_i	输出电压 U_o	放大倍数 A_U	输入信号波形	输出信号波形
13.145mV	12.602mV	0.958		（偏小）

13）关闭电源，将 YL-NI ELVIS Ⅱ+系列实验模块转接主板上的模块换成单管共基放大电路，将其插在 NI ELVIS Ⅱ+工作台上，注意检查是否接插到位。根据图 3.37 搭接好单管共基放大电路并检查无误，实际连线如图 3.38 所示，开启电源。

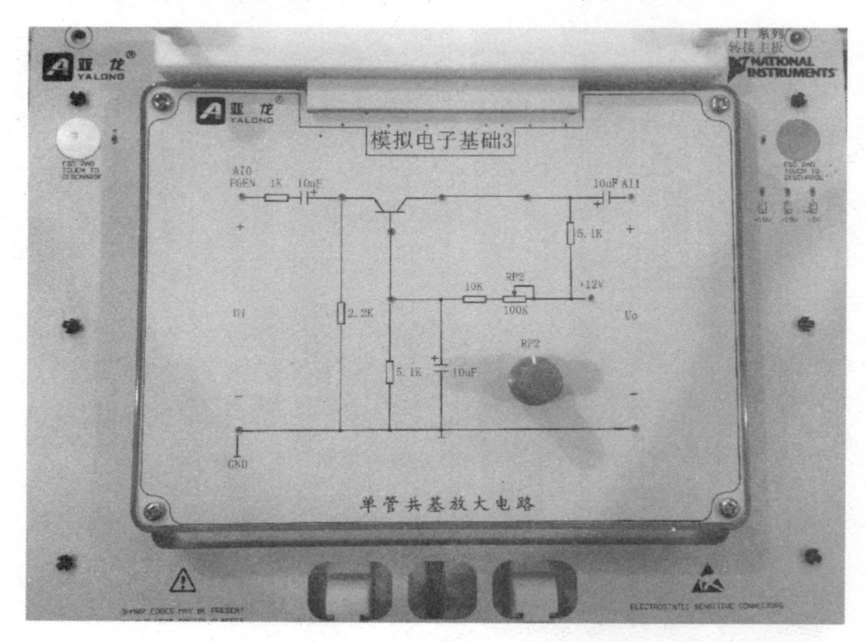

图 3.37　共基放大电路

14）了解由于静态工作点设置不当，给放大电路带来的非线性失真现象。由于共基放大电路的输入电阻很小，本实验模块中的共基放大电路的输入电阻只有十几欧姆，对信号源的带载能力提出了十分苛刻的要求，因此在进行本实训时必须在发射极 10μF 的耦合电容前面再串入一个 1kΩ 的电阻，如图 3.39 所示。

从信号发生器输出 $f=1\text{kHz}$、$U_i=14\text{mV}$（峰-峰值调为 40mV）的正弦电压信号并接到放大电路的输入端，测量放大电路的输入端 AI 0 和放大电路的输出端 AI 1，不断调整 100kΩ 电位器 RP_2（缓慢调节电位器，待波形稳定后再继续调节，直到可以看到有波形失真），观察示波器的输出。可以看到，如果静态工作点设置不当，输出电压信号波形也会像共射放大电路一样发生非线性失真现象（见图 3.40），而且共基放大电路输入输出电压的波形是同相放大的（见图 3.41）。

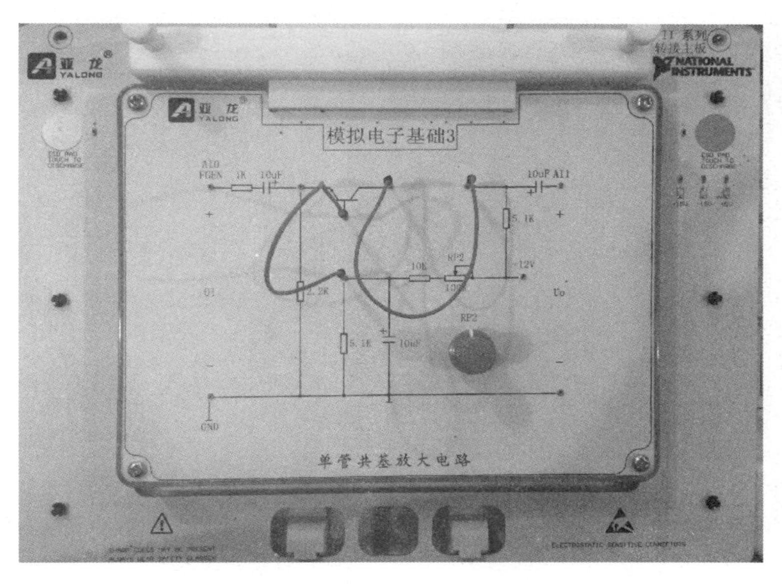

图 3.38 实际连线图

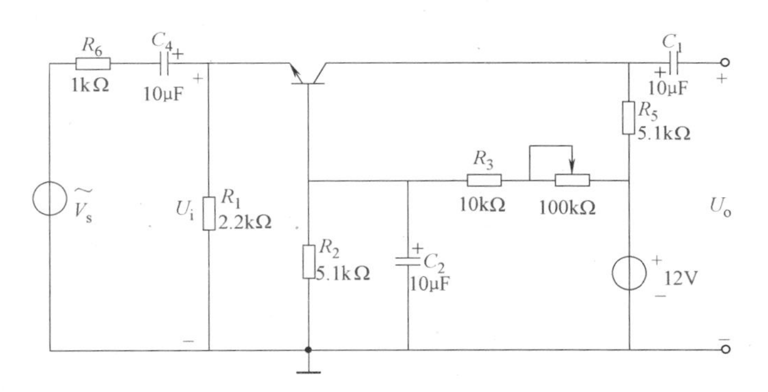

图 3.39 共基放大电路原理图

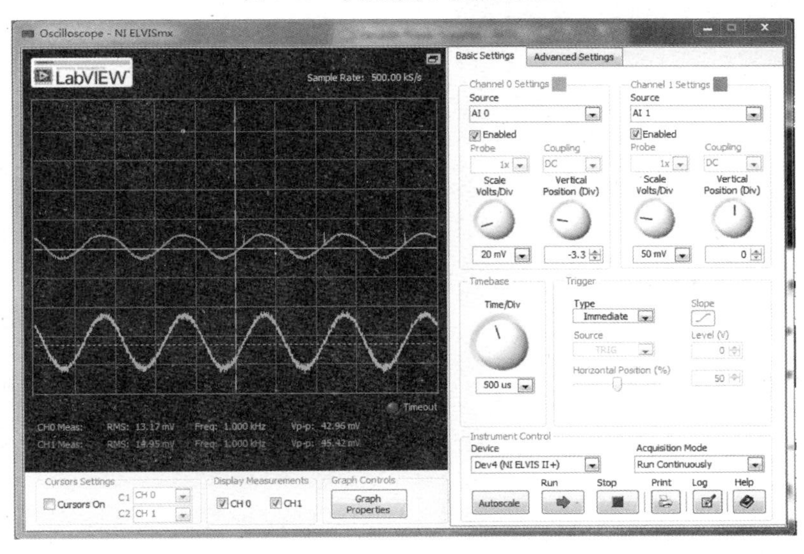

图 3.40 失真的输出电压波形

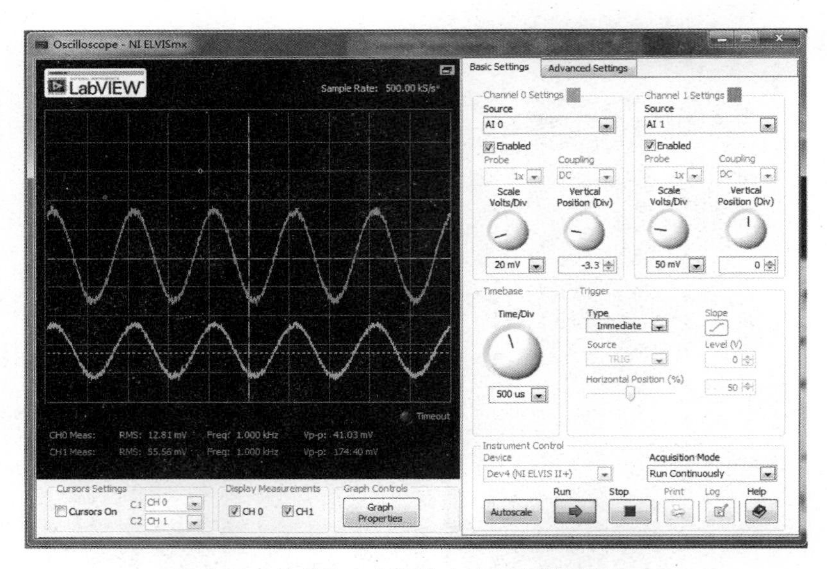

图 3.41　共基放大电路输入输出波形同相放大

实验项目四

场效应晶体管放大电路

一、实验项目目的

1）了解结型场效应晶体管的可变电阻特性。

2）掌握共源放大电路的特点。

3）会用虚拟示波器测量电压波形的幅值与相位，会用虚拟数字万用表测量交、直流电压。

二、实验所需模块与元器件

1）场效应晶体管放大电路。

2）杜邦线若干。

三、实验原理及电路仿真

（一）实验原理

1. 结型场效应晶体管用作可变电阻

N沟道结型场效应晶体管在预夹断前，若 U_{GS} 不变，曲线的上升部分基本上为过原点的一条直线（如图4.1所示可变电阻区），故可以将场效应晶体管 D、S 之间看为一个电阻阻值为 $R_{DS}=\Delta U_{DS}/\Delta I_D$，显然，改变 U_{GS} 值，就可以得到不同的 R_{DS} 值。预夹断后曲线近于水平，这就是恒流区，场效应晶体管用作放大器使用时工作于该区域。具体可参考图4.1，测量 R_{DS} 的实验参考电路如图4.2所示。图中的 U_i 为1kHz的交流电压，U_{GS} 为直流电源。考虑到D、S间的回路电流 $I_D=U_1/RP_6$，所以 $R_{DS}=U_2/I_D=U_2/U_1\times RP_6$。

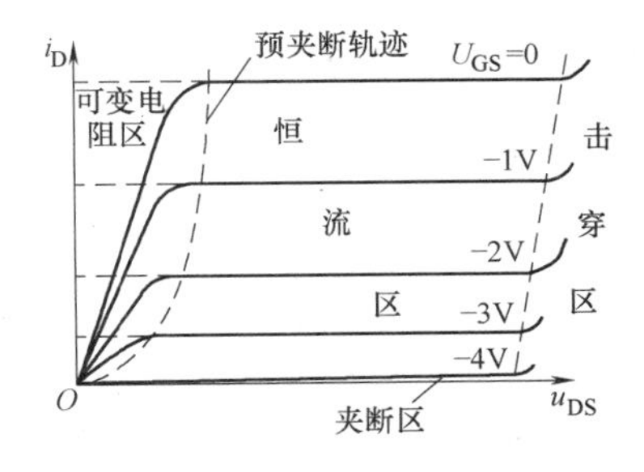

图4.1 输出特性曲线

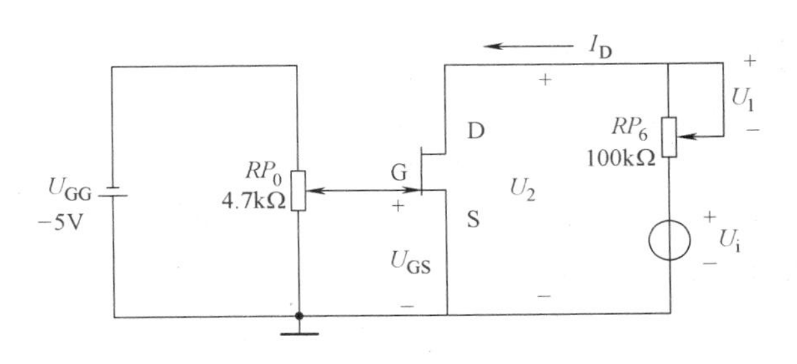

图4.2 输出特性曲线测试电路

2. 分压式自偏压共源放大电路（见图 4.3）

（二）电路仿真

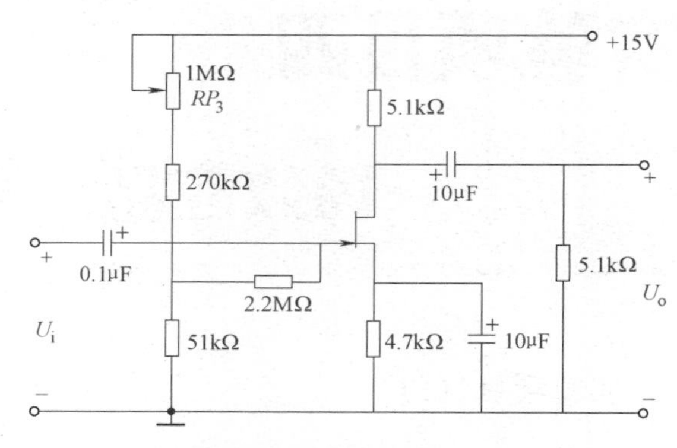

图 4.3　分压式自偏压共源放大电路

具体仿真步骤如下：

1）打开计算机中电工电子电路仿真软件 Multisim，单击［File］→［New］→［Blank］→［Create］新建一个空白的图样。

2）右击图样空白区域在弹出菜单中选择［Place Component］，在弹出的［Select a Component］对话框中选择［Group］→［Transistors］，在［Family］选项框中选择［All Families］，在［Component］下搜索［2N5433］，把［2N5433］放在图样上，如图 4.4 所示。

3）同理打开［Select a Component］对话框，在［Group］下拉菜单中选择［Basic］，在［Family］选项框中选择［RESISTOR］，参照图 4.3 中各电阻的阻值选择适合的电阻，放置在图样上。在［Family］下的［POTENTIOMETER］中选择电位器，如图 4.5 所示。

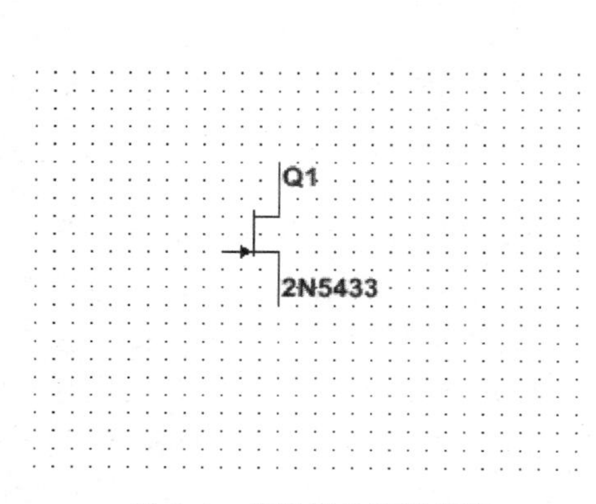

图 4.4　放置场效应晶体管

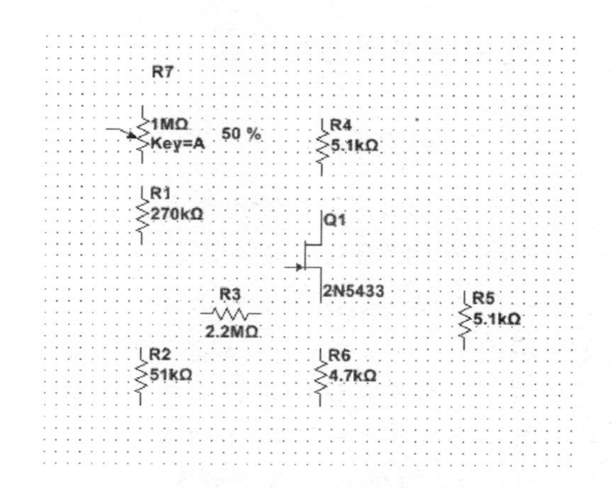

图 4.5　放置电阻及电位器

4）打开［Select a Component］对话框，在［Group］下拉菜单中选择［Basic］，在［Family］选项框中选择［CAP_ ELECTROLIT］，参照图 4.3 中各电容的值选择适合的电容，放置在图样上，如图 4.6 所示。

5）打开［Select a Component］对话框，在［Group］下拉菜单中选择［Sources］，在［Family］选项框中选择［POWER_ SOURCES］，分别在右边的［Component］选项框中选择［DC_ POWER］和［GROUND］放置在图样上，如图 4.7 所示。

6）打开［Select a Component］对话框，在［Group］下拉菜单中选择［All Groups］，在［Family］选项框中选择［All Families］，在［Component］下搜索 AC_ VOLTAGE，把［AC_ VOLTAGE］放在图样上，如图 4.8 所示。交流信号源参数设置如图 4.9 所示。

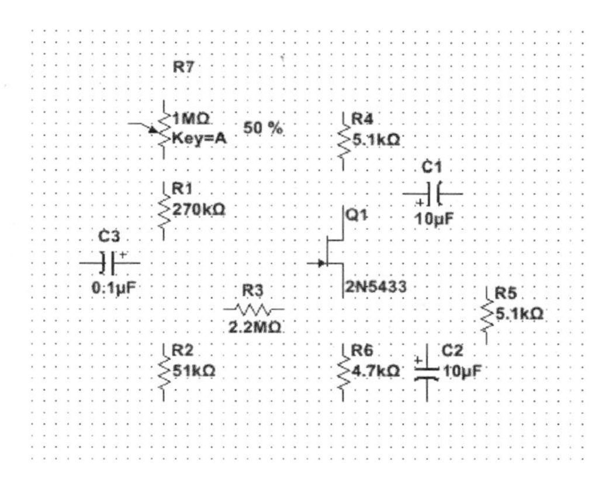

图 4.6　放置电容

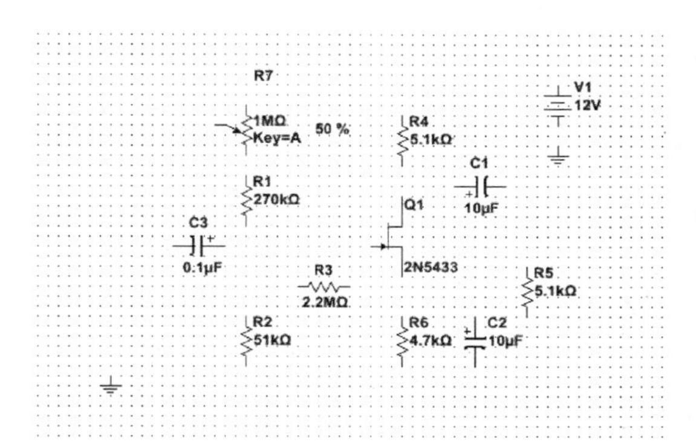

图 4.7　放置电源

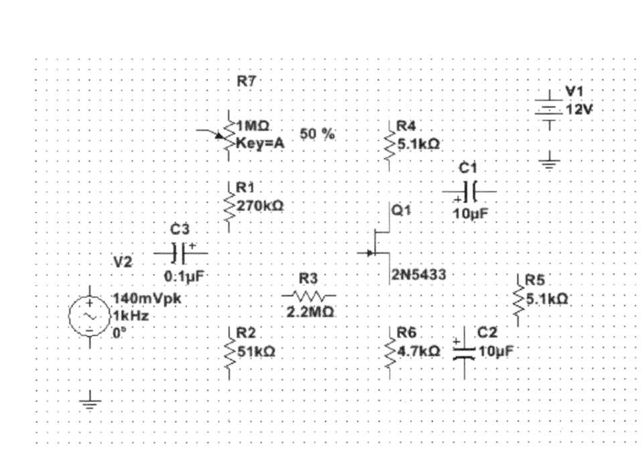

图 4.8　放置信号发生器

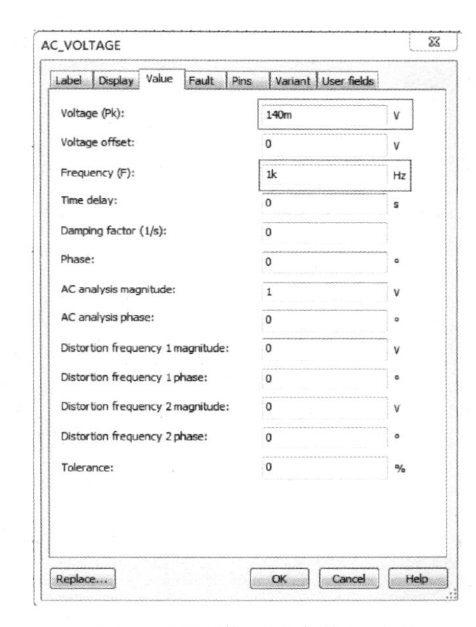

图 4.9　交流信号源参数的设置

7）在 Multisim 界面的右边虚拟仪器工具栏中选择［Multimeter］和［Oscilloscope］放置在图样上，如图 4.10 所示，并选择设置其对应的电压测量功能。

8）将所摆放的元器件按图 4.3 所示电路连接好，如图 4.11 所示。

9）测量静态工作点。使 $U_i=0$（去除信号源，输入端接地），调整电位器 R_7 至最右端，用万用表测量 U_G、U_S、U_D（场效应晶体管三极对地电压），如图 4.12 所示，算出 U_{DS}和 I_D（$I_D=U_S/R_6$），并将数据填入表 4.1。

表 4.1　R_7 最大时静态工作电压、电流

U_G	U_S	U_D	U_{DS}	I_D
479mV	3.7V	7.9V	4.2V	787μA

由计算结果可知，$U_{GD}=U_G-U_D=-7.4\text{V}$，小于 2N5433 场效应晶体管的夹断电压 U_{GS}

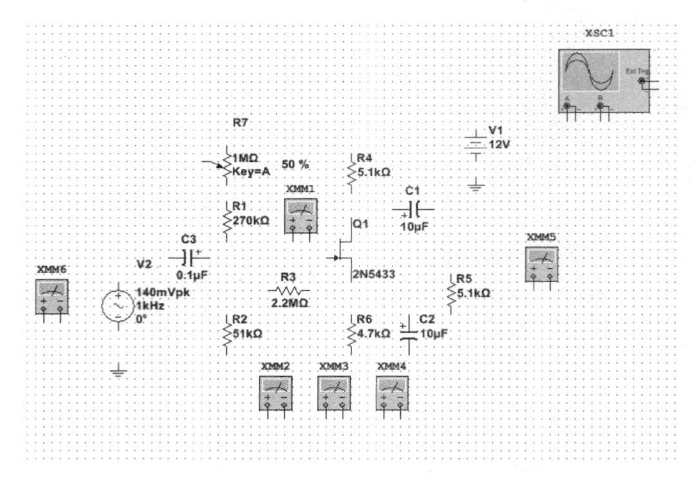

图 4.10　放置万用表和示波器

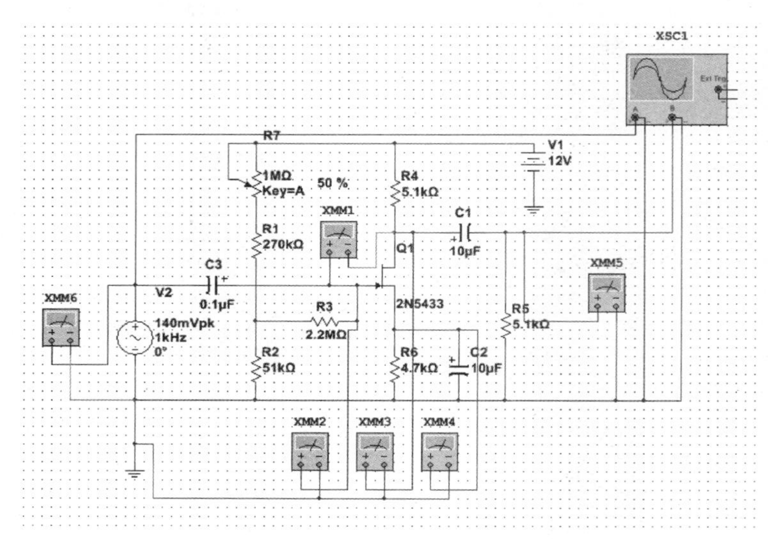

图 4.11　场效应晶体管仿真电路

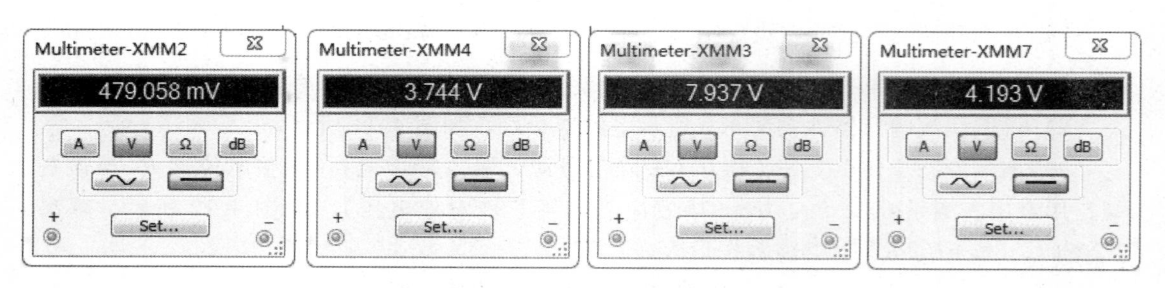

图 4.12　各万用表读数

(off)（−4.16V），I_D 近似为电压 U_{GS}控制的电流源，即结型场效应晶体管始终工作于放大管使用时的恒流区。

同步骤 9)，调整电位器 R_7至最左端，待电压稳定下来后，用万用表测量场效应晶体

管三极对地电压 U_G、U_S、U_D，如图 4.13 所示，并将数据填入表 4.2。

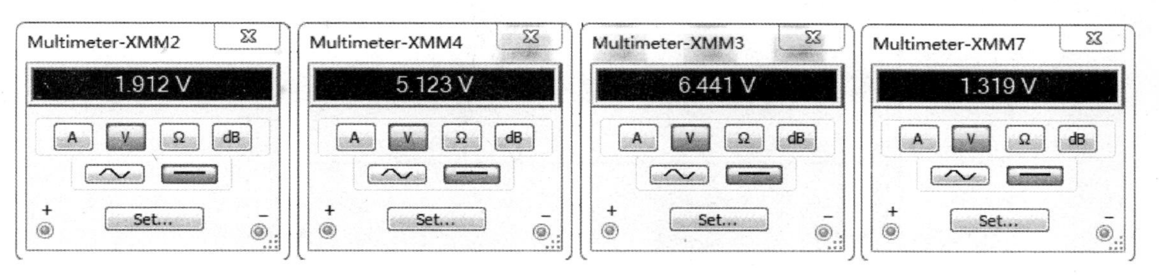

图 4.13　各万用表读数

表 4.2　R_7 最小时静态工作电压、电流

U_G	U_S	U_D	U_{DS}	I_D
1.9V	5.1V	6.4V	1.3V	1085μA

当电位器处于最左端即阻值为零时，$U_{GD}=-4.5V$，接近 $U_{GS(off)}=-4.16V$，场效应晶体管处于临界夹断区。

10）测量电压放大倍数。接入信号源，如图 4.11 所示，将电位器调至最右端使场效应晶体管处于恒流区，输入 $f=1kHz$，有效值为 100mV（峰-峰值调为 280mV）的正弦电压 U_i，用数字万用表交流电压档测出输入电压有效值 U_i（XMM6）和输出电压有效值 U_{oL}（XMM5），如图 4.14 所示，并计算出 A_U，将数据填入表 4.3。

11）测量输出电阻 R_o。将 R_5 开路即 5.1kΩ 电阻，测量对应的输出电压 U'_o，如图 4.15 所示，并根据实验步骤 10）和 11）的结果及 $R_o=[(U'_o-U_{oL})/U_{oL}]R_5$，将数据填入表 4.3 中。

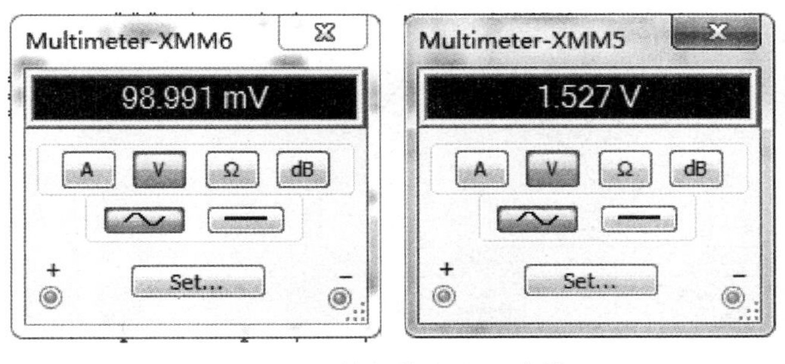

图 4.14　输入输出电压读数

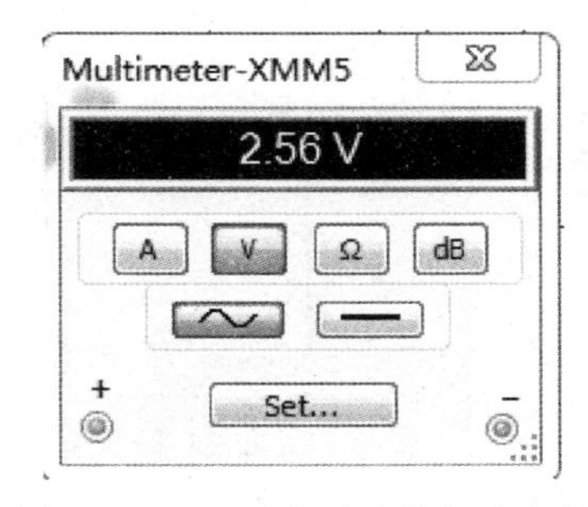

图 4.15　R_5 开路对应的输出电压

表 4.3　测量及计算出的相关数据

U_i	U_{oL} ($R_L=5.1k\Omega$)	U'_o ($R_L=\infty$)	R_o	A_U ($R_L=5.1k\Omega$)
99mV	1.5V	2.56V	3.6kΩ	15.1

12）连接 R_L，用数字示波器观察并记录输出电压 U_o 与输入电压 U_i 的相位关系，如图 4.16 所示。

13）将电位器 R_7 调整至阻值为零时，由表 4.2 可见，调整电路参数是提高电路中电

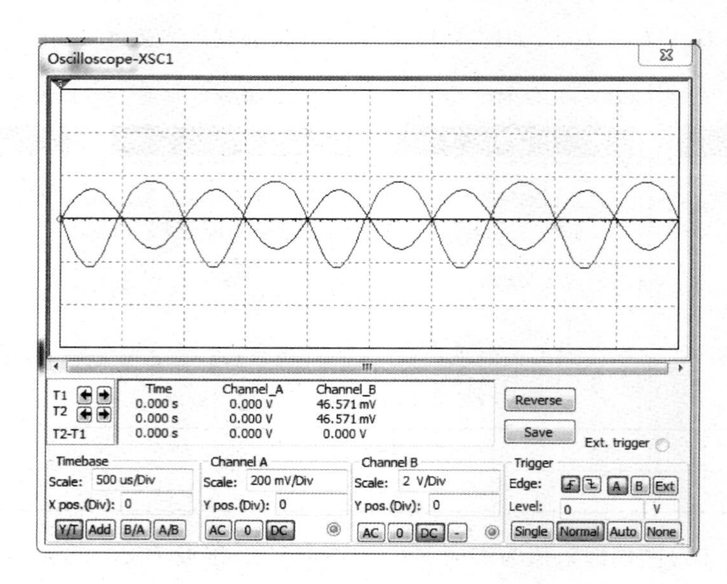

图 4.16 输入输出电压相位关系

压放大能力的有效方法。需要注意的是，在调整图中的电位器 R_7 时，要保证场效应晶体管始终工作在恒流区 [$U_{GD}<U_{GS}$ (off)]，由于该场效应晶体管夹断电压 U_{GS} (off) 为 -4.16V，因此当输入正弦小信号时，该场效应晶体管在信号处于顶部峰值时进入可变电阻区，致使波形失真，如图 4.17 所示。

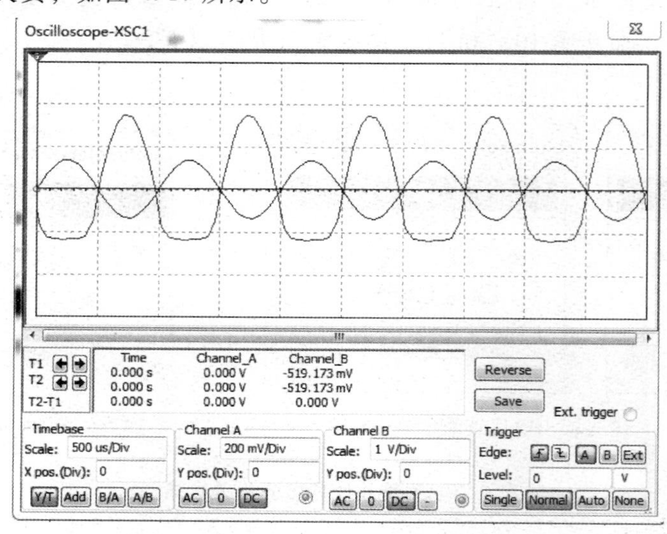

图 4.17 波形失真

四、实验内容与步骤

具体实验步骤如下：

1）确保 NI ELVIS Ⅱ+的电源开关处于断开状态。

2）将 NI ELVIS Ⅱ+工作台上的原形板取下，取出 YL-NI ELVIS Ⅱ+系列实验模块转接主板，将其插在 NI ELVIS Ⅱ+工作台上，注意检查是否接插到位。

3）实验模块转接主板接插到位后，将课程实验模块（场效应晶体管放大电路）插在实验模块转接主板上，注意检查是否接插到位。

4）测量场效应晶体管的可变电阻。按照图 4.2 用杜邦线将电路连接好，如图 4.18 所示。用杜邦线实际连线完成后如图 4.19 所示。

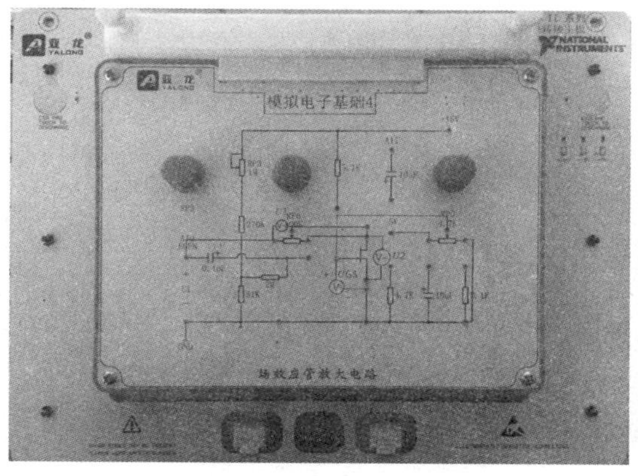

图 4.18　场效应晶体管放大电路

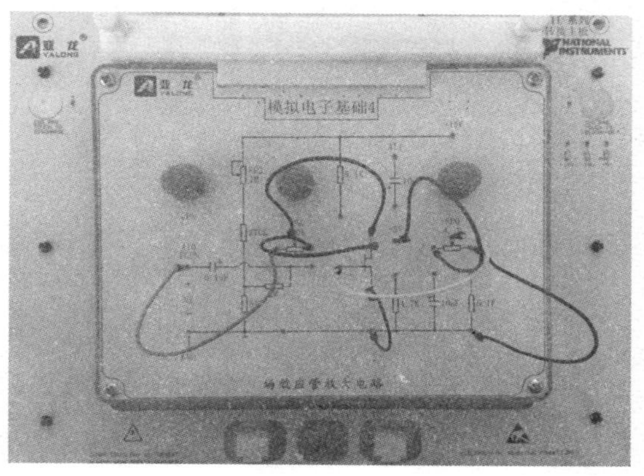

图 4.19　实际连线图

5）单击打开［开始］→［所有程序］→［National Instruments］→［NI ELVISmx for NI ELVIS & myDAQ］→［NI ELVISmx Instruments Launcher］菜单，在弹出面板上选择［Variable Power Supplies］（可变电源），将 supply-输出调至-5.00V，如图 4.20 所示。

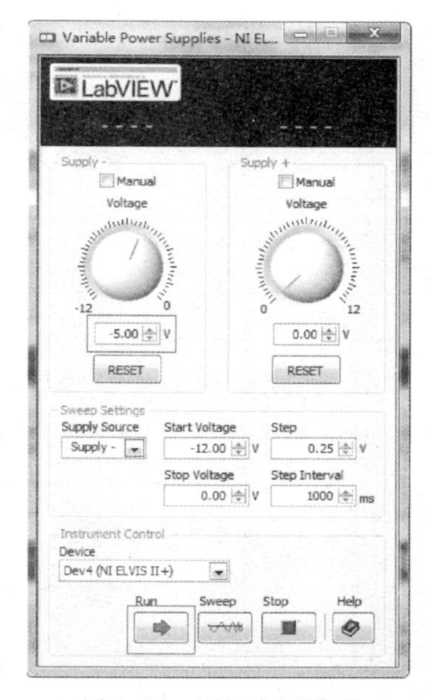

图 4.20　可调电源设置

6）电路检测无误后打开 NI ELVIS Ⅱ+工作站电源开关，再打开原形板开关，等待计算机识别设备。

7）打开［NI ELVISmx Instruments Launcher］面板上的［Digital Multimeter］，调至直流电压档，调节 RP_0，令 $U_{GS}=0$，测量 U_{GS}电压，如图 4.21 所示。打开［Function Generator］函数信号发生器，输出正弦波 U_i，将数字万用表调至交流电压档并接在信号源输出两端，调节信号源电压峰-峰值，使得 U_i 通过数字万用表测得的有效值在 30~100mV 范围内变化（见图 4.22），选取其中几个固定值，记录在表 4.4 中。把信号源接入电路，将数字万用表调到交流电压档后分别测出几个固定 U_i 值对应的 U_2 和 U_1 值（见图 4.18）记录于表 4.4 中。断开一切与 RP_6相连接的电路并测出此时 RP_6的阻值。注意 RP_6阻值调整要适当，以使 U_2 及 U_1 的电压有效值在适合测量的范围内。按照实验原理与参考电路求出 r_{ds}的值，并将其填入表 4.4 中。

8）调节电位器 RP_0，令 $U_{GS}=-1V$、$U_{GS}=-3.5V$，重复步骤 7）。

从以上数据可以看出：$|U_{GS}|$ 增大时，耗尽层加宽，导电沟道变窄，沟道电阻增大；当 $|U_{GS}|$ 增大到某一数值时，耗尽层闭合，沟道消失，沟道电阻趋于无穷大，称此

时 U_{GS} 的值为夹断电压 U_{GS}（off）。

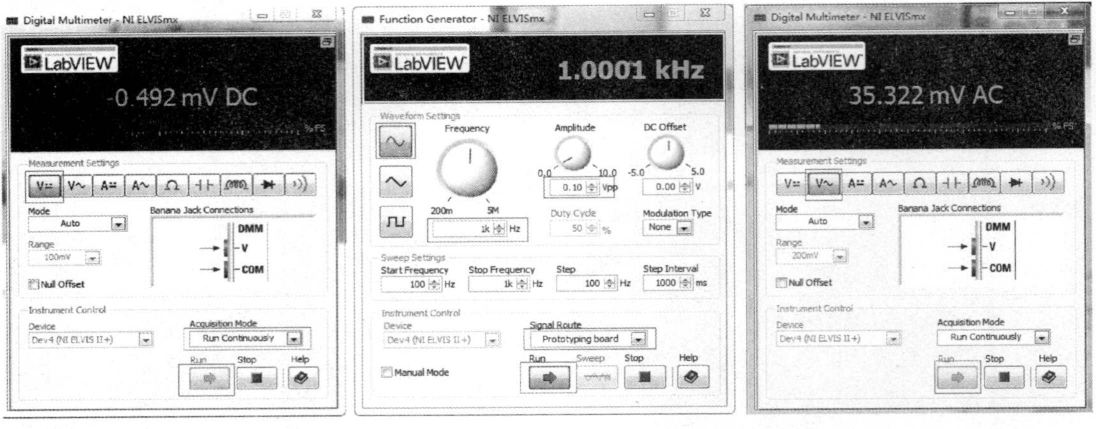

图 4.21　U_{GS} 电压值　　　　图 4.22　信号源设置

表 4.4　输出特性表

U_i/mV		35.3（电压峰-峰值为 0.1）	70.9（电压峰-峰值为 0.2）
$U_{GS}=0$	U_2	1.37mV	1.52mV
	U_1	35mV	70.3mV
$RP_6=36.7\text{k}\Omega$	r_{ds}	1.44kΩ	794Ω
$U_{GS}=-1\text{V}$	U_2	40.6mV	75.4mV
	U_1	22.8mV	26.7mV
$RP_6=36.7\text{k}\Omega$	r_{ds}	65.4kΩ	103.6kΩ
$U_{GS}(\text{off})=-3.5\text{V}$	U_2	45.3mV	73.7mV
	U_1	23.3mV	27.7mV
$RP_6=36.7\text{k}\Omega$	r_{ds}	71.4kΩ	97.6kΩ

9）共源放大电路。关闭电源，按图 4.3 连接共源放大电路，如图 4.23 所示。实际连线后的电路图如图 4.24 所示。检查确认无误，开启电源。

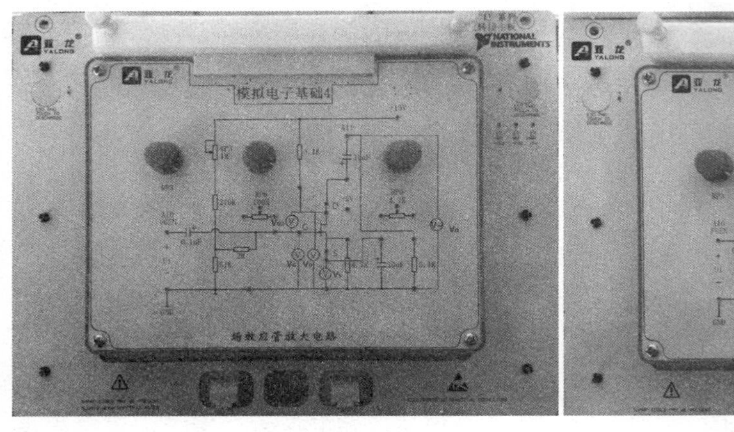

图 4.23　共源放大电路

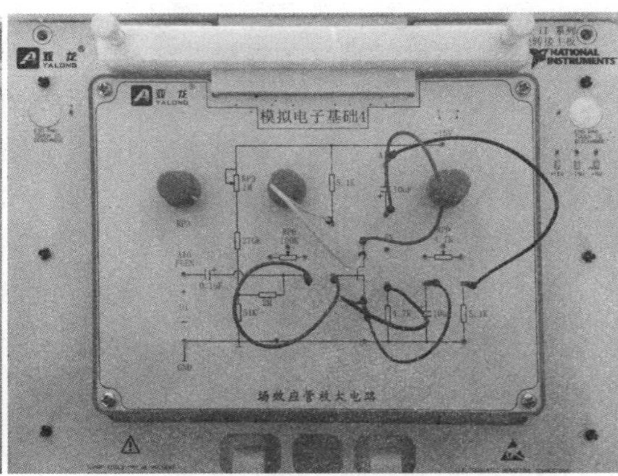

图 4.24　实际连线图

10）测量静态工作点。接通电源，使 $U_i=0$（输入端接地），将数字万用表设置在直流电压档，并联在结型场效应晶体管的栅极 G 及漏极 D 上，调整电位器 RP_3 至最右端，使得 U_{GD}两端的电压小于-3.2V（实测一直小于此值时取最小值），以使场效应晶体管的输出特性进入恒流区然后待电压稳定下来后，用万用表测量场效应晶体管三极对地电压 U_G、U_S、U_D，算出 U_{DS}和 I_D [$I_D=U_S/R_6$]，$R_6=4.7\text{k}\Omega$，并填入表 4.5。

表 4.5　RP_3 调至最右端时静态工作电压、电流

U_G	U_S	U_D	U_{DS}	I_D
0.653V	1.18V	14.33V	13.16V	251μA

$$U_{GD}=U_G-U_D=-13.67\text{V}$$

调整电位器 RP_3 至最左端，使得 U_{GD}两端的电压小于-3.2V（取最大值），以使场效应晶体管的输出特性进入恒流区然后待电压稳定下来后，用万用表测量场效应晶体管三极对地电压 U_G、U_S、U_D，填入表 4.6。

表 4.6　RP_3 调至最左端时静态工作电压、电流

U_G	U_S	U_D	U_{DS}	I_D
2.1V	2.7V	12.7V	10V	574μA

$$U_{GD}=U_G-U_D=-10.6\text{V}$$

由计算结果可知，U_{GD}始终小于 $U_{GS(\text{off})}=-3.5\text{V}$，$I_D$ 近似为电压 U_{GS}控制的电流源，即结型场效应晶体管始终工作于放大管使用时的恒流区。

11）测量电压放大倍数。连线如图 4.24，输入 $f=1\text{kHz}$，有效值为 100mV 左右（峰-峰值调为 280mV）的正弦电压 U_i，用数字万用表交流电压档测出输入电压有效值 U_i 和输出电压有效值 U_{oL}，并计算出 A_U，填入表 4.7。

12）测量输出电阻 R_o。将 R_L 即 5.1kΩ 电阻开路，测量对应的输出电压 U'_o，填入表 4.7，并根据实验步骤 11）和 12）的结果计算出 $R_o=[(U'_o-U_{oL})/U_{oL}]R_L$，填入表 4.7 中。

表 4.7　开路状态下输出电压、电阻及放大倍数

U_i	U_{oL} ($R_L=5.1\text{k}\Omega$)	U'_o ($R_L=\infty$)	R_o	A_V ($R_L=5.1\text{k}\Omega$)
97.7mV	364.1mV	725.2mV	5.0kΩ	3.73

13）接上 R_L，用数字示波器观察并记录输出电压 U_o 与输入电压 U_i 的相位关系，如图 4.25 所示。

由此可以得出结论，Q 点不仅影响电路是否会产生失真，而且影响着电路的动态参数。

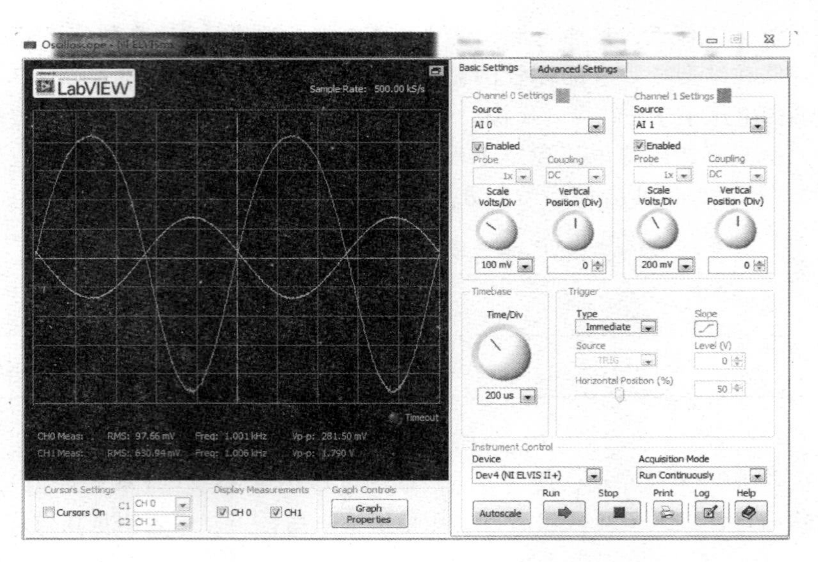

图 4.25　输出电压与输入电压的相位关系

实验项目五

阻容耦合多级放大及负反馈电路

一、实验项目目的

1）理解负反馈对放大电路性能的影响。

2）掌握放大电路开环与闭环特性的测试方法。

3）进一步熟悉常用虚拟仪器的使用方法。

二、实验所需模块与元器件

1）阻容耦合多级放大及负反馈电路。

2）杜邦线若干。

三、实验原理及电路仿真

（一）实验原理

两级共射放大及其负反馈参考电路如图 5.1 所示。

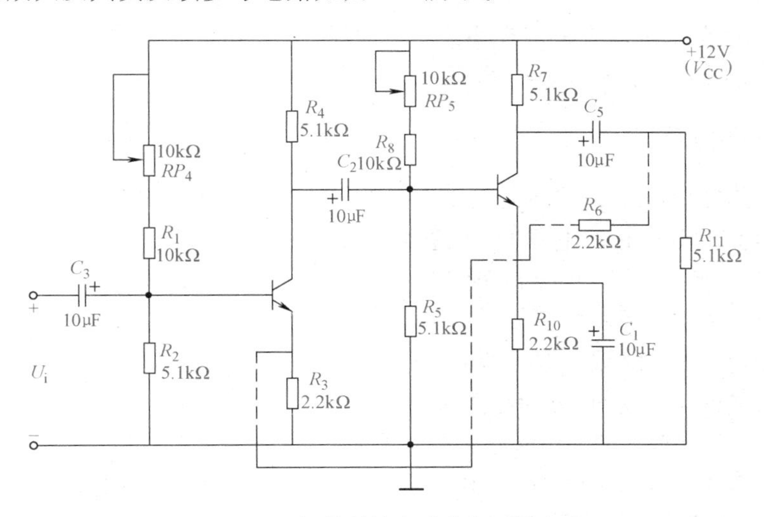

图 5.1　两级共射放大及其负反馈电路

负反馈共有四种类型，本项目仅对“电压串联”负反馈进行研究。参考电路为由两级共射放大电路引入电压串联负反馈，构成负反馈放大器，反馈电阻 $R_f = 2.2\text{k}\Omega$。

电压串联负反馈对放大器性能的影响介绍如下。

1）引入深度负反馈降低了电压放大倍数，电压放大倍数仅与负反馈网络有关。

$$A_{Uf}=A_U/(1+A_UF_U)$$

式中，F_U 是反馈系数，由于反馈量是仅仅决定于输出量的物理量，图 5-1 中的反馈方式是电压串联负反馈，因此反馈量是电压量，而 $F_U=U_f/U_o$，故 $F_U=R_3/(R_3+R_6)$，A_U 是放大器无级间反馈（即 $U_f=0$，但要考虑反馈网络阻抗影响的基本放大电路）时的电压放大倍数，其值可由图 5.2 所示的交流等效电路求出，则有：

$$A_{U1}=-\beta_1R_{L1}/[r_{be1}+(1+\beta_1)R_3]$$

$$A_{U2}=-\beta_2R_{L2}/r_{be2}$$

$$A_U=A_{U1}A_{U2}$$

式中，第一级交流负载电阻 $R_{L1}=R_4//R_{i2}=R_4//R_5//(R_8+RP_5)//r_{be2}$

第二级交流负载电阻 $R_{L2}=R_7//R_{11}$

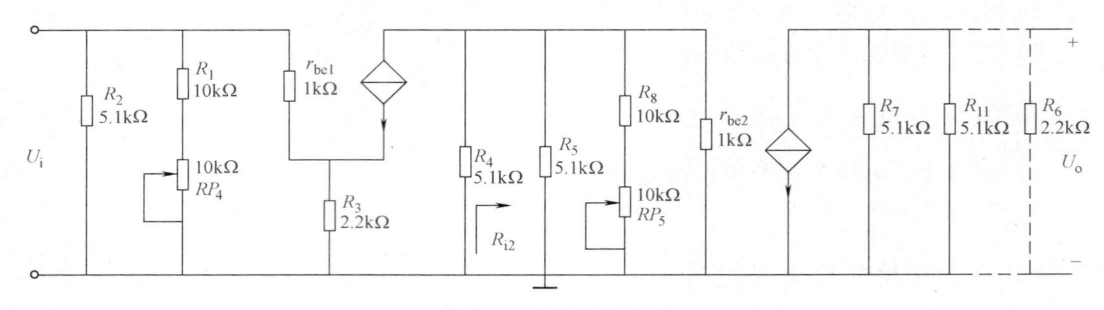

图 5.2 交流等效电路

2）若引入电压串联负反馈，即将电阻 R_6 按图 5.1 所示接入电路。整个电路的放大倍数将为：$A_U=U_o/U_i\approx U_o/U_f=U_o/\{[R_3/(R_3+R_6)]U_o\}=(R_3+R_6)/R_3=1+(R_6/R_3)=2$，$F_U=U_f/U_o$，由此结果可以看出，在引入深度负反馈后电压放大倍数仅与负反馈网络有关，即仅与反馈网络中的电阻 R_3、R_6 有关。

（二）电路仿真

具体仿真步骤如下：

1）打开计算机中电工电子电路仿真软件 Multisim，单击［File］→［New］→［Blank］→［Create］新建一个空白的图样。

2）右击图纸空白区域选择［Place Component］，打开［Select a Component］对话框，在［Group］下拉菜单选择［Transistors］，在［Family］选项框中选择［All Families］，在［Component］下搜索 2N2222，把［2N2222］放在图样上，如图 5.3 所示。

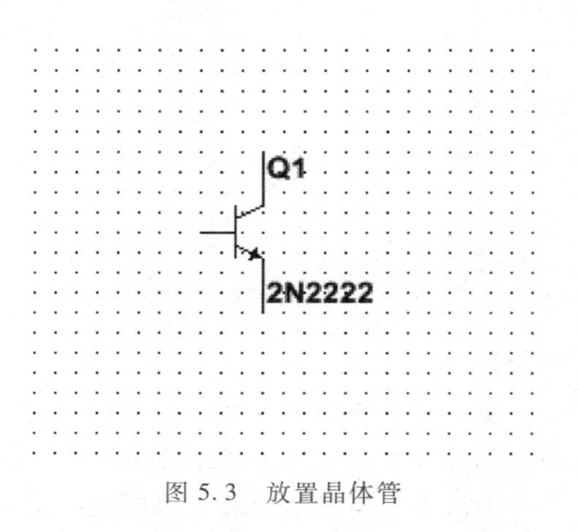

图 5.3 放置晶体管

3）同理打开［Select a Component］对话框，在［Group］下拉菜单中选择［Basic］，在［Family］选项框中选择［RESISTOR］，参照图

5.1 中各电阻的阻值选择适合的电阻，放置在图样上。在［Family］下的［POTENTIOMETER］中选择电位器，如图 5.4 所示。

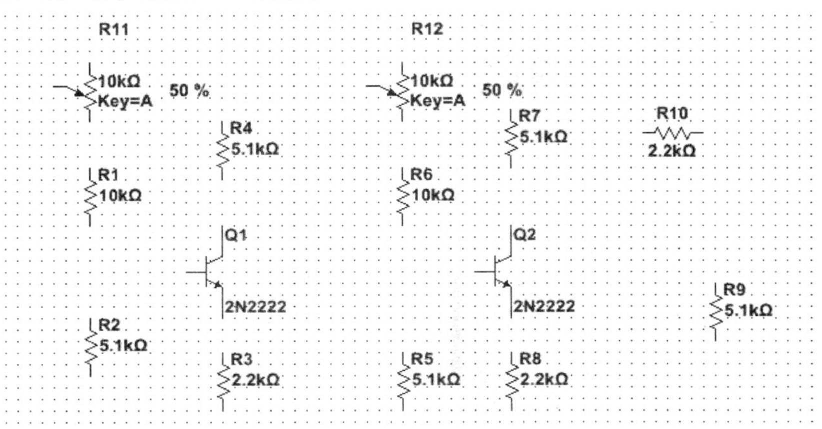

图 5.4　放置电阻

4）打开［Select a Component］对话框，在［Group］下拉菜单中选择［Basic］，在［Family］选项框中选择［CAP_ ELECTROLIT］，参照图 5.1 中各电容值选择适合的电容，放置在图样上，如图 5.5 所示。

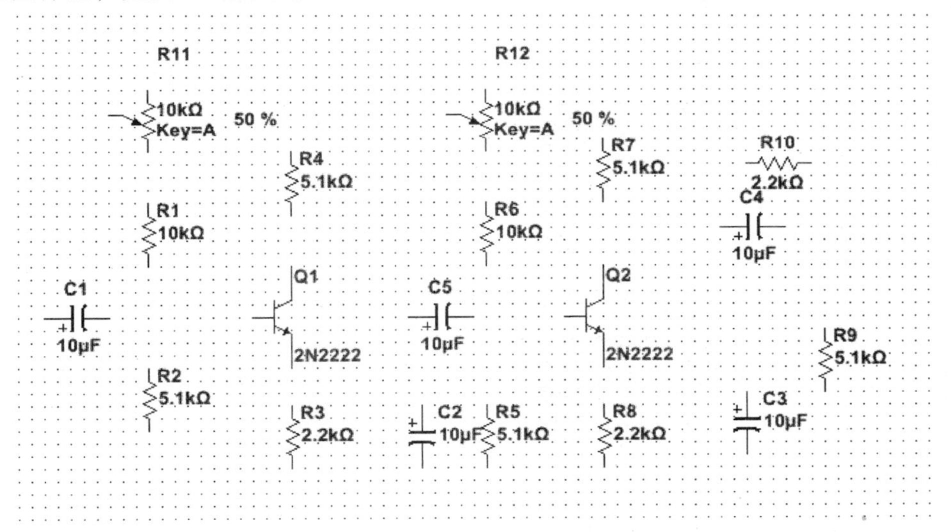

图 5.5　放置电容

5）打开［Select a Component］对话框，在［Group］下拉菜单中选择［Sources］，在［Family］选项框中选择［POWER_ SOURCES］，分别在右边的［Component］选项框中选择［DC_ POWER］和［GROUND］，放置在图样上，如图 5.6 所示。

6）打开［Select a Component］对话框，在［Group］下拉菜单中选择［All Groups］，在［Family］选项框中选择［All Families］，在［Component］下搜索 AC_ VOLTAGE，把［AC_ VOLTAGE］放在图样上，如图 5.7 所示。交流信号源参数设置如图 5.8 所示。

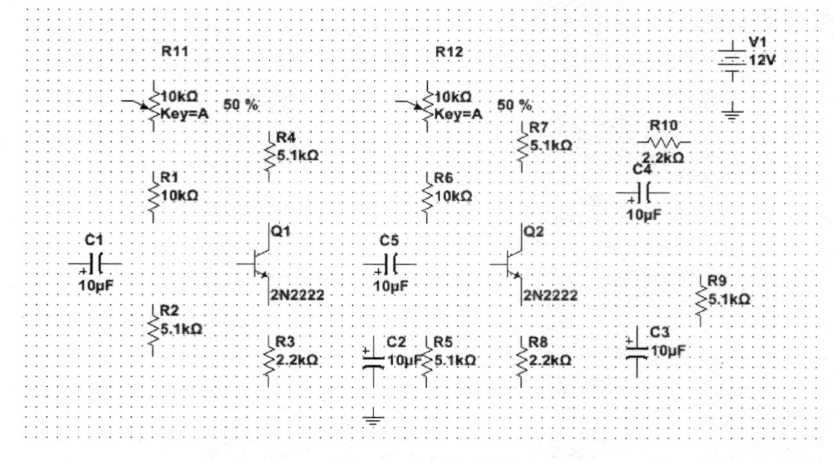

图 5.6　放置电源

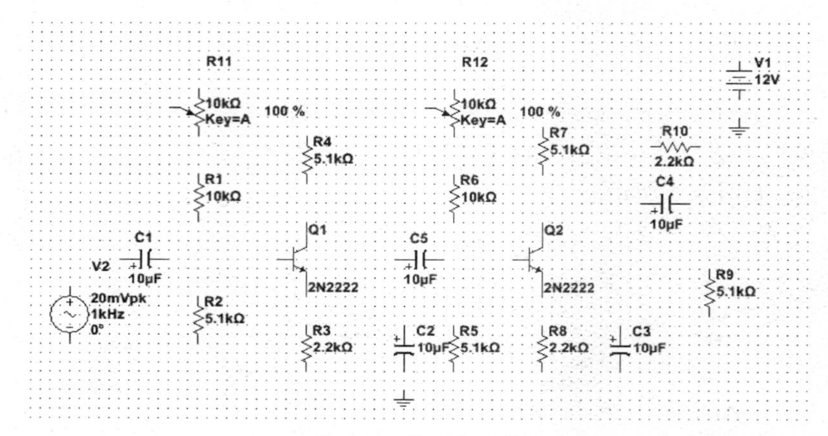

图 5.7　放置信号源

AC_VOLTAGE

Label | Display | Value | Fault | Pins | Variant | User fields

Voltage (Pk):	20m	V
Voltage offset:	0	V
Frequency (F):	1k	Hz
Time delay:	0	s
Damping factor (1/s):	0	
Phase:	0	°
AC analysis magnitude:	1	V
AC analysis phase:	0	°
Distortion frequency 1 magnitude:	0	V
Distortion frequency 1 phase:	0	°
Distortion frequency 2 magnitude:	0	V
Distortion frequency 2 phase:	0	°
Tolerance:	0	%

Replace...　OK　Cancel　Help

图 5.8　交流信号源参数设置

7）在 Multisim 界面右边的虚拟仪器工具栏中选择［Multimeter］和［Oscilloscope］，放置在图样上，如图 5.9 所示，并对其设置对应的电压测量功能。如图 5.10a 所示为设置成直流电压表，图 5.10b 所示为设置成交流电压表。

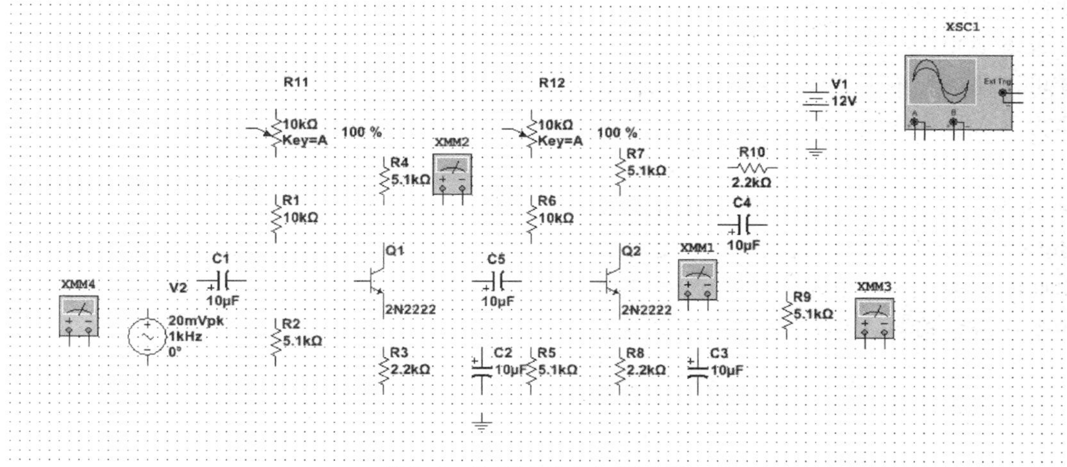

图 5.9　放置万用表与示波器

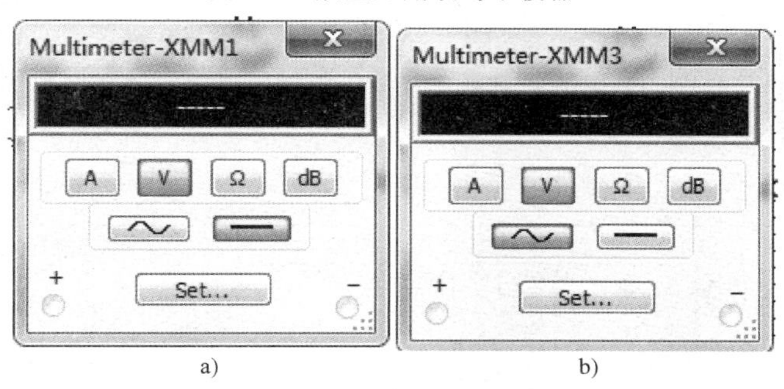

a)　　　　　　　　　　b)

图 5.10　设置成直流、交流电压表

8）将所摆放的元器件按图 5.1 所示电路连接好，连接好的两级放大及负反馈仿真电路如图 5.11 所示。

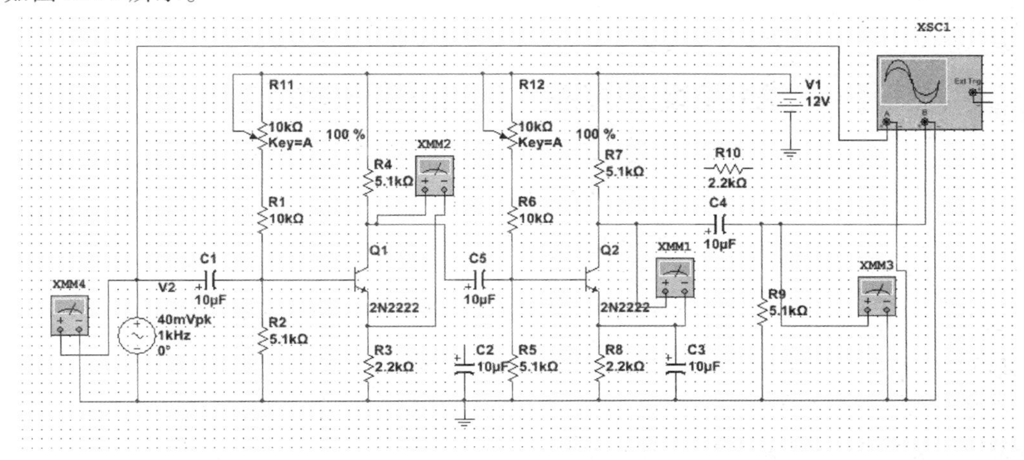

图 5.11　两极放大及负反馈仿真电路

9）移除信号发生器，打开数字万用表软面板调至直流电压档，分别接到两个晶体管C、E两端，通过调整 R_{11}（100%）和 R_{12}（100%）调整 Q_1、Q_2 静态工作点，使两个晶体管的C极和E极的电压 U_{CE} 接近电源电压的一半，即6V左右，这样可以使最大不失真电压的有效值尽可能大（如图5.12所示）。

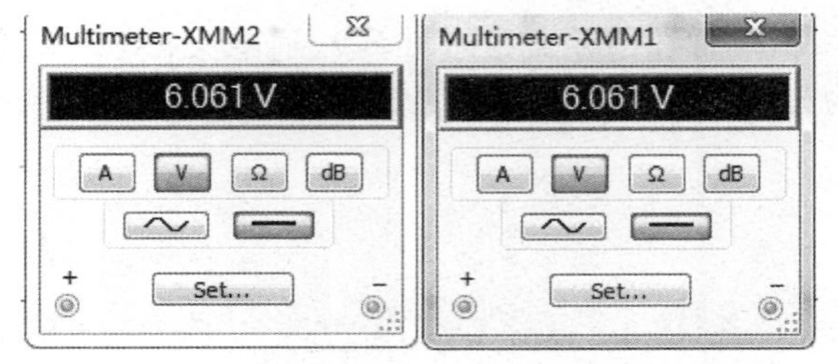

图5.12　两个晶体管C、E极之间的电压读数

10）再接入信号发生器，然后接入 $f=1\text{kHz}$，有效值为14mV（峰-峰值调为40mV）的正弦电压，通过XSC1观察波形，如图5.13所示。分别用数字万用表交流档测出此时的输入输出电压有效值 U_i（SMM4）、U_o（XMM3）如图5.14所示，并计算出此时的电压放大倍数 $A_U=U_o/U_i$，并填入表5.1中。

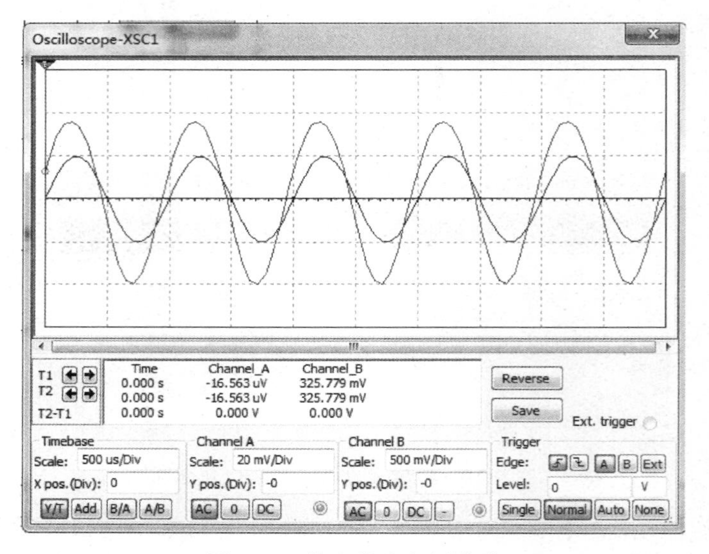

图5.13　输入输出电压波形

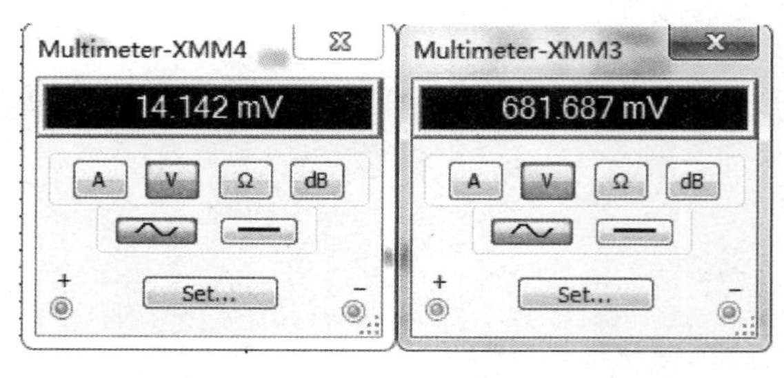

图5.14　输入输出电压读数

11）将负反馈电阻R10引入电路，即按图5.1虚线所示将负反馈电阻接好。测量此时在电压有效值为14mV（峰-峰值为40mV）的正弦输入信号作用下的输出电压有效值 U_o（XMM3），如图5.15所示，将数据填入表5.1，并计算此时的放大倍数，此电路的输入输出波形如图5.16所示。可以看到与项目原理中所提的一致，放大倍数接近于2。

表 5.1　有无引入负反馈时相关参数

引入电压串联负反馈			无引入电压串联负反馈		
U_i	U_o	A_U	U_i	U_o	A_U
14.142mV	27.414mV	1.94	14.142mV	681.687mV	48.2

图 5.15　引入负反馈电路后的输出电压读数

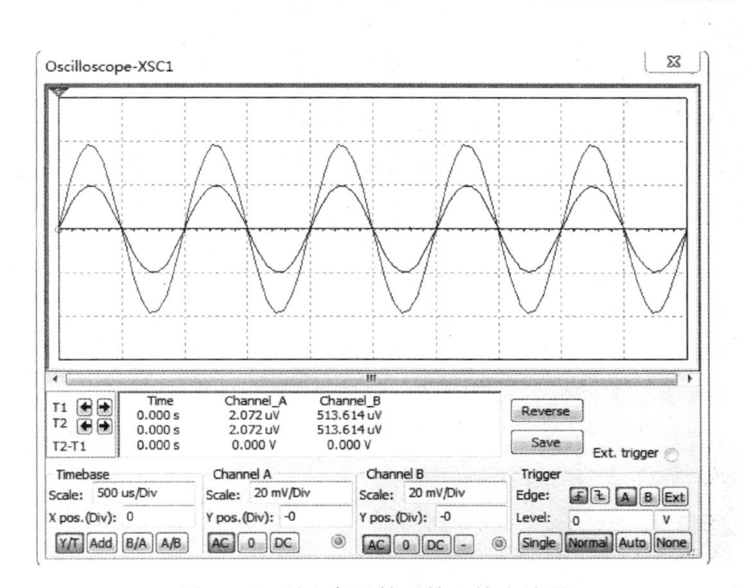

图 5.16　引入负反馈后输入输出波形

四、实验内容与步骤

电路原理实验具体步骤如下：

1）确保 NI ELVIS Ⅱ+的电源开关处于断开状态。

2）将 NI ELVIS Ⅱ+上的原形板取下，取出 YL-NI ELVIS Ⅱ+系列实验模块转接主板，将其插在 NI ELVIS Ⅱ+工作台上，注意检查是否接插到位。

3）实验模块转接主板接插到位后，取出课程实验模块（阻容耦合多级放大及负反馈电路）将其插在实验模块转接主板上，注意检查是否接插到位。

4）按照图 5.1 所示用杜邦线将电路连接好。电路板连接示意图如图 5.17 所示，实际连线图如图 5.18 所示。

5）检测电路无误后，先打开 NI ELVIS Ⅱ+工作站开关，再打开原形板开关，等待计算机识别设备。

6）单击打开［开始］→［所有程序］→［National Instruments］→［NI ELVISmx for NI ELVIS & myDAQ］→［NI ELVISmx Instruments Launcher］菜单，打开面板上的［Variable Power Supplies］（可变电源），调节电压至 12V，单击“Run”启动，如图 5.19 所示。

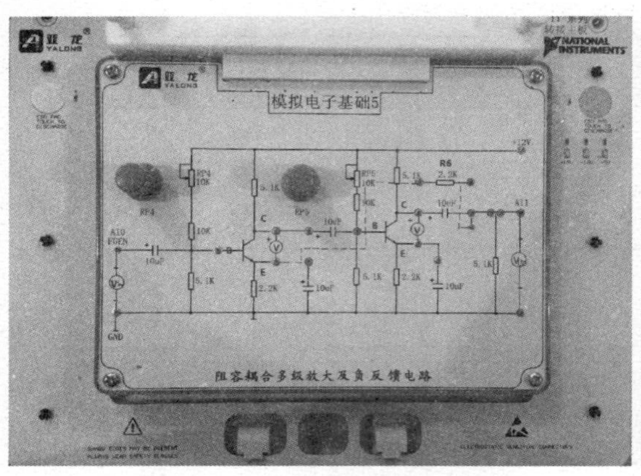

图 5.17　电路板连接示意图

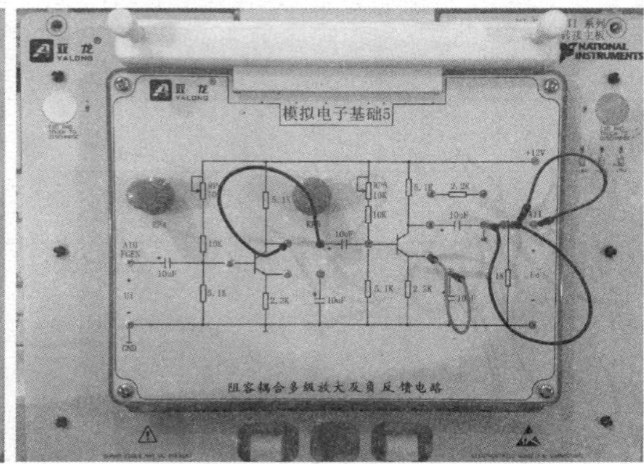

图 5.18　用杜邦线实际连线图

7）先不要接入负反馈电阻 R_6，打开数字万用表软面板并调至直流电压档，分别接到两个晶体管 CE 两端，通过调整 RP_4 和 RP_5 调整 T_1、T_2 静态工作点，使两个晶体管的 C 极和 E 极间的电压 U_{CE} 接近电源电压的一半，即 6V 左右，这样可以使最大不失真电压的有效值尽可能大，如图 5.20 所示。

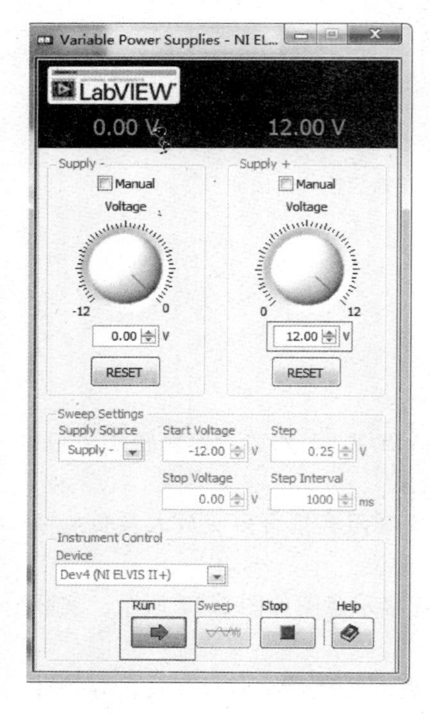

图 5.19　可变电源设置

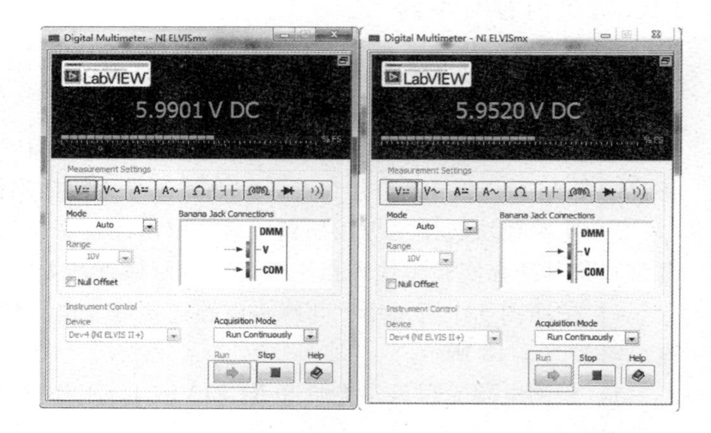

图 5.20　两个晶体管 C、E 极之间的电压读数

8）打开［Function Generator］，然后接入 $f=1\text{kHz}$、有效值为 14mV（峰-峰值调为 40mV）的正弦电压，如图 5.21 所示。输入波形可通过 AI 0 端口测量，输出波形可通过 AI 1 端口测量，观察波形，如图 5.22 所示。分别用数字万用表交流电压档测出此时的输

入输出电压有效值 U_i、U_o，如图 5.23 所示，并计算出此时的电压放大倍数 $A_U = U_o/U_i$，将结果填入表 5.2 中。

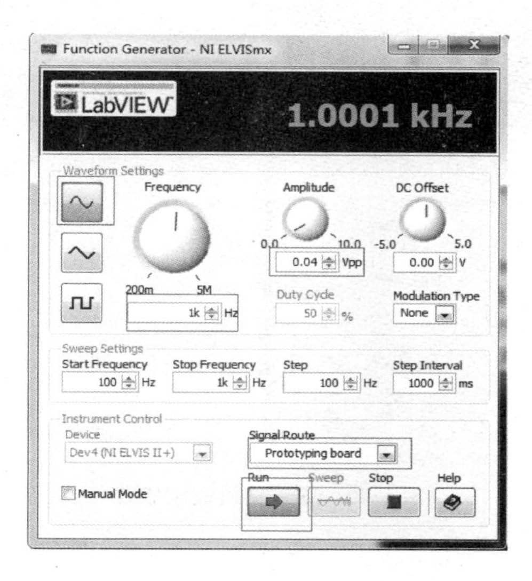

图 5.21　信号源设置

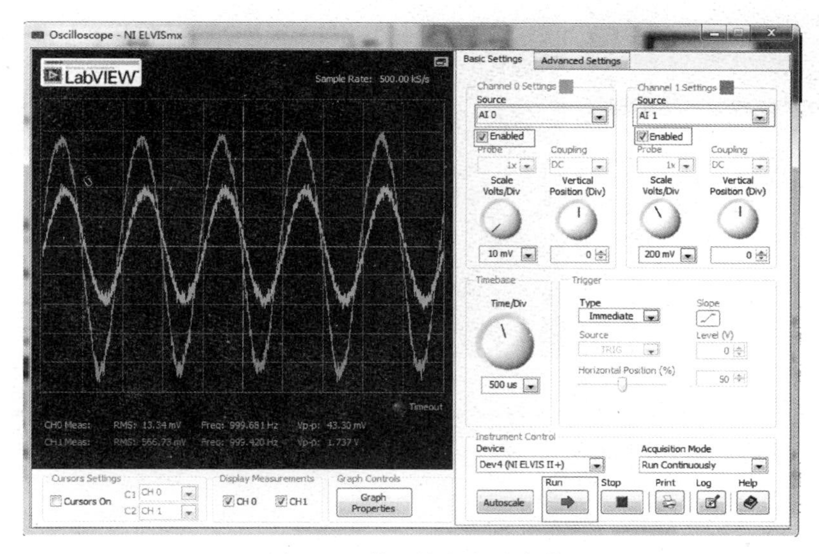

图 5.22　输入输出电压波形

表 5.2　有无引入电压串联负反馈时相关参数

引入电压串联负反馈			无引入电压串联负反馈		
U_i	U_o	A_U	U_i	U_o	A_U
13.185mV	25.106mV	1.91	13.185mV	0.58975V	44.7

9）将负反馈电阻 R6 引入电路，按图 5.17 虚线所示将负反馈电阻接好。测量此时在电压有效值为 14mV（峰-峰值为 40mV）正弦输入信号作用下的输出电压有效值 U_o，如图 5.24 所示，将数据填入表 5.2，并计算此时的放大倍数。此电路的输出波形如图 5.25 所

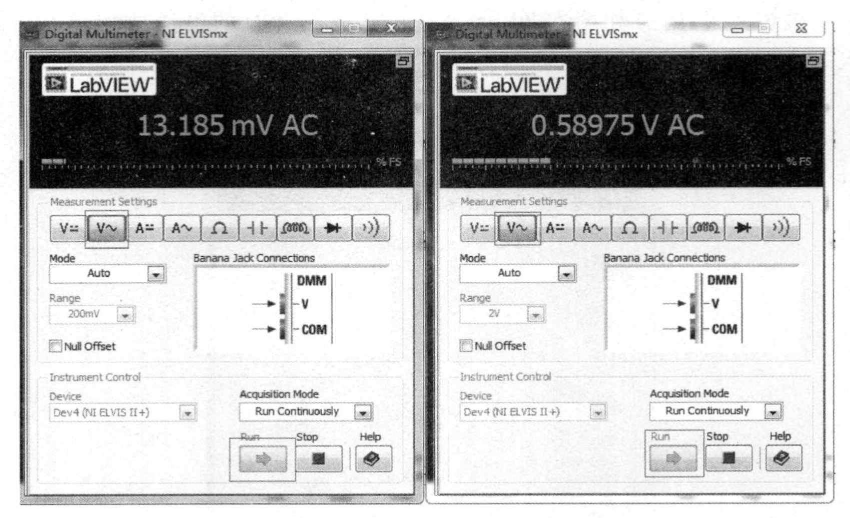

图 5.23　输入输出电压读数

示，可以看出与项目原理中所述一致，放大倍数接近于 2。

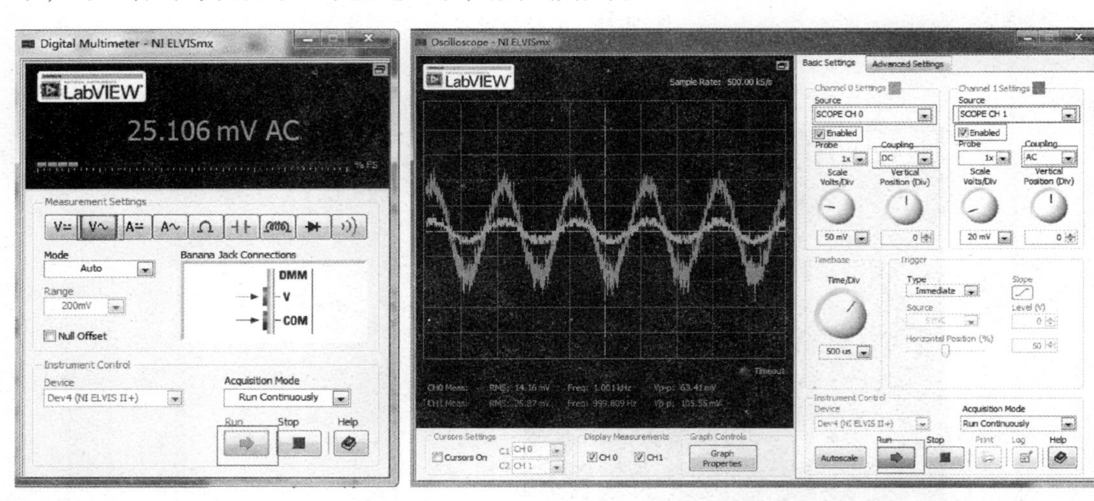

图 5.24　引入负反馈后输出电压读数

图 5.25　引入负反馈后输入输出波形

实验项目六

电流源、有源负载放大电路

一、实验项目目的

1）了解集成运放的组成及其各部分。

2）了解集成运放中电流源电路的特性。

3）了解有源负载对电压放大倍数的影响。

4）了解温漂、电源的不稳定性以及制造误差导致的实际数据与理论数据的偏差。

二、实验所需模块与元器件

1）电流源、有源负载共射放大、有源负载差分放大电路模块。

2）杜邦线若干。

三、实验原理及电路仿真

（一）实验原理

1. 集成运算放大器的组成

集成运算放大器由四部分组成，包括输入级、中间级、输出级和偏置电路，如图 6.1 所示，它有两个输入端，一个输出端，U_P、U_N、U_o 均以“地”为公共端。

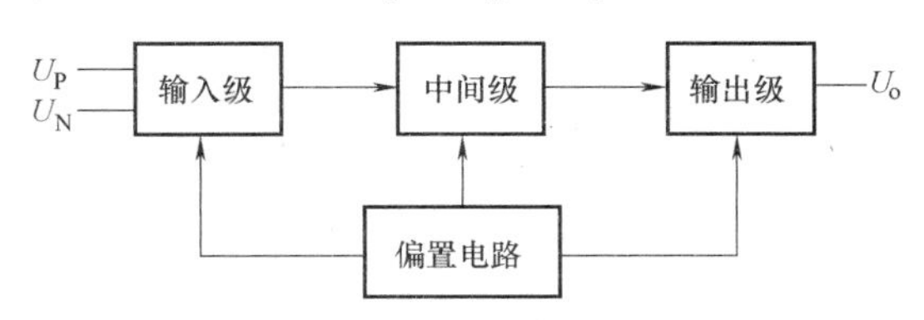

图 6.1　集成运算放大器组成

其中的偏置电路用于设置集成运放各级放大电路的静态工作点，这些电流源电路为各级提供合适的集电极（或发射极、漏极）静态工作电流，从而确定了合适的静态工作点。

2. 参考电路

（1）电流源电路

常见的电流源电路有镜像电流源电路和比例电流源电路，如图 6.2、图 6.3 所示，图 6.2 的镜像电流源电路中，$I_c \approx (V_{cc}-U_{be})/R(R=10\text{k}\Omega)$；图 6.3 的比例电流源中，$I_c \approx [R/(R_2+RP_8)]\times I_R$，其中 $I_R \approx (V_{cc}-U_{be})/(R_1+R)$。

（2）有源负载共射放大电路

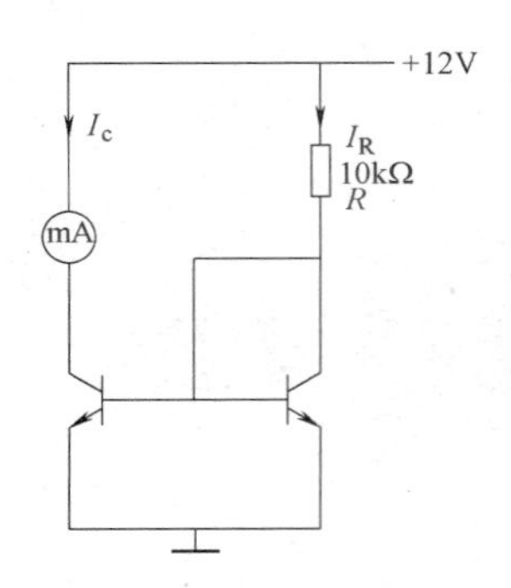

图 6.2　镜像电流源电路

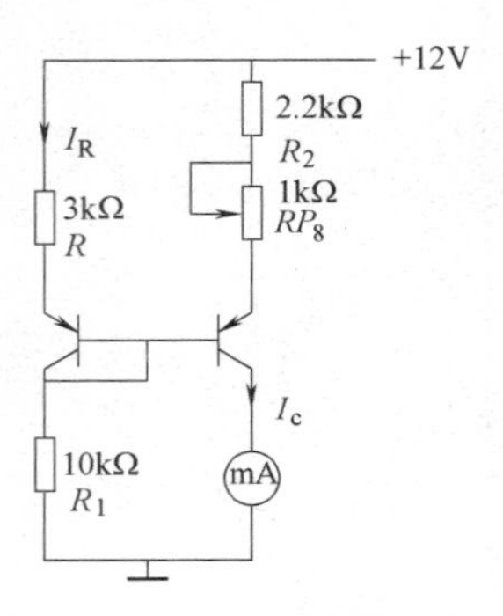

图 6.3　比例电流源电路

没有用有源负载提供静态工作电流的普通单管共射放大电路如图 6.4 所示，当共射放大电路的集电极电阻由电流源电路代替时，可以大大提高其电压放大倍数。有源负载共射放大电路的电路图如图 6.5 所示。

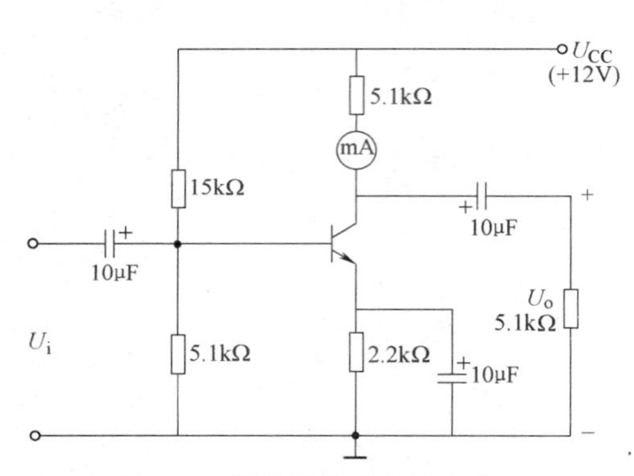

图 6.4　普通单管共射放大电路

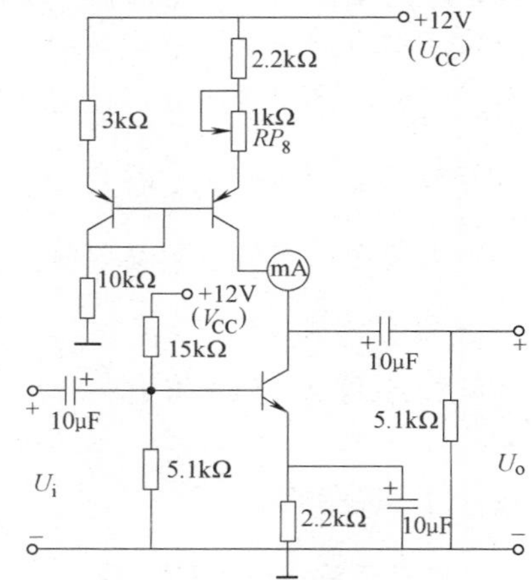

图 6.5　有源负载共射放大电路

（二）电路仿真

具体仿真步骤如下：

1）打开计算机中电工电子电路仿真软件 Multisim，单击［File］→［New］→［Blank］→［Create］新建一个空白的图样。

2）右击图样空白区域选择［Place Component］，打开［Select a Component］对话框，在［Group］下拉菜单中选择［Transistors］，在［Family］选项框中选择［All Families］，在［Component］下搜索 2N3904，把［2N3904］放在图样上，如图 6.6 所示。

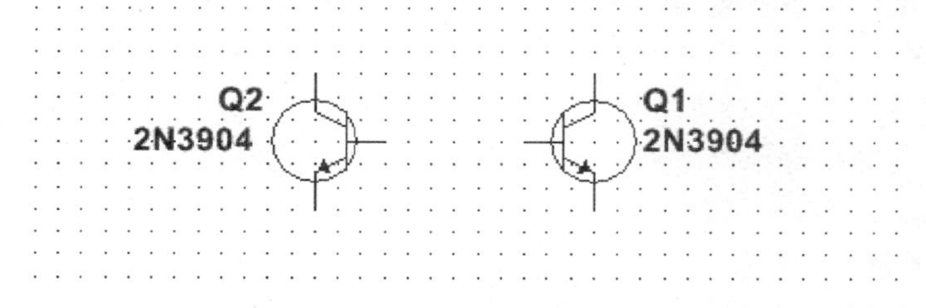

图 6.6　放置晶体管

3）同理打开［Select a Component］对话框，在［Group］下拉菜单中选择［Basic］，在［Family］选项框中选择［RESISTOR］，参照图 6.2 中各电阻的阻值选择适合的电阻放置在图样上，如图 6.7 所示。

4）在［Select a Component］对话框中的［Group］下拉菜单中选择［Sources］，在［Family］选项框中选择［POWER_ SOURCES］，分别在右边的［Component］选项框中选择［DC_ POWER］和［GROUND］，放置在图样上，如图 6.8 所示。

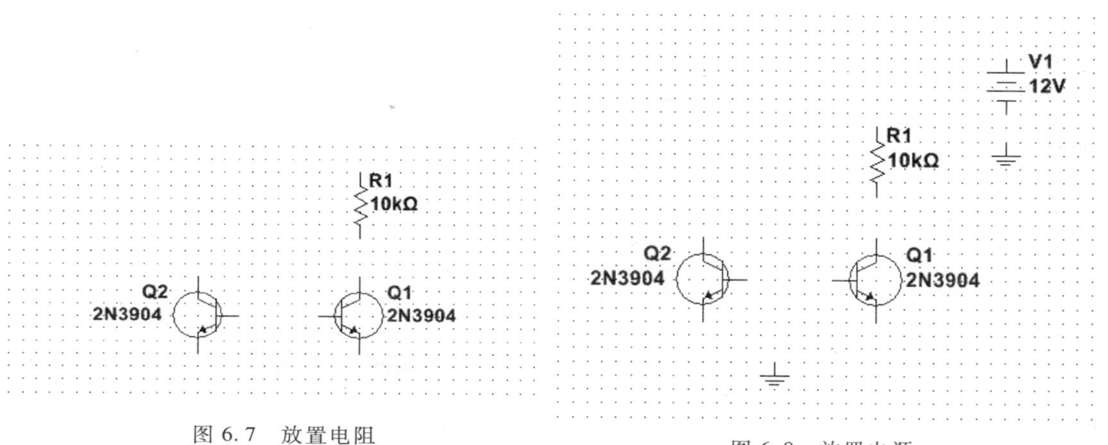

图 6.7　放置电阻

图 6.8　放置电源

5）在 Multisim 界面的右边虚拟仪器工具栏选择［Multimeter］，放置在图样上，如图 6.9 所示，并对其设置对应直流电流测量功能。

6）将所摆放的元器件按图 6.2 所示进行电路连接，连接好的电路如图 6.10 所示。

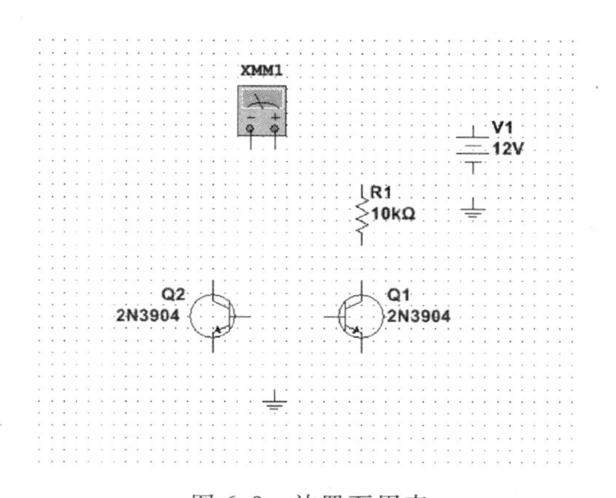

图 6.9　放置万用表

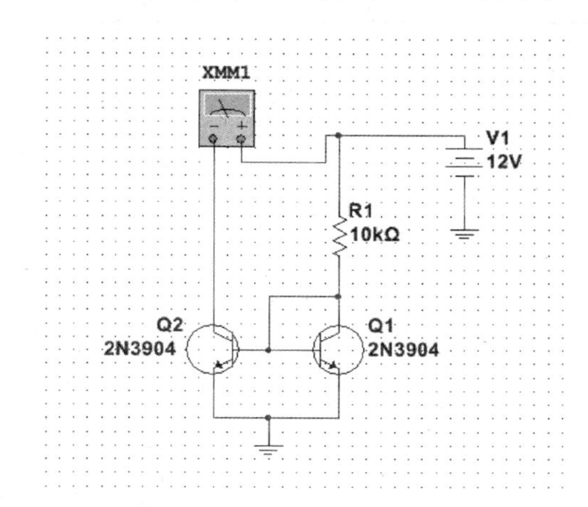

图 6.10　连接好的线路

7）单击“Run”运行，打开数字万用表软面板调至直流电流档，并观察流经电流表的电流，按照前面的计算电流公式 $I_c \approx (V_{cc} - U_{be})/R$，其中 $R = 10\text{k}\Omega$，$U_{be} = 0.65\text{V}$，$V_{cc} = 12\text{V}$ 可以计算出理论的电流值为 1.135mA，由于仿真电路中不考虑环境温度的影响，处于理想环境，所以电流值基本稳定。实际电路测得的电流值大于这个数值而且不稳定，这主要是由两只晶体管的对称性不好以及晶体管的温漂和电阻的误差造成的。

8）对于上面的镜像电流源电路可以加以改进，按图 6.3 接成的比例电流源电路如图 6.11 所示。［2N3906G］的选择同步骤 2），在［Component］中搜索 2N3906G，电位器同步骤 3）在［Family］下的［POTENTIOMETER］中选择。

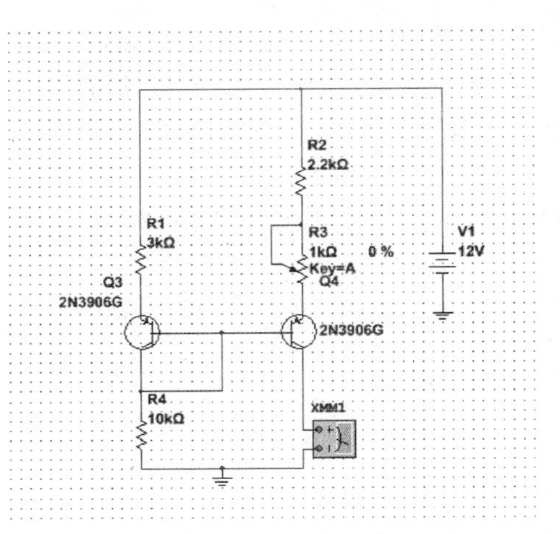

图 6.11　比例电流源仿真电路

9）由于该电流源在两个晶体管的发射极都有电流负反馈电阻，因此与镜像电流源相比，比例电流源输出的电流 I_c 具有更高的温度稳定性。按照计算公式 $I_c \approx [R_1/(R_2+R_3)]I_R$，其中 $I_R \approx (V_{cc}-U_{be})/(R_1+R)$，分别令 R_3 取最大值（$R_3=1\text{k}\Omega$）和最小值（$R_3=0\text{k}\Omega$）计算出 I_c 的最大值 I_{cmin} 和 I_{cmax}，并将结果填入表 6.1。对比例电流源电路进行仿真并测量出 I_{cmin} 和 I_{cmax}，如图 6.12 所示，将其结果填入表 6.1，将计算结果与测量结果进行对比。

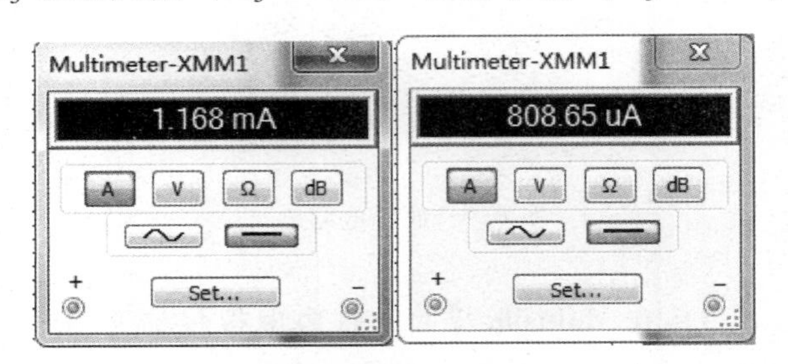

图 6.12　仿真读数

10）有源负载共射放大电路。按图 6.4 接好无电流源电路的共射放大电路如

表 6.1　计算结果与仿真测量结果

公式计算结果所得 I_c		仿真测量结果所得 I_c	
I_{cmax}	I_{cmin}	I_{cmax}	I_{cmin}
1.19mA	818μA	1.17mA	808.7μA

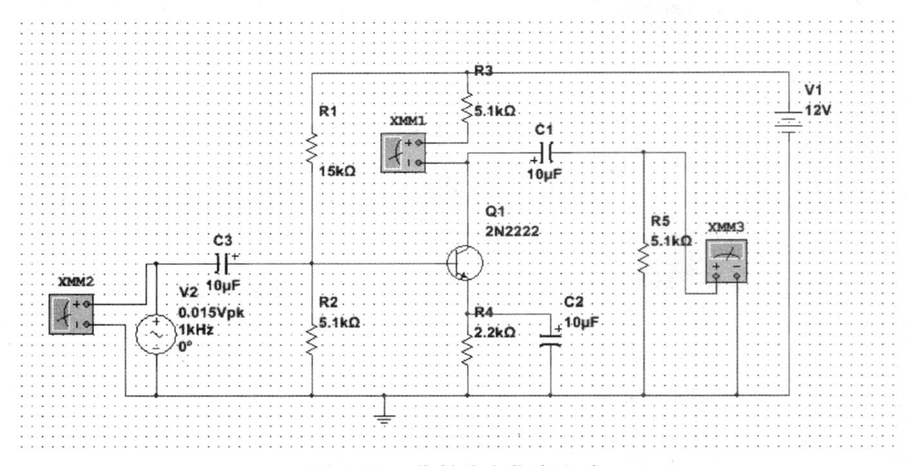

图 6.13　共射放大仿真电路

图 6.13 所示。打开［Select a Component］对话框，在［Group］下拉菜单中选择［Basic］，在［Family］选项框中选择［CAPACITOR］，参照图 6.4 中各电容的值选择适合的电容。在下拉菜单［Group］下选择［All Groups］，在［Family］选项框中选择［All Families］，在［Component］下搜索 AC _ VOLTAGE，把信号源［AC_ VOLTAGE］放在图样上，设置如图 6.14 所示。

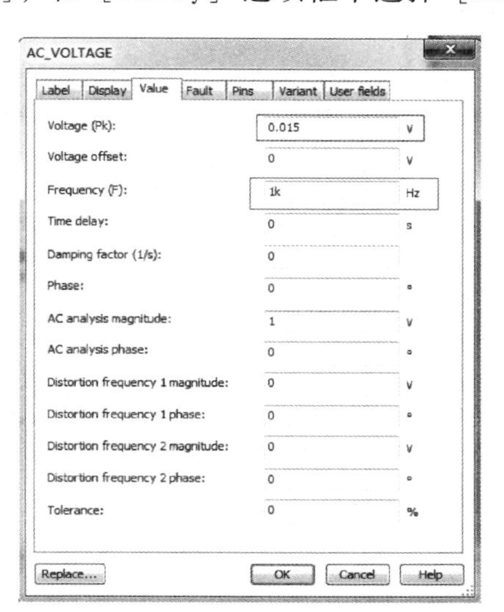

图 6.14　信号源设置

先不要引入图 6.12 所示的信号源，将数字万用表调到直流电流档位接入电路，将此时晶体管测量得到的静态工作点即 I_{CQ}（图 6.15）填入表 6.2 中。然后将输入频率 $f=1\text{kHz}$、$U_i=10\text{mV}$（有效值，峰-峰值调为 30mV）的正弦波信号接入电路，将数字万用表调至交流电压档接在输入端和输出端，分别测出此时的输入输出电压有效值 U_i、U_o，如图 6.16 所示，并根据 $A_U=U_o/U_i$ 计算出电压放大倍数，填入表 6.2 中。

11）按图 6.5 连接电路，连接好的有源负载共射放大仿真电路如图 6.17 所示。

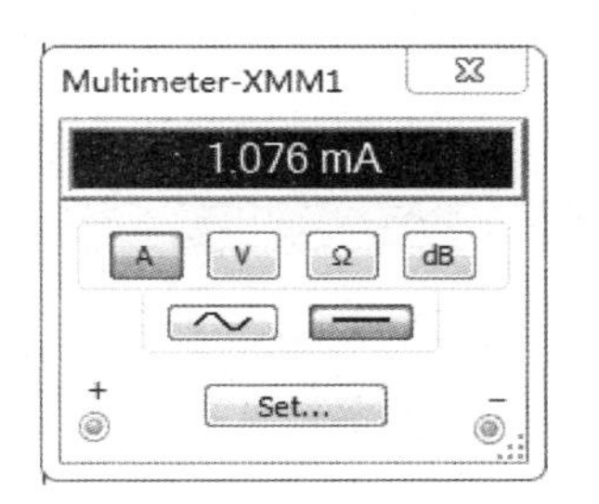

图 6.15　晶体管静态集电极电流

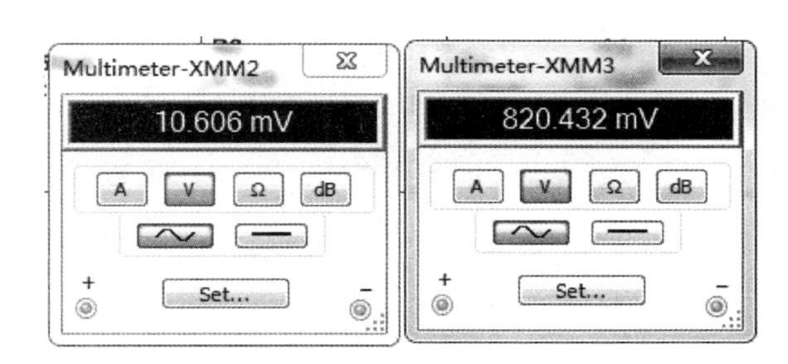

图 6.16　输入输出电压读数

表 6.2　无电流源和有源负载静态工作点相关参数

无电流源电路的共射放大电路				有源负载共射放大电路			
I_{CQ}	U_i	U_o	A_U	I_{CQ}	U_i	U_o	A_U
1.07mA	10.6mV	820.4mV	77.4	1.07mA	10.6mV	1.4V	132

将数字万用表调至直流电流档接入电路，调整 1kΩ 电位器 R_3（19%），将此时流经晶体管的集电极静态电流 I_{CQ} 调至与无电流源电路的共射放大电路的 I_{CQ} 一样，如图 6.18 所示，这样保证这两种共射放大电路的静态工作点一样。输入频率 $f=1\text{kHz}$、$U_i=10\text{mV}$（峰-峰值为 30mV）的正弦波信号，将数字万用表调至交流电压档分别测出输入电压和输出电压有效值 U_i、U_o，如图 6.19 所示，并根据 $A_U=U_o/U_i$ 计算出电压放大倍数，然后填入表 6.2 中。最后比较这两个同样静态工作点以及同样负载为 5.1kΩ 的共射放大电路的电压放大倍数。可以看出，引入电流源作为放大电路的负载后，既可以获得合适的静态工作点，又可以得到更大的电压放大倍数。

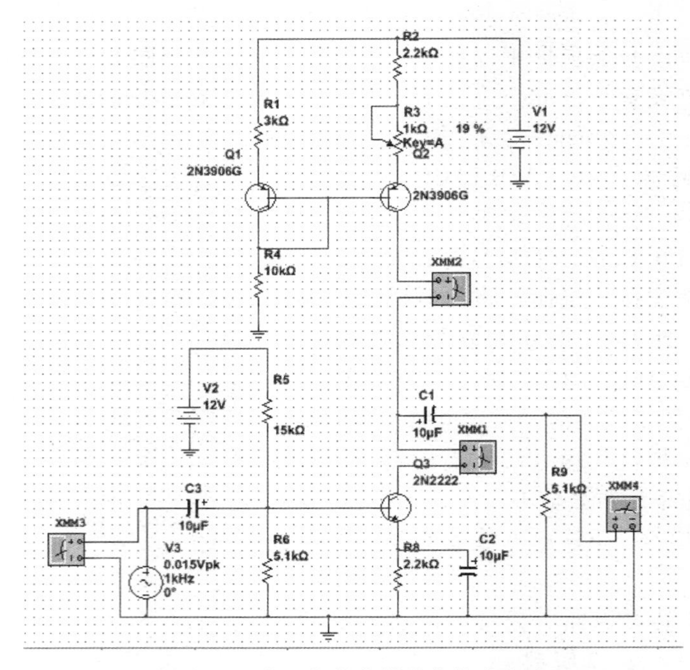

图 6.17　有源负载共射放大仿真电路

图 6.18　集电极静态电流

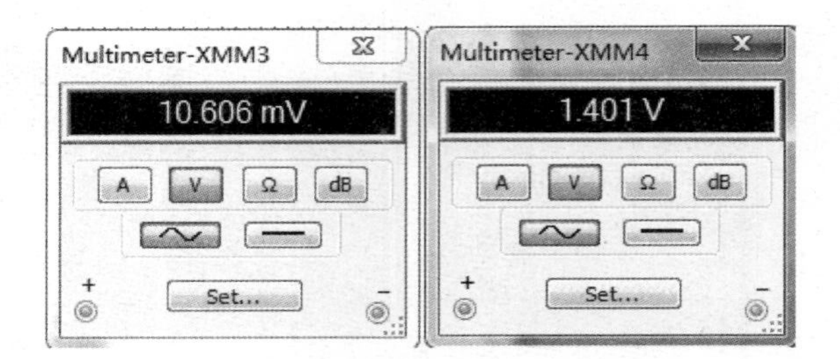

图 6.19　输入输出电压读数

四、实验内容与步骤

具体实验步骤如下：

1）确保　NI ELVISⅡ+的电源开关处于断开状态。

2）将 NI ELVISⅡ+上的原形板取下，取出 YL-IN ELVIS Ⅱ+系列实验模块转接主板，将其插在 IN ELVISⅡ+上，注意检查是否接插到位。

3）实验模块转接主板接插到位后，取出课程实验模块（电流源、有源负载共射放大、有源负载差分放大电路）将其插在实验模块转接主板上，注意检查是否接插到位。

4）电流源电路。按照图 6.2 所示用杜邦线将电路进行连接，如图 6.20 所示，实际连线图如图 6.21 所示。

5）打开［开始］→［所有程序］→［National Instruments］→［NI ELVISmx for NI ELVIS & myDAQ］→［NI ELVISmx Instruments Launcher］菜单，打开面板上的［Variable Power Supplies］(可变电源)，将 supply+输出调至+12V，如图 6.22 所示。

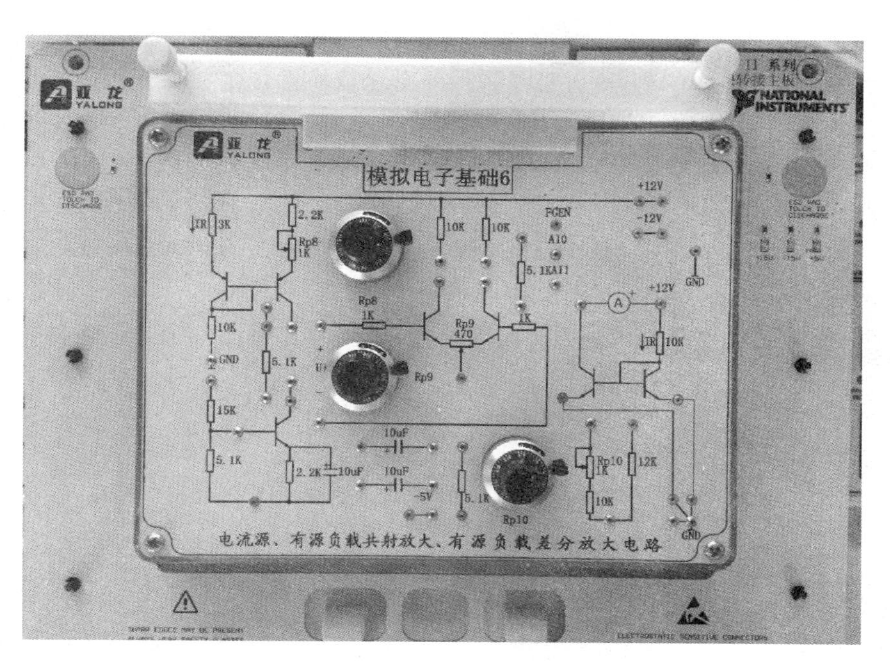

图 6.20　连接好的电路图

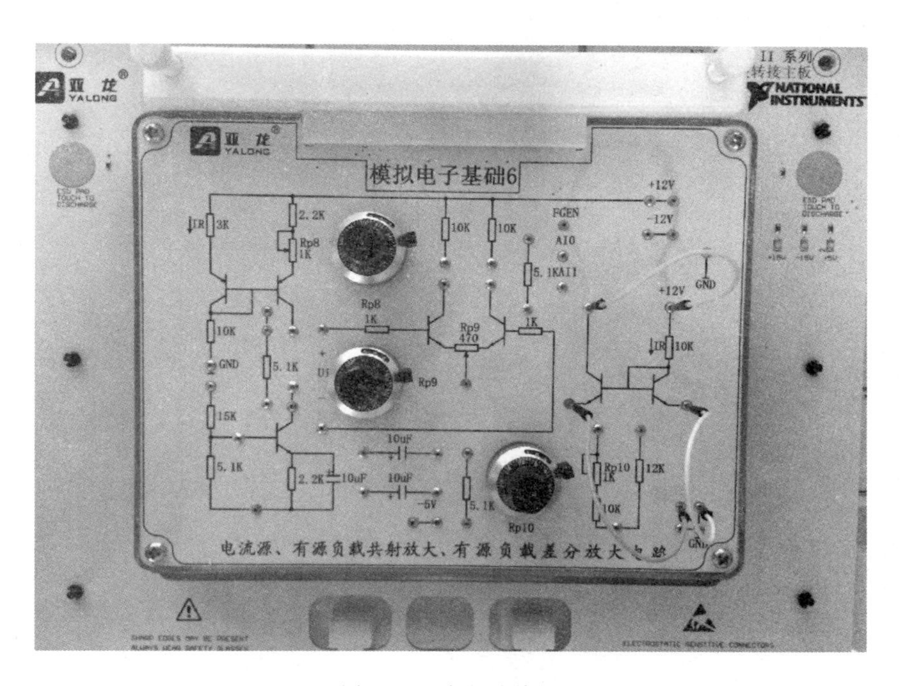

图 6.21　实际连线图

6）检测电路无误后，先打开 NI ELVIS Ⅱ+工作站开关，再打开原形板开关，等待计算机识别设备。

7）打开数字万用表软面板调至直流电流档，接入电路，并观察流经电流表的电流，按照计算电流的公式，$I_c \approx (V_{cc}-U_{be})/R$，其中 $R=10\text{k}\Omega$，$U_{be}=0.65\text{V}$，$V_{cc}=12\text{V}$，可以计算出理论的电流值为 1.135mA。实际测得的电流值大于这个数值而且不稳定，这主要是由两只晶体管的对称性不好以及晶体管的温漂和电阻的误差造成的。

8）对于上面的镜像电流源电路可以加以改进，按图 6.3 接成的比例电流源电路如图 6.23 所示，用杜邦线实际连线图如图 6.24 所示。

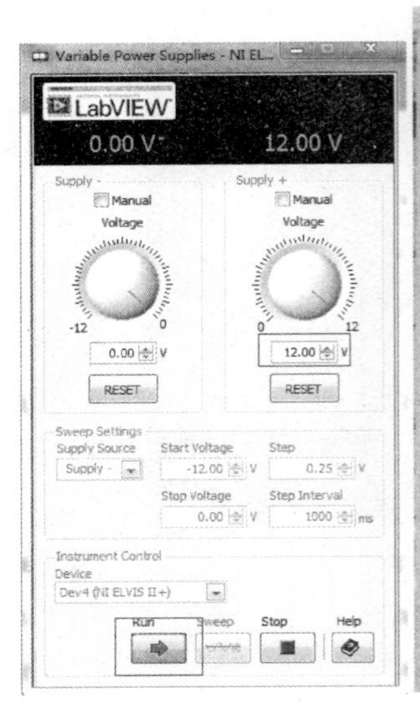

图 6.22　可调电源设置　　　　图 6.23　比例电流电路

图 6.24　用杜邦线实际连线图

9）该电流源由于在两个晶体管的发射极都有电流负反馈电阻，因此与镜像电流源相比，比例电流源输出的电流 I_c 具有更高的温度稳定性。按照计算公式 $I_c \approx [R/(R_2+RP_8)]I_R$，其

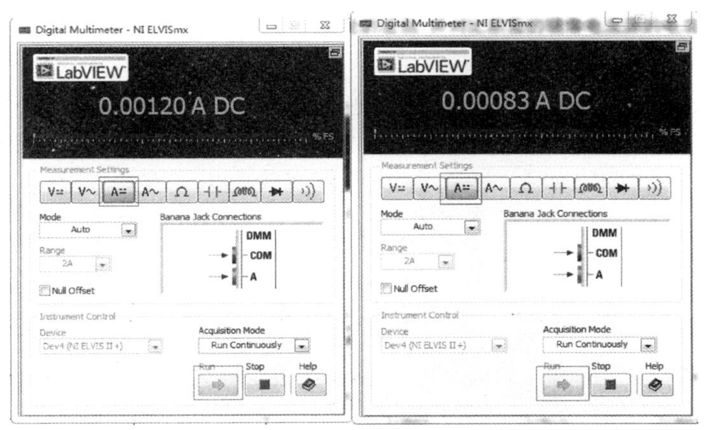

图 6.25　数字万用表读数

中 $I_R \approx (V_{cc} - U_{be})/(R_1 + R)$，分别令 RP_8 取最大值（$RP_8 = 1\text{k}\Omega$）和最小值（$RP_8 = 0\text{k}\Omega$）计算出 I_c 的最大值 I_{cmin} 和 I_{cmax} 并将结果填入表 6.3，然后在实际电路中分别将电位器 RP_8 调到最大值和最小值，将数字万用表调到直流电流档后接入电路，读数如图 6.25 所示，并将结果填入表 6.3 中，观看实际所测 I_c 变化范围与理论计算结果的差别，并对比镜像电流源的电流稳定性。

表 6.3　计算结果与实际测量结果

公式计算结果所得 I_c		实际测量结果所得 I_c	
I_{cmax}	I_{cmin}	I_{cmax}	I_{cmin}
1.19mA	818μA	1.20mA	830μA

10）基本共射放大电路。首先不要接入信号源，按图 6.4 接好无电流源电路，基本共

图 6.26　基本共射放大电路

射放大电路如图 6.26 所示，用杜邦线实际连线图如图 6.27 所示。将数字万用表调到直流电流档并接入电路，测量此时晶体管的静态工作点即 I_{CQ}，如图 6.28 所示并填入表 6.4 中，打开函数信号发生器软面板，然后将输入频率 $f=1\text{kHz}$、$U_i=10\text{mV}$（峰-峰值调为 30mV）的正弦波信号接入电路，参数设置如图 6.29 所示。将万用表调至交流电压档接在输入端和输出端，分别测出此时的输入输出电压有效值 U_i、U_o，如图 6.30 所示，并根据 $A_U=U_o/U_i$ 计算出电压放大倍数，分别填入表 6.4 中。打开示波器，用 CH0 和 CH1 通道测量输入输出波形，如图 6.31 所示。

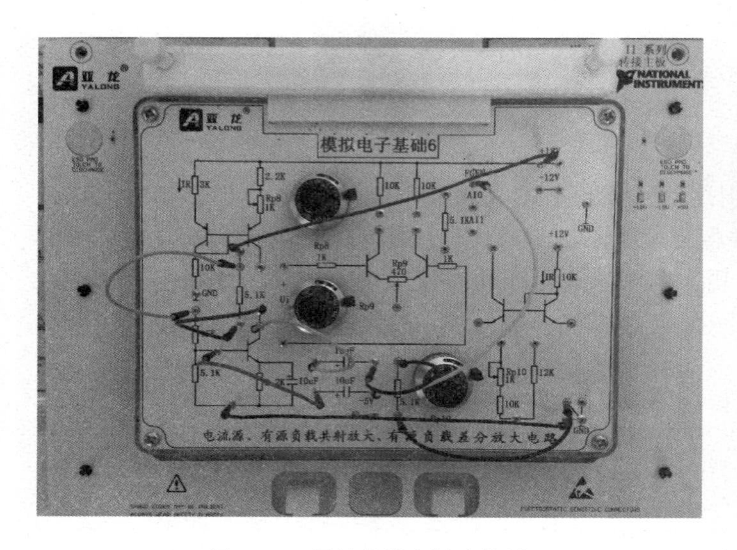

图 6.27　用杜邦线实际连线图

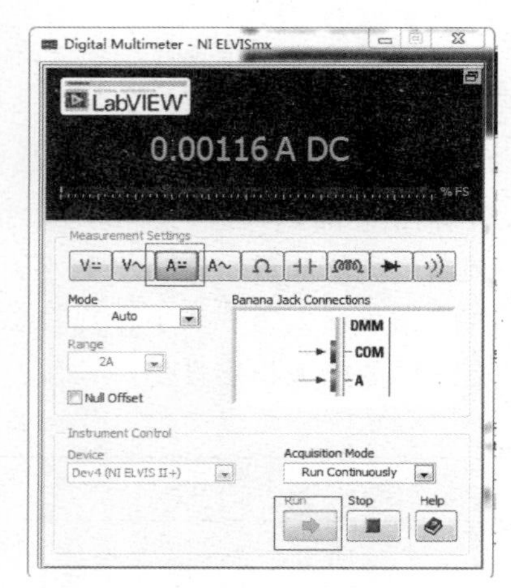

图 6.28　静态工作点电流读数

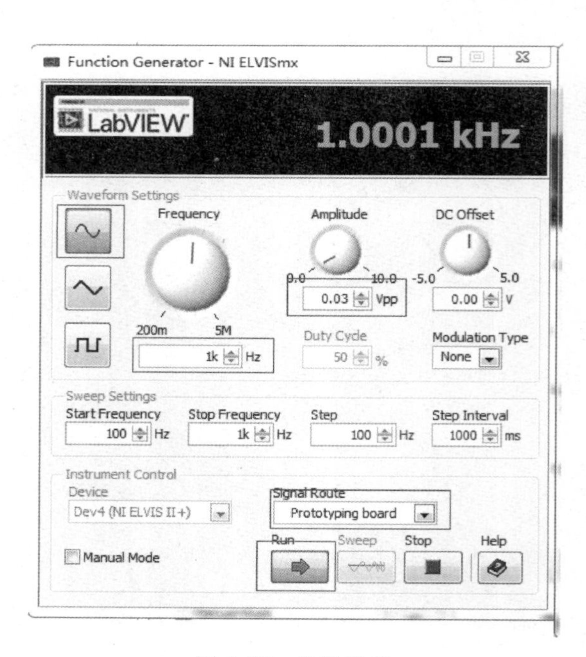

图 6.29　参数设置

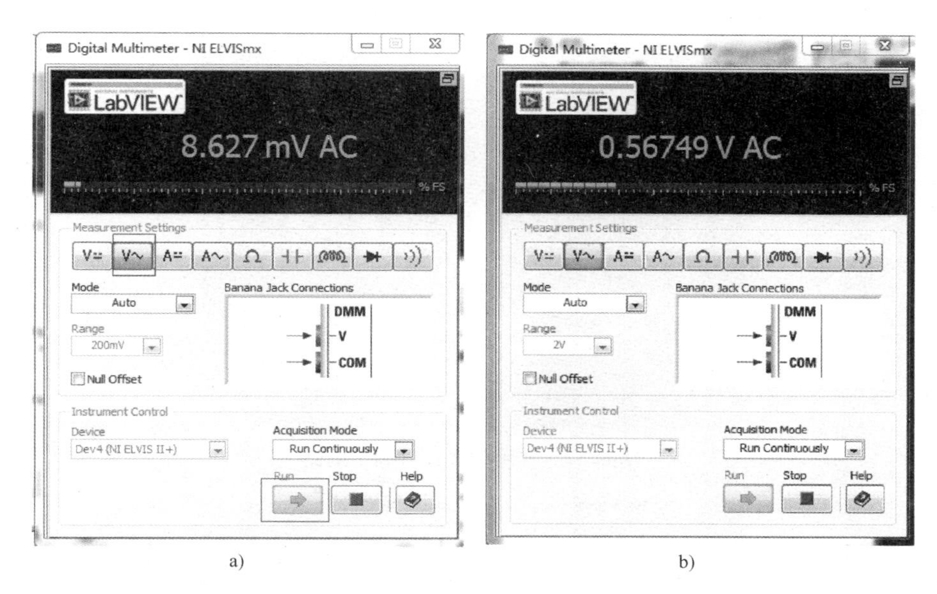

a)　　　　b)

图 6.30　输入、输出电压读数

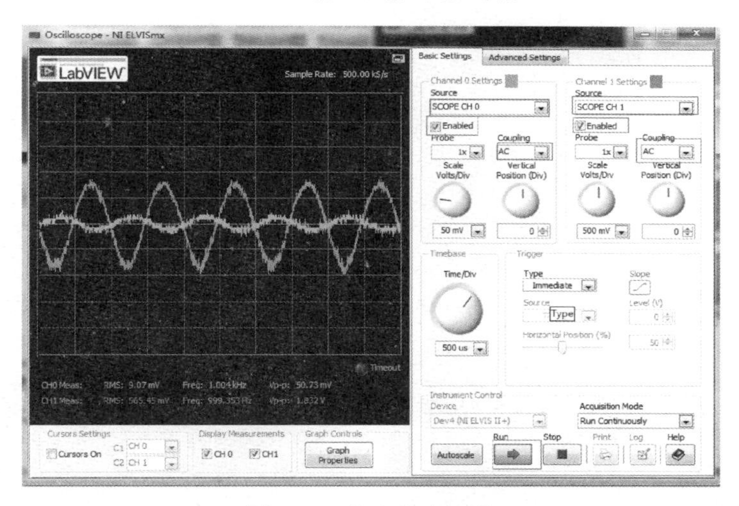

图 6.31　输入输出波形

表 6.4　静态工作点相关参数

无电流源电路的共射放大电路				有源负载共射放大电路			
I_{CQ}	U_i	U_o	A_U	I_{CQ}	U_i	U_o	A_U
1.16mA	8.63mV	567mV	65.7	1.25mA	8.63mV	1126mV	130.1

11）有源负载共射放大电路。按图 6.5 接好电路如图 6.32 所示，实际连线图如图 6.33 所示。

先不要接入信号源，将数字万用表调至直流电流档接入电路，调整 1kΩ 电位器 RP_8，使此时流经晶体管的集电极静态电流 I_{CQ} 与无电流源电路的共射放大电路的 I_{CQ} 相同，保证这两种共射放大电路的静态工作点一致，然后输入频率 $f=1\text{kHz}$、$U_i=10\text{mV}$（峰-峰值为 30mV）的正弦波信号，将数字万用表调至交流电压档分别测出输入电压和输出电压有效值 U_i、U_o，如图 6.34 所示，并根据 $A_U=U_o/U_i$ 计算出电压放大倍数，填入表 6.4 中。

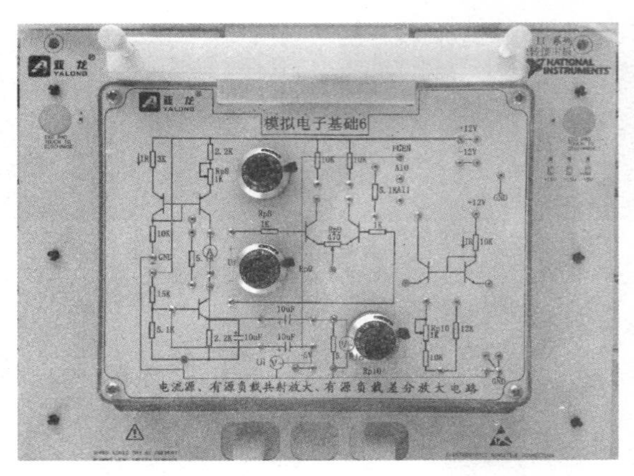

图 6.32　有源负载共射放大电路

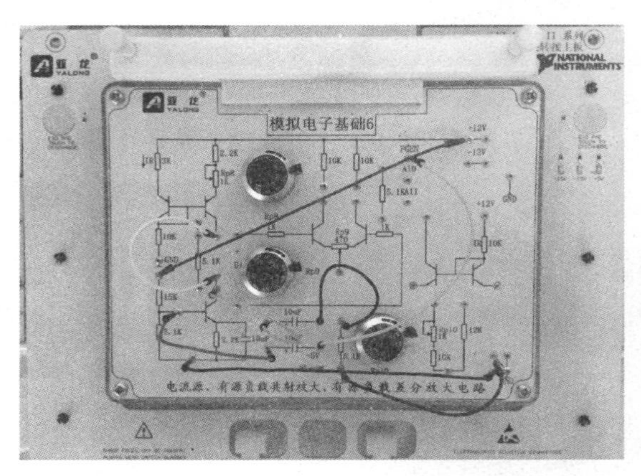

图 6.33　实际连线图

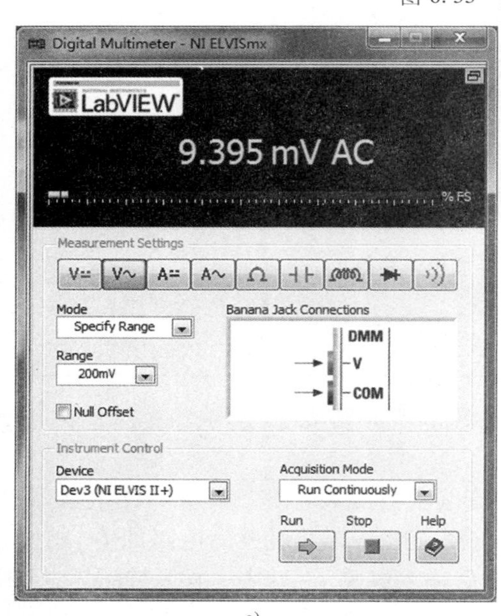

a)

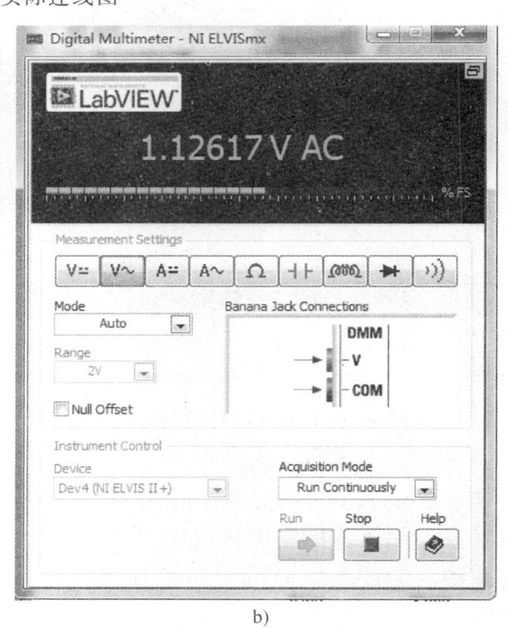

b)

图 6.34　输入、输出电压读数

打开示波器，用CH0和CH1通道测量输入输出波形，如图6.35所示。最后比较这两个同样静态工作点以及同样负载为5.1kΩ的共射放大电路的电压放大倍数。可以看出，引入电流源作为放大电路的负载后，既可以获得合适的静态工作点，又可以得到更大的电压放大倍数。

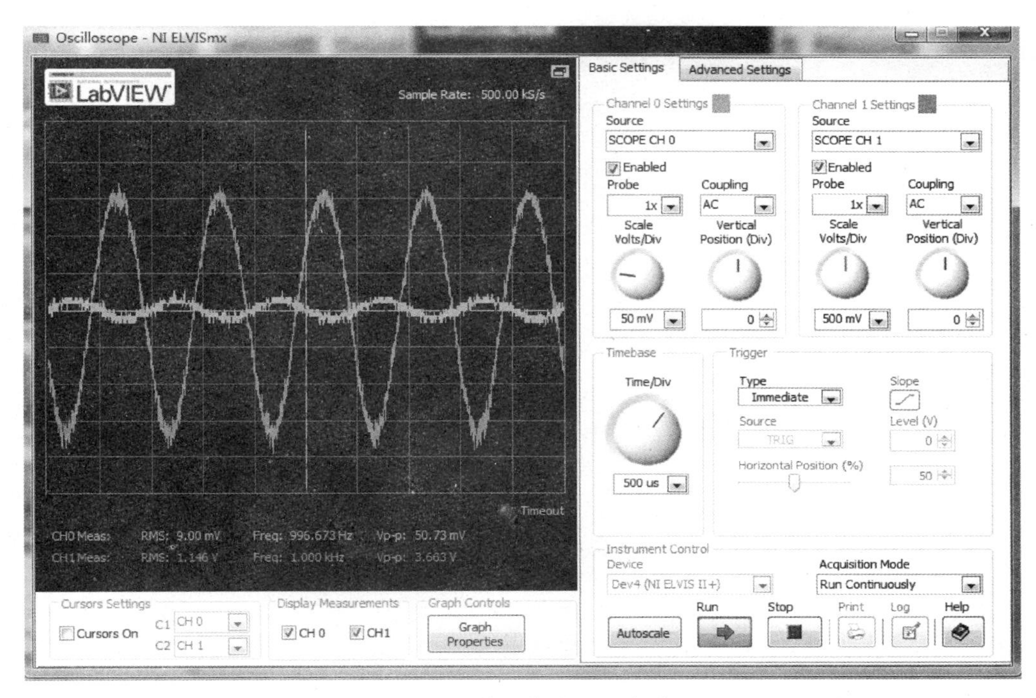

图6.35　输入输出电压波形

实验项目七

差分放大电路

一、实验项目目的

1）掌握差分放大电路原理与主要技术指标的测试方法。

2）了解基本差分放大电路与具有恒流源的差分放大电路的性能差别。

二、实验所需模块与元器件

1）电流源、有源负载共射放大、有源负载差分放大电路。

2）杜邦线若干。

三、实验原理及电路仿真

（一）实验原理

1. 差分放大电路的特点

差分放大电路是模拟电路中基本单元电路之一，是构成多级直接耦合放大电路的基本单元电路，具有放大差模信号、抑制共模信号和零点漂移的功能。

2. 基本差分放大电路

基本双端输入双端输出差分放大电路如图 7.1 所示。

首先假设 VT_1、VT_2 两只晶体管参数理想对称，当 VT_1、VT_2 的基极分别接幅度相等、极性相反的两个差模信号时，两管发射极产生大小相等、方向相反的变化电流。这两个电流同时流过发射极电阻 R_e，结果互相抵消，即 R_e 中没有差模信号电流流过，因而 R_e 对差模信号无反馈作用。双端输出时，差模放大倍数为 $A_{Ud}=U_{od}/(U_{id1}-U_{id2})=U_o/2U_{id1}$，$U_i=2U_{id1}$，$U_{id1}$、$U_{id2}$是彼此幅度相等、极性相反的两个对地的差模信号，$U_i$ 是总的输入信号。

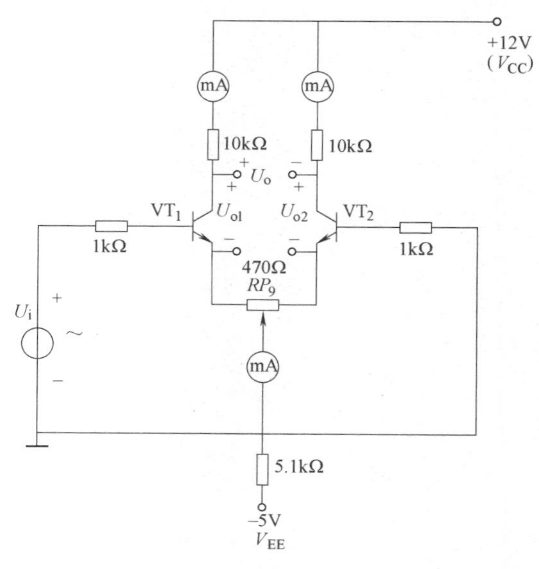

图 7.1 基本差分放大电路

3. 对共模信号的抑制作用

放大电路因温度、电压波动等因素所引起的零点漂移和干扰都属于共模信号，相当于在差分放大器两个晶体管的输入端加上大小相等、方向相同的信号。如图 7.2 所示，则差分放大电路就获得了共模输入信号 U_{ic}，即图 7.2 中的 V_s，这时输出端可测得平衡输出共模电压 U_{oc}。双端输出时 $A_{Uc}=U_{oc}/U_{ic}\approx 0$（$U_{oc}$即图中的 U_o，$U_{oc}\approx 0$）。

4. 共模抑制比 CMRR

双端输出时 $CMRR=|A_{Ud}/A_{Uc}|\approx\infty$

5. 用电流源电路代替 R_e

当静态工作点相同时，其差模放大倍数与基本差分放大倍数一样，而由于恒流源的交流等效电阻远大于 R_e，所以共模放大倍数很小，共模抑制比很大。

（二）电路仿真

具体仿真步骤如下：

1）打开计算机中电工电子电路仿真软件 Multisim，单击［File］→［New］→［Blank］→［Create］新建一个空白的图样。

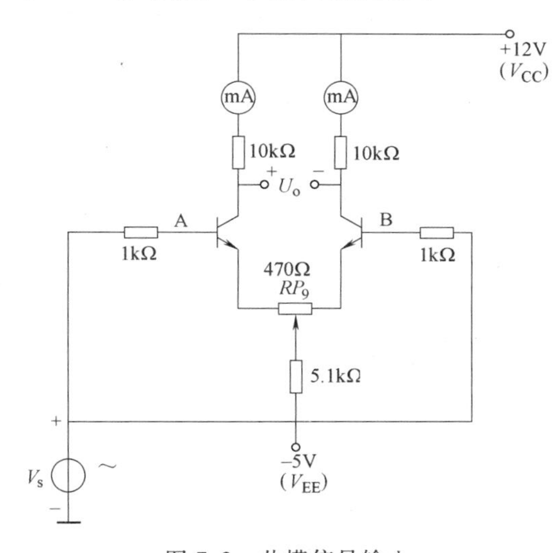

图 7.2　共模信号输入

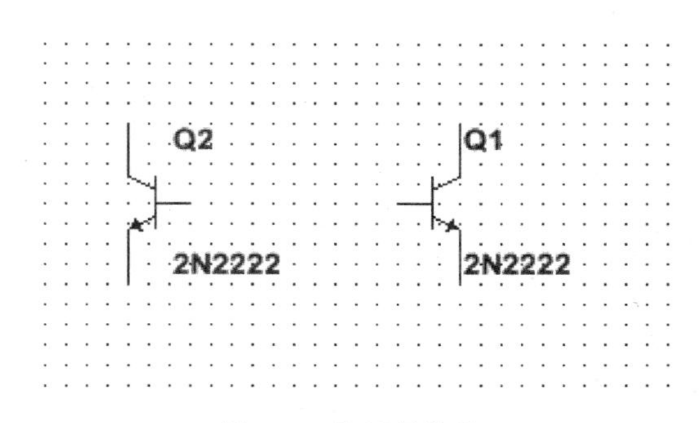

图 7.3　放置晶体管

2）右击图样空白区域选择［Place Component］，打开［Select a Component］对话框，在［Group］下拉菜单中选择［Transistors］，在［Family］选项框中选择［All Families］，在［Component］下搜索 2N2222，把［2N2222］放在图样上，如图 7.3 所示。

3）同理打开［Select a Component］对话框，在［Group］下拉菜单中选择［Basic］，在［Family］选项框中选择［RESISTOR］，参照图 7.1 各电阻的阻值选择适合的电阻，放置在图样上。在［Family］下的［POTENTIOMETER］中选择电位器，如图 7.4 所示。

4）在［Select a Component］对话框中的［Group］下拉菜单中选择［Sources］，在［Family］选项框中选择［POWER_ SOURCES］，分别在右边的 Component 选项框中选择［DC_ POWER］和［GROUND］，放置在图样上，如图 7.5 所示。

5）在［Select a Component］对话框中的［Group］下拉菜单下选择［All Groups］，在［Family］选项框中选择［All Families］，在［Component］下搜索 AC_ VOLTAGE，把［AC_ VOLTAGE］放在图样上，如图 7.6 所示。其交流信号源参数设置如图 7.7 所示。

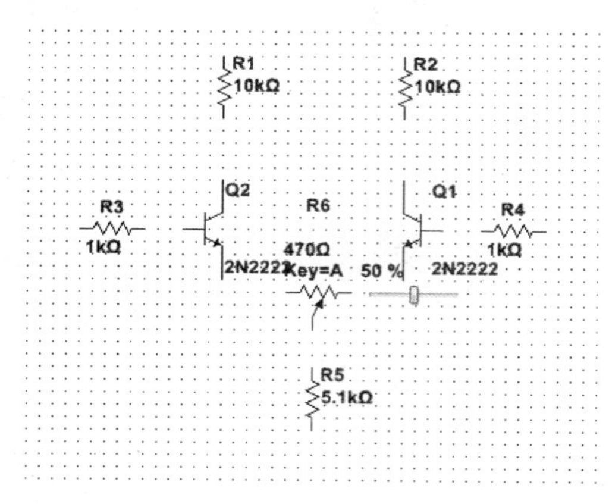

图 7.4　放置电位器

图 7.5　放置电源

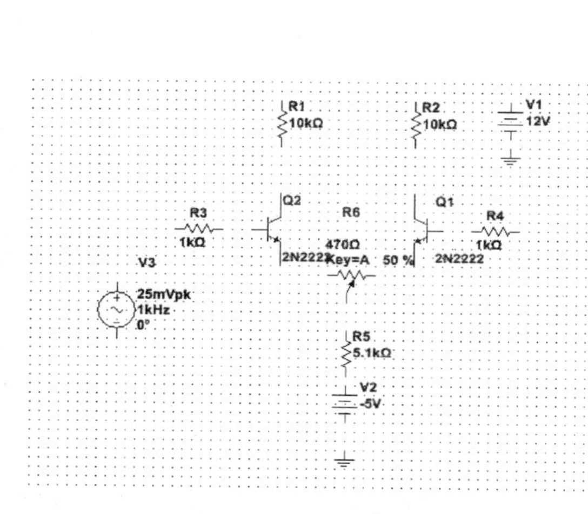

图 7.6　放置交流信号源

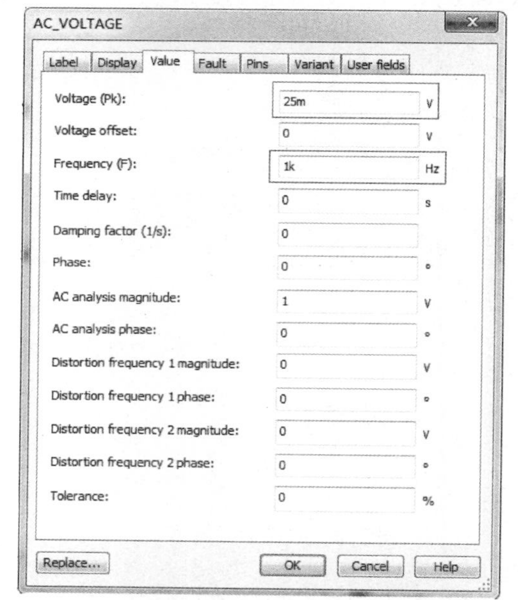

图 7.7　交流信号源参数设置

6）在 Multisim 界面右边的虚拟仪器工具栏中选择［Multimeter］和［Oscilloscope］，放置在图样上，如图 7.8 所示，并对其设置对应的电压电流测量功能。

7）将所摆放的元器件按图 7.1 所示进行电路连接，连接好的电路如图 7.9 所示。

8）典型差分放大器测试。

① 测量静态工作点。先移除图 7.9 中的信号源，将差分放大电路的两个输入端接地，打开数字万用表直流电压档，调节电位器 R_6（50%），使 $U_o \approx 0V$，如图 7.10 所示，然后利用数字万用表直流电流档分别测量 Q_1（XMM3）、Q_2（XMM4）的静态工作点 I_{CQ}，如图 7.11 所示，并记录于表 7.1 中。

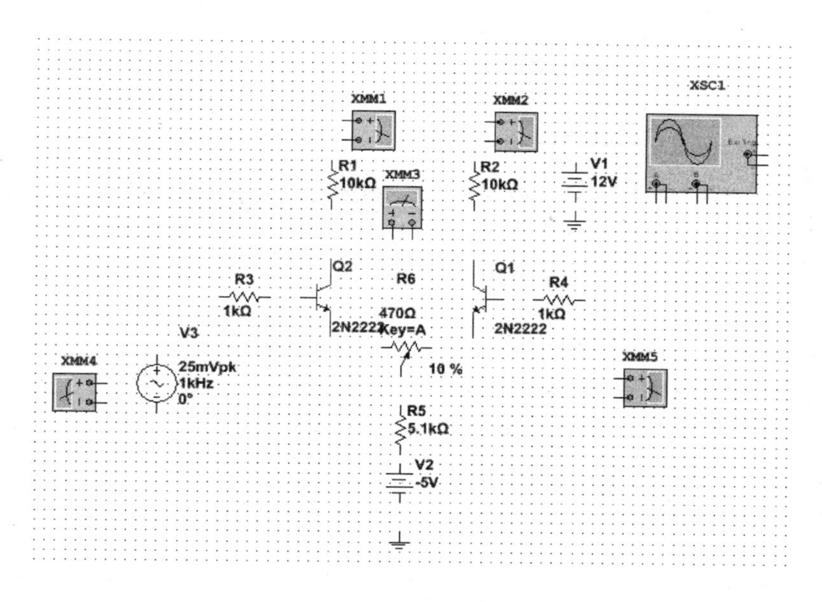

图 7.8　放置数字万用表与示波器

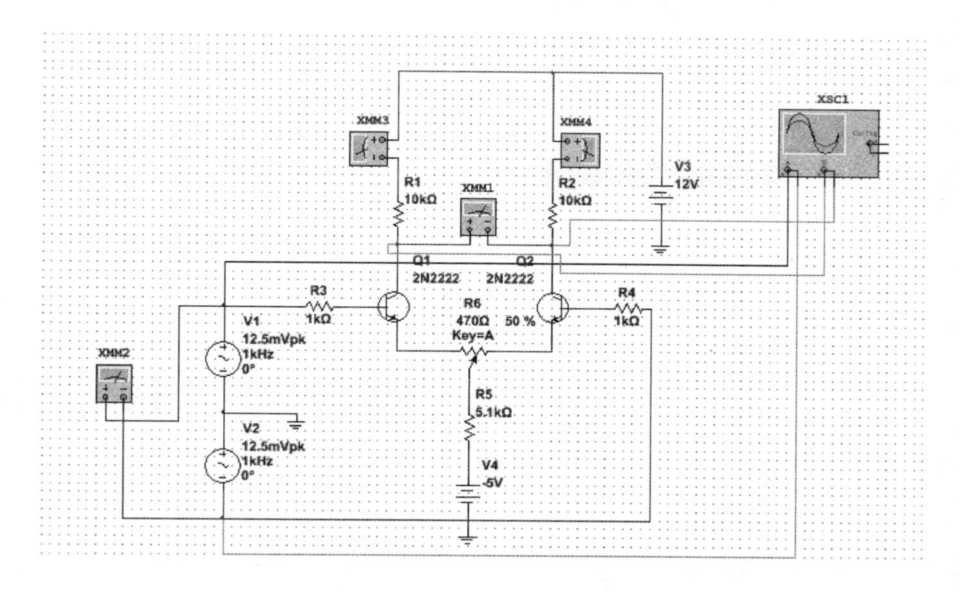

图 7.9　差分放大仿真电路

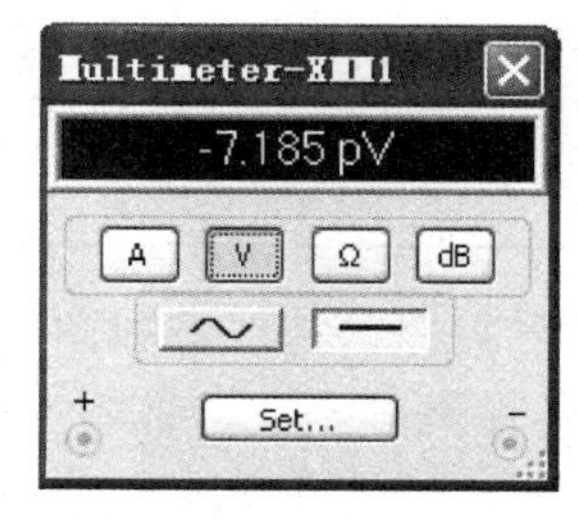

图 7.10　U_o 接近于 0

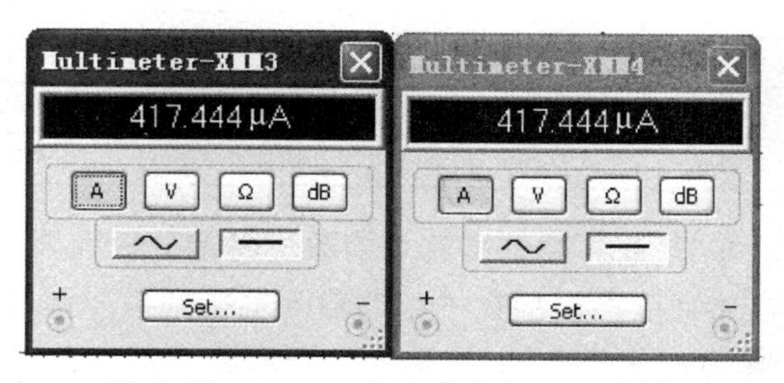

图 7.11　Q_1、Q_2 静态集电极电流读数

表 7.1　Q_1、Q_2 静态集电极电流

I_{CQ1}	I_{CQ2}	$I_{CQ3}=I_{CQ1}+I_{CQ2}$
0.42mA	0.42mA	0.84mA

② 测量差模电压放大倍数。为实验简单，测量差分放大电路的差模电压放大倍数时，采用单端输入方式。若采用双端输入的方式，信号源需接隔离变压器后再与被测电路相接，以防止下一级电路对输入信号产生影响。接入信号源，打开函数信号发生器软面板，调节信号发生器，使之输出 V_{ipp}（峰-峰值）= 50mV、f= 1kHz 的正弦波信号，如图 7.7 所示，将其接入差分放大电路的输入端。用示波器观测单端输入、双端输出的电压波形 V_{ipp}、V_{opp}，如图 7.12、图 7.13 所示，并用数字毫伏表测量单端输入和双端输出的交流电压有效值 U_i 和 U_o，如图 7.14 所示，填入表 7.2。计算差模电压放大倍数 $A_{Ud}=U_o/U_i$，并将结果填入表 7.2。

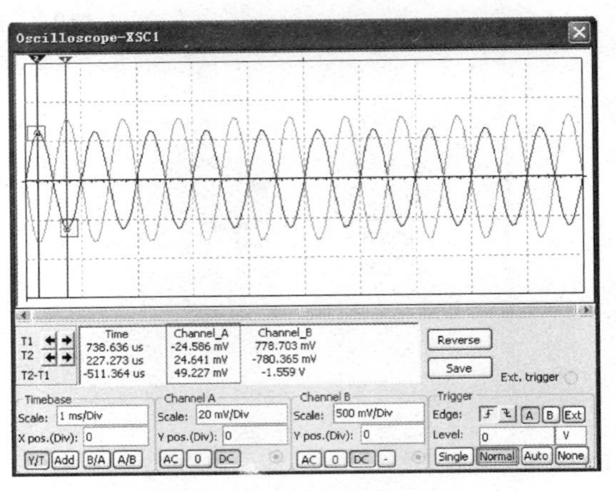

图 7.12　输入电压波形

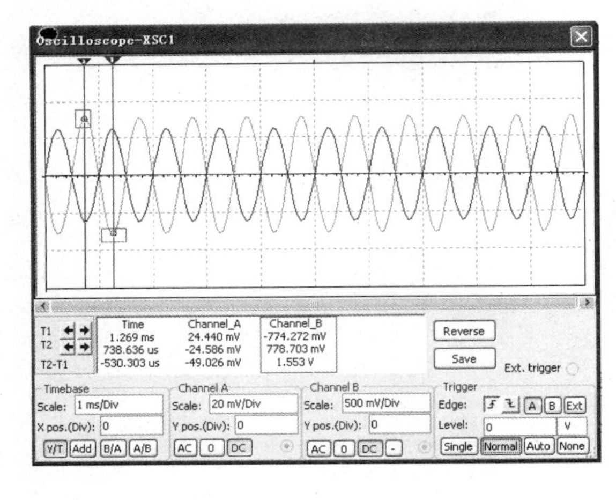

图 7.13　输出电压波形

Multimeter-XMM2　17.677 mV　A V Ω dB　Set...

Multimeter-XMM1　559.999 mV　A V Ω dB　Set...

图 7.14　交流电压读数

表 7.2　单端输入、双端输出的相关参数

输入信号类型	V_{ipp}	V_{opp}	U_i	U_o	放大倍数	共模抑制比
差模信号	49.2mV	1553mV	17.7mV	560mV	31.6	
共模信号	196.7mV	约为 0	70.8mV	约为 0	约为 0	

③ 测量共模电压放大倍数。将差分放大器的两个输入信号短路，连线图如图 7.15 所示，并直接将短接在一起的输入端接到信号源的输出端，信号源频率不变，将输入信号的峰-峰值调整为 200mV 左右，将其送入差分放大电路的输入端。用示波器观测单端输入、双端输出的电压波形 V_{ipp}、V_{opp}，如图 7.16、图 7.17 所示，并用数字毫伏表测量单端输入

和双端输出的交流电压有效值 U_i 和 U_o，如图 7.18 所示，填入表 7.2，计算共模电压放大倍数 $A_{Ud}=U_o/U_i$，并将结果填入表 7.2。

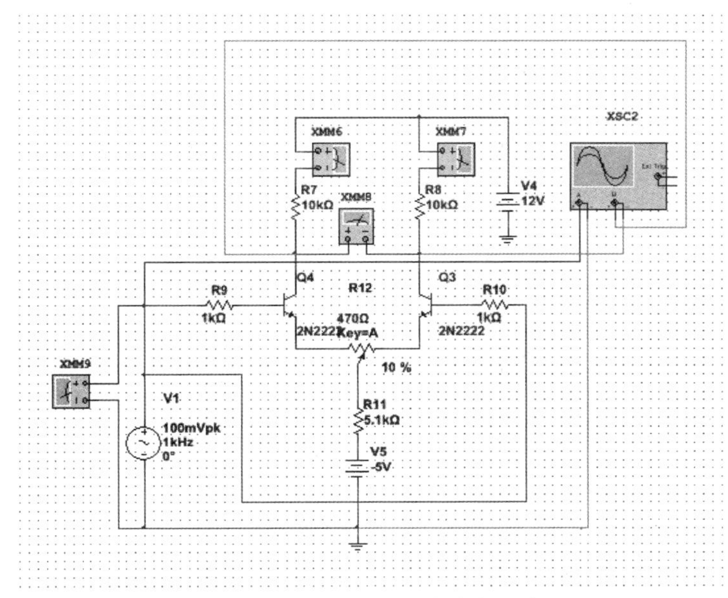

图 7.15　共模输入差分放大电路

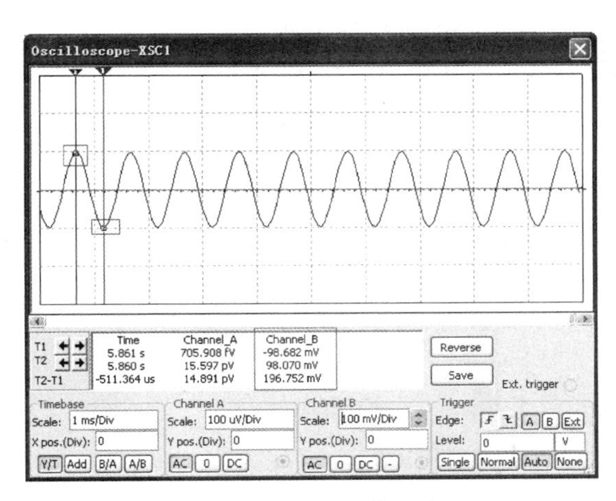

图 7.16　输入电压信号波形

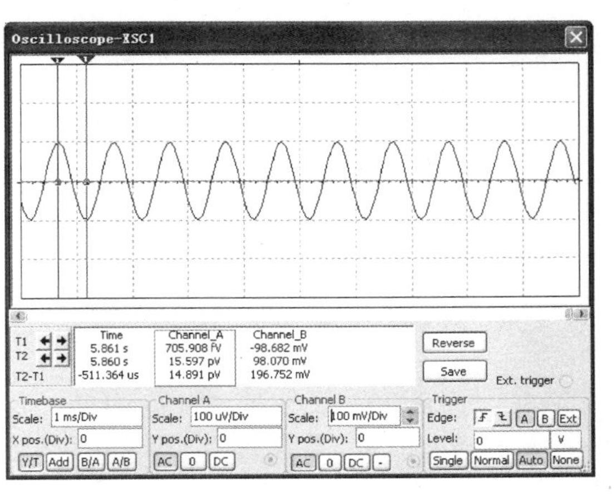

图 7.17　输出电压信号波形

由仿真结果可知，由于仿真软件时两个晶体管极度理想一致，因此其共模信号基本被抑制掉，反映在差分放大器输出端为没有输出信号，其共模放大倍数基本为零，共模抑制比接近无穷大。

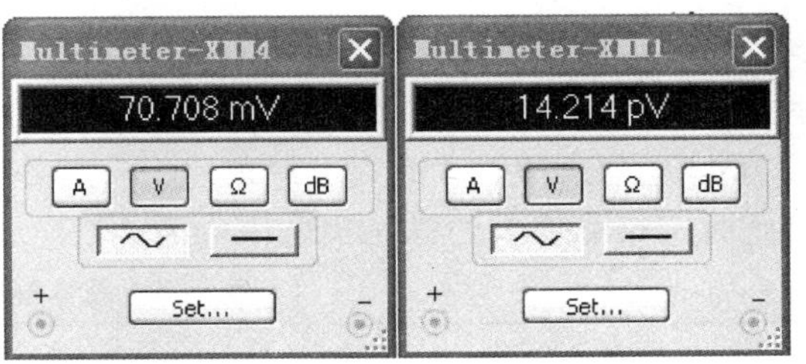

图 7.18　交流电压读数

9）具有恒流源的差分放大电路。

① 测量静态工作点。按图 7.19 接好差分放大电路，如图 7.20 所示，注意先不要接入信号源。将数字万用表先调至直

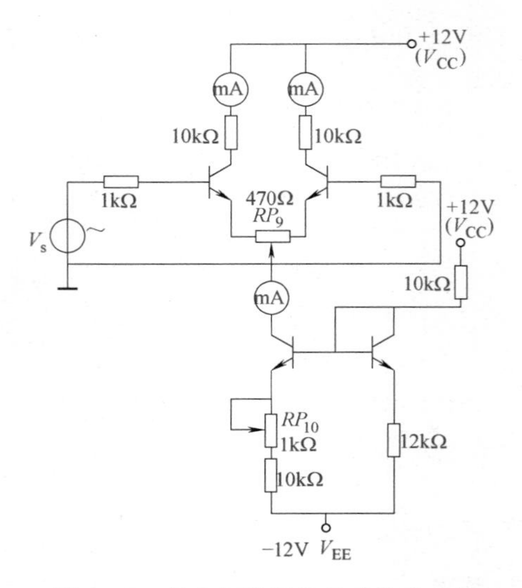

图 7.19　具有恒流源的差分放大电路

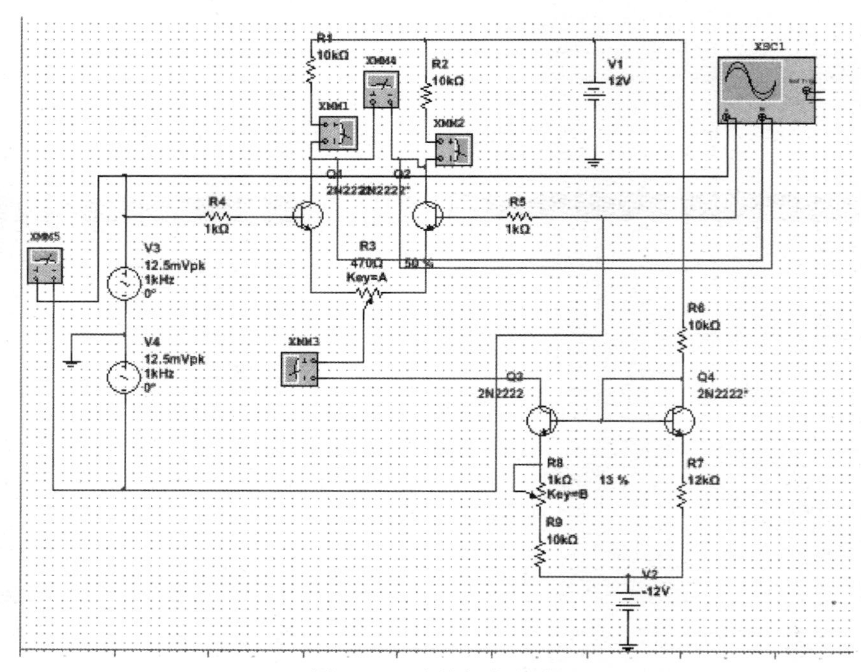

图 7.20　连接好的电路

流电压档，然后测量输出电压 U_o，调整 R_3 直到输出电压 $U_o \approx 0$V（XMM4 约为 0），将数字万用表调至直流电流档，接入电流源电路与 R_3 之间，调整电位器 R_8，使得 I_{CQ3}（XMM3）与典型差分放大电路的 I_{CQ3} 一样，以使两个电路的静态工作点一致。然后测量出此时两个晶体管的静态集电极电流 I_{CQ1}、I_{CQ2}，将这三个物理量的值填入表 7.3。

表 7.3　晶体管静态集电极电流

I_{CQ1}	I_{CQ2}	$I_{CQ3}=I_{CQ1}+I_{CQ2}$
0.42mA	0.42mA	0.84mA

② 测量差模放大倍数。调节信号发生器，使之输出 V_{ipp}（峰-峰值）= 50mV，f = 1kHz 的正弦波信号，将其送入差分放大电路的输入端。用示波器观测单端输入、双端输出的电压波形 V_{ipp}、V_{opp}，如图 7.21、图 7.22，并用数字毫伏表测量单端输入和双端输出的交流电压有效值 U_i 和 U_o，如图 7.23 所示，填入表 7.4，计算差模电压放大倍数 $A_{Ud} = U_o/U_i$，并填入表 7.4 中。

对比两个电路的差分放大倍数，验证了理想情况下当静态工作点相同时，其差模放大倍数与基本差分放大倍数一样。

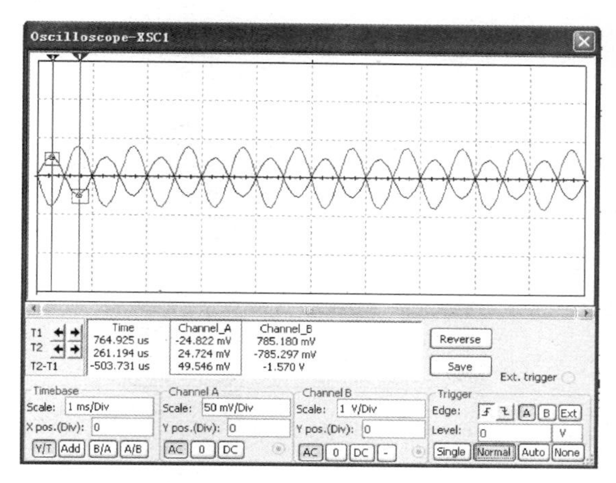

图 7.21　输入电压信号波形

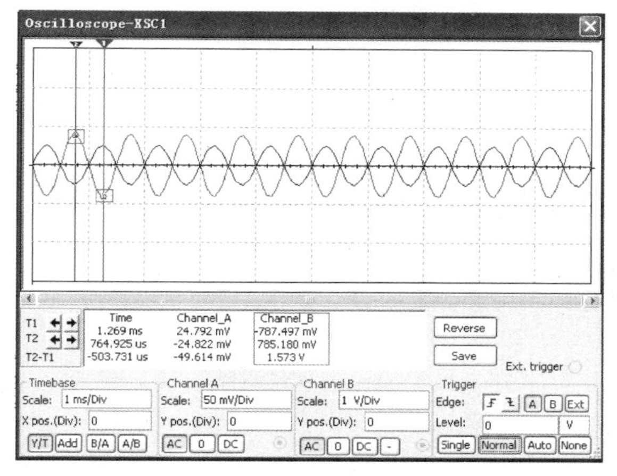

图 7.22　输出电压信号波形

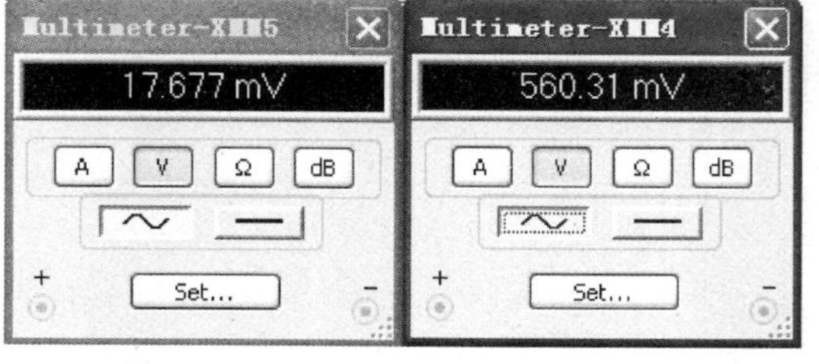

图 7.23　交流电压读数

表 7.4　单端输入和双端输出相关参数

输入信号类型	V_{ipp}	V_{opp}	U_i	U_o	放大倍数	共模抑制比
差模信号	49.5mV	1573mV	17.7mV	560.3mV	31.7	
共模信号	196.5mV	约为 0	70mV	约为 0	约为 0	

③ 测量共模放大倍数。除其他电路形式同图 7.19 一样外，将输入信号改成如图 7.24 所示的接法。信号源频率不变，将输入信号的峰-峰值调整为 200mV，将其送入差分放大电路的输入端。用示波器观测单端输入、双端输出的电压波形 V_{ipp}、V_{opp}，如图 7.25、图 7.26 所示，并用数字毫伏表测量单端输入和双端输出的交流电压有效值 U_i 和 U_o，如图 7.27 所示，填入表 7.4，计算共模电压放大倍数 $A_{Ud} = U_o/U_i$ 并填入表 7.4。

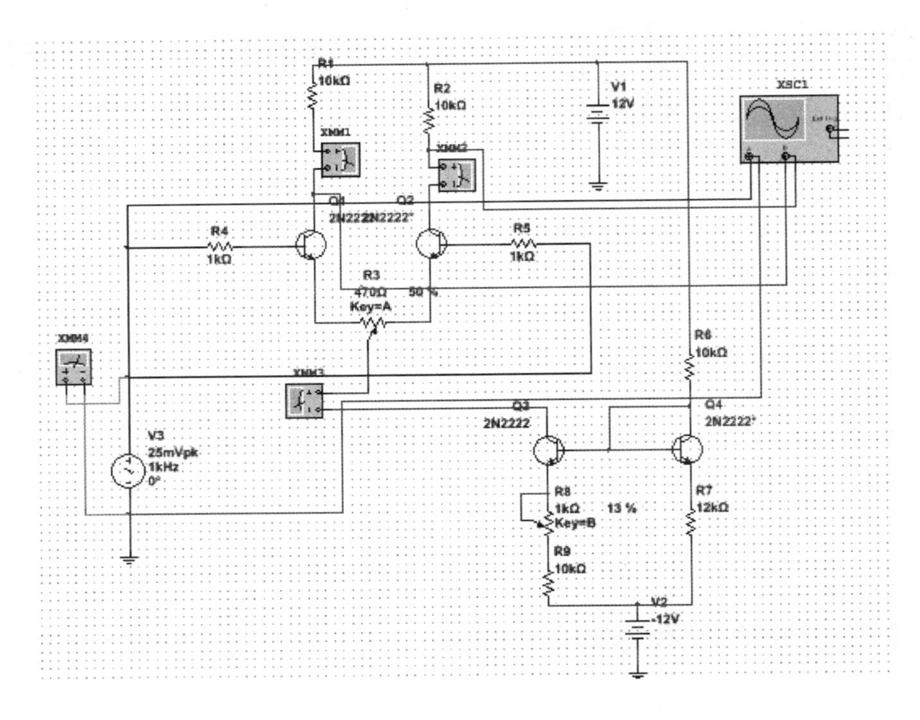

图 7.24　共模输入差分放大电路

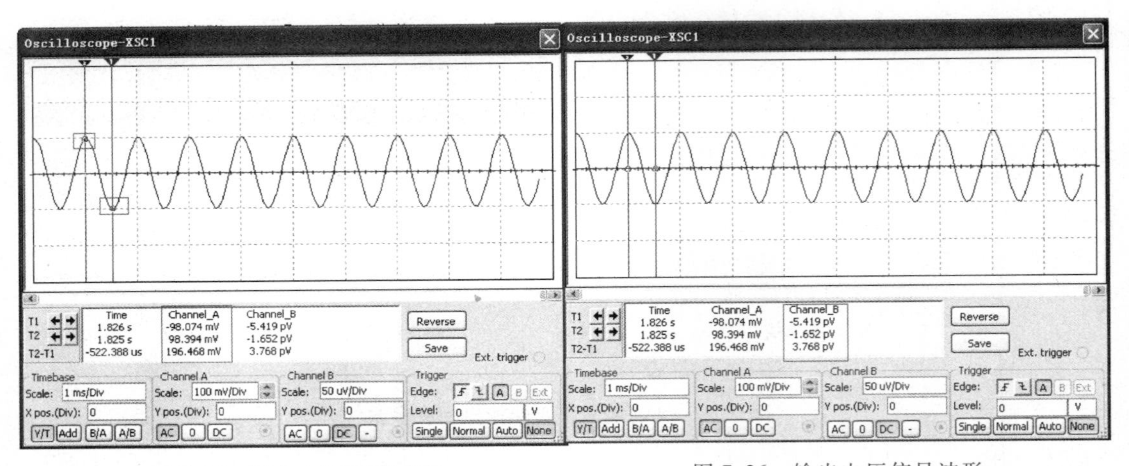

图 7.25　输入电压信号波形　　　　图 7.26　输出电压信号波形

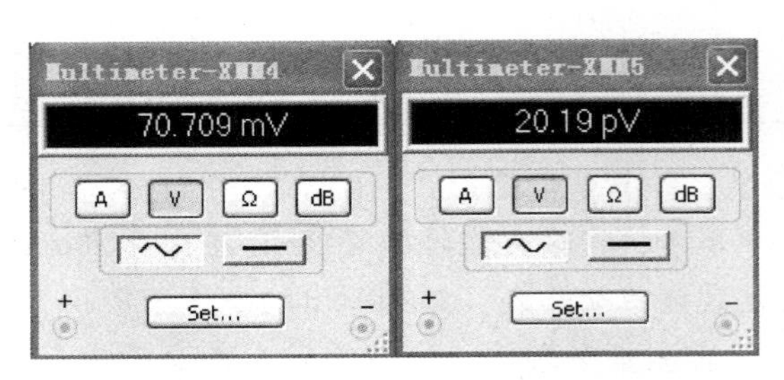

图 7.27　交流电压读数

四、实验内容与步骤

具体实验步骤如下：

1）确保 NI ELVIS Ⅱ+的电源开关处于断开状态。

2）将 NI ELVIS Ⅱ+上的原形板取下，取出 YL-NI ELVIS Ⅱ+系列实验模块转接主板，将其插在 NI ELVIS Ⅱ+上，注意检查是否接插到位。

3）实验模块转接主板接插到位后，取出课程实验模块（电流源、有源负载共射放大、有源负载差分放大电路）将其插在实验模块转接主板上，注意检查是否接插到位。

4）典型差分放大器测试。

① 测量静态工作点。

按照图 7.1 进行电路连接，如图 7.28 所示，用杜邦线实际连线图如图 7.29 所示。

图 7.28　典型差分放大电路

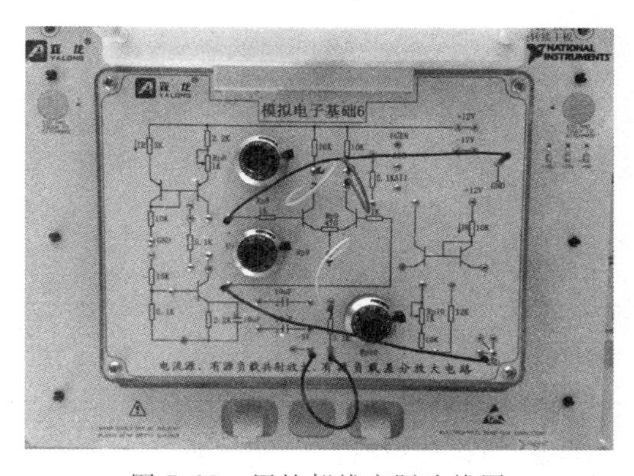

图 7.29　用杜邦线实际连线图

将差分放大电路的两个输入端先接地，即先不要接入信号源，打开可调电源[Variable Power Supplies]，将 supply+调至+12V，supply-调至-5V，如图 7.30 所示。将数

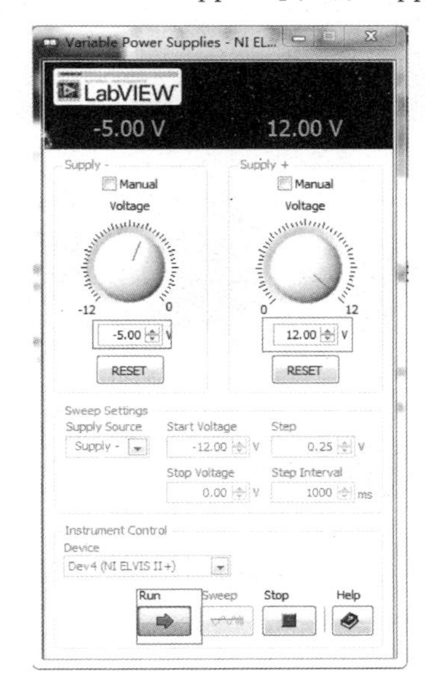

图 7.30　电源设置

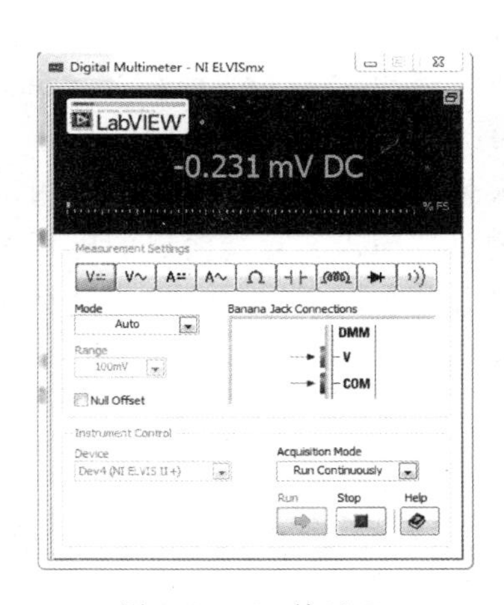

图 7.31　U_o 接近 0V

字万用表调至直流电压档，调节电位器 RP_9，使 $U_o \approx 0V$，如图 7.31 所示（由于电源的不稳定性和电位器的精密度有限，难以准确调到 0V）。然后利用数字万用表直流电流档分别测量 Q_1、Q_2 的静态工作点 I_{CQ}，如图 7.32 所示，并记录于表 7.5。

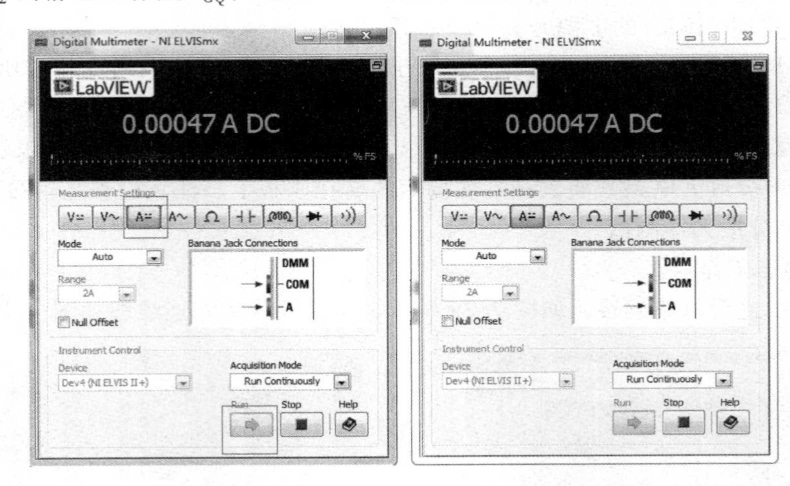

图 7.32 静态集电极电流读数

表 7.5 静态集电极电流

I_{CQ1}	I_{CQ2}	$I_{CQ3}=I_{CQ1}+I_{CQ2}$
0.47mA	0.47mA	0.94mA

② 测量差模电压放大倍数。为实验方便，测量差分放大电路的差模电压放大倍数时，采用单端输入方式。若采用双端输入的方式，信号源需接隔离变压器后再与被测电路相接，以防下一级电路对输入信号产生影响。按照图 7.1 所示的单端输入双端输出的电路连接，如图 7.33 所示，用杜邦线实际连线图如图 7.34 所示。打开函数信号发生器软面板，调节信号发生器，使之输出 V_{ipp}（峰-峰值）= 50mV、f=1kHz 的正弦波，如图 7.35 所示，将其送入差分放大电路的输入端。用示波器观测单端输入、双端输出的电压波形 V_{ipp}、V_{opp}、如图 7.36 所示，并用数字毫伏表测量单端输入和双端输出的交流有效值 U_i 和 U_o，如图 7.37 所示，填入表 7.6。计算差模电压放大倍数 $A_{Ud}=U_o/U_i$ 并填入表 7.6。

图 7.33 差分放大电路

表 7.6 单端输入、双端输出的相关参数

输入信号类型	V_{ipp}	V_{opp}	U_i	U_o	放大倍数	共模抑制比
差模信号	71.86mV	836.38mV	17.8mV	281.3mV	15.9	17
共模信号	224mV	190mV	70.8mV	65.7mV	0.93	

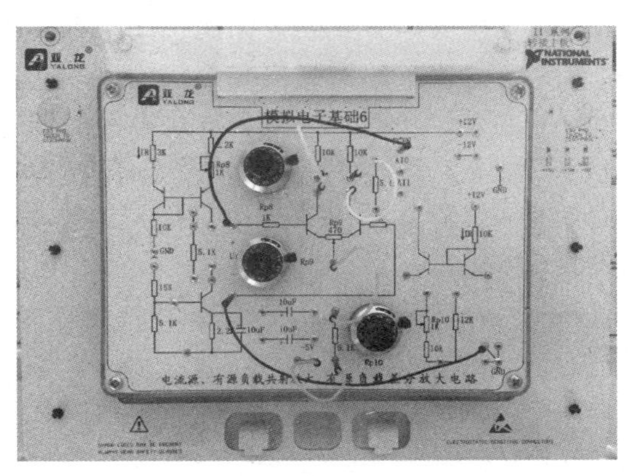

图 7.34　用杜邦线实际连线图

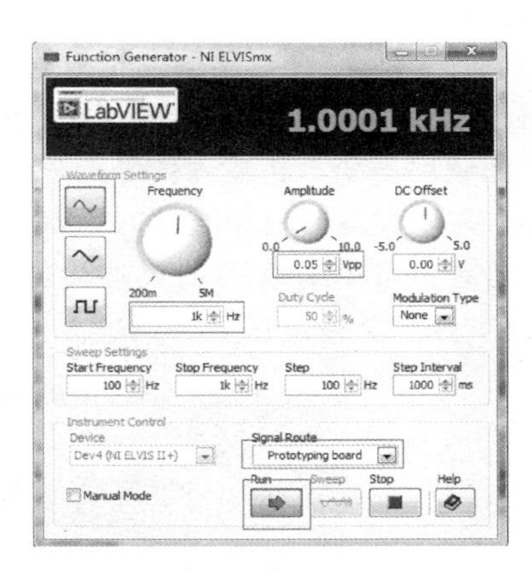

图 7.35　信号源设置

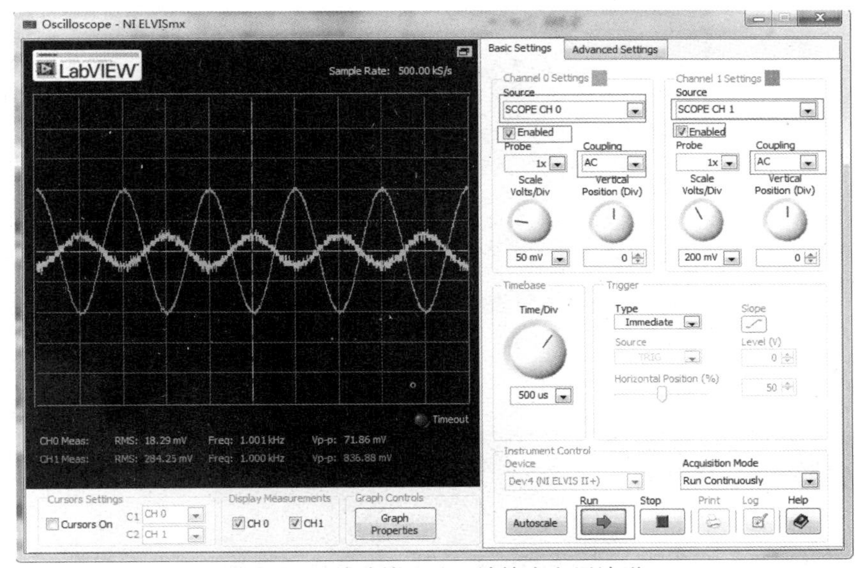

图 7.36　单端输入、双端输出电压波形

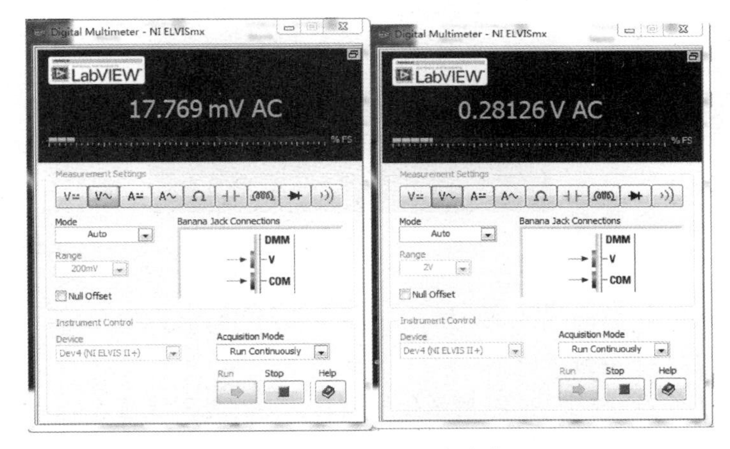

图 7.37　交流电压表读数

③ 测量共模电压放大倍数。将差分放大器的两个输入信号短路，如图 7.2 所示，电路板连接示意图如图 7.38 所示，并直接将短接在一起的输入端接到信号源的输出端。信号源频率不变，将输入信号的峰-峰值调整为 200mV 左右，将其送入差分放大电路的输入端。用示波器观测单端输入、双端输出的电压波形 V_{ipp}、V_{opp}，如图 7.39 所示，并用数字毫伏表测量单端输入和双端输出的交流电压有效值 U_i 和 U_o，如图 7.40 所示，填入表 7.6。计算共模电压放大倍数 $A_{Ud}=U_o/U_i$ 并填入表 7.6。

图 7.38　电路板连接示意图

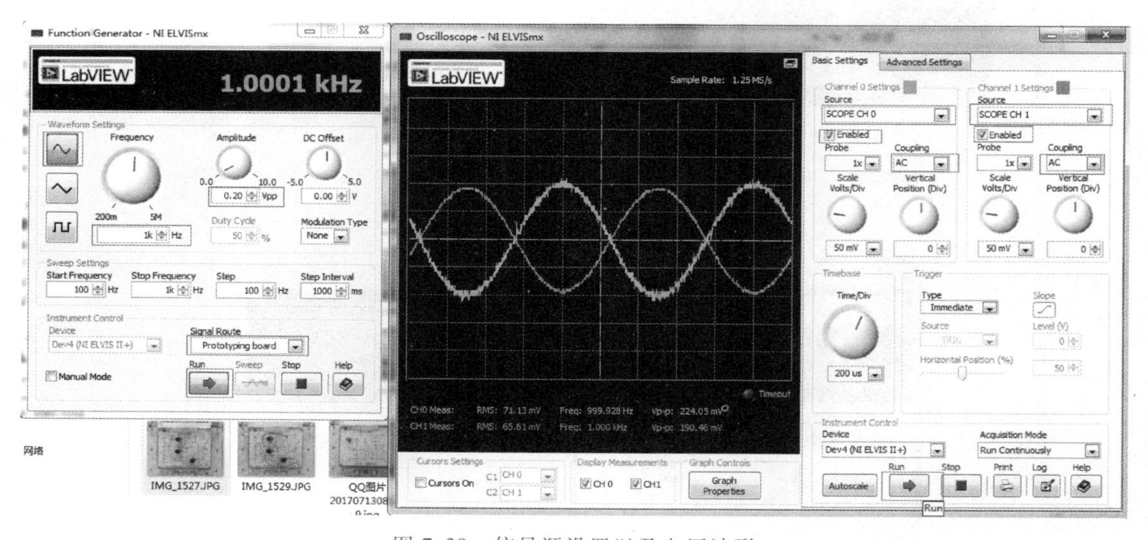

图 7.39　信号源设置以及电压波形

5）具有恒流源的差分放大电路。

① 测量静态工作点。按图 7.19 所示接好电路，注意先不要接入信号源，将可调电源软面板的 suppy+调至+12V，suppy-调至-12V，电路板连接示意图如图 7.41 所示，实际

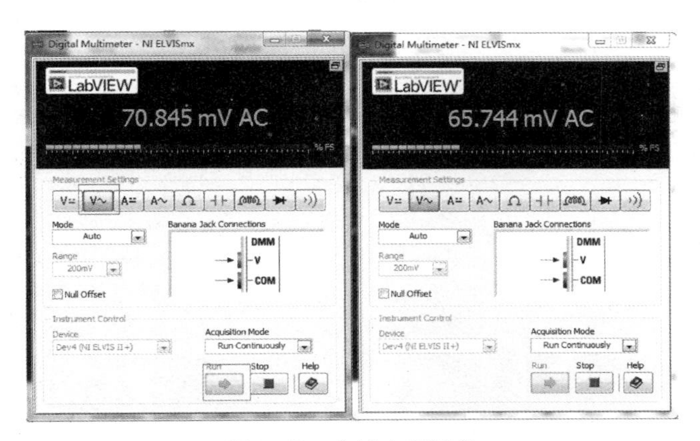

图 7.40　交流电压读数

连线图如图 7.42 所示。将数字万用表先调至直流电压档，然后测量输出电压 U_o，调整 RP_9 直到输出电压 $U_o \approx 0V$，然后将数字万用表调至直流电流档，接入电流源电路与 RP_9 之间，调整电位器 RP_{10}，使得 I_{CQ3} 与典型差分放大电路的 I_{CQ3} 一样，以使两个电路的静态工作点一致。然后测量出此时两个晶体管的静态集电极电流 I_{CQ1}、I_{CQ2}，将这三个物理量填入表 7.7。

表 7.7　静态集电极电流

I_{CQ1}	I_{CQ2}	$I_{CQ3}=I_{CQ1}+I_{CQ2}$
0.47mA	0.47mA	0.94mA

② 测量差模放大倍数。按照图 7.19 所示的单端输入双端输出的电路连线，电路板示意图如图 7.43 所示，实际连线图如图 7.44 所示。调节信号发生器，使之输出 V_{ipp}（峰-峰值）= 50mV、f= 1kHz 的正弦波，将其送入差分放大电路的输入端。用示波器观测单端输入、双端输出的电压波形 V_{ipp}，V_{opp}，如图 7.45 所示，并用数字毫伏表测量单端输入和双端输出的交流电压有效值 U_i 和 U_o，如图 7.46 所示，填入表 7.8。计算差模电压放大倍数 $A_{Ud}=U_o/U_i$，并填入表 7.8。

图 7.41　差分放大调零电路电路板连接示意图

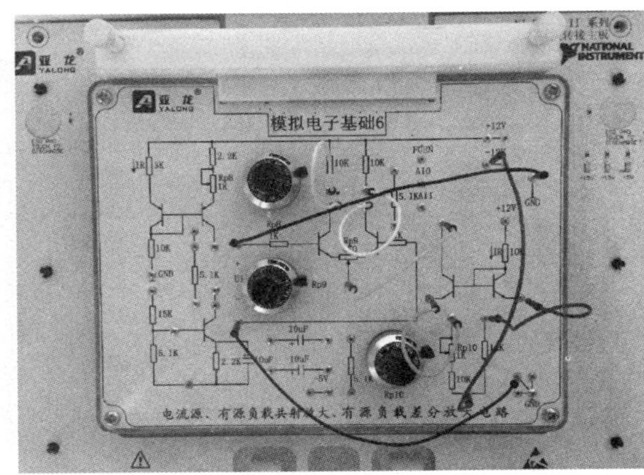

图 7.42　差分放大调零电路实际连线图

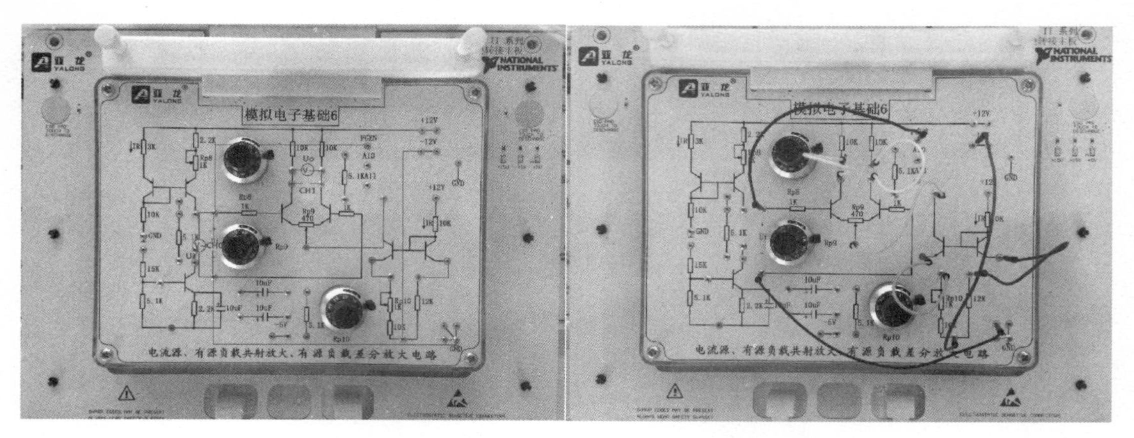

图 7.43　差模输入差分放大电路电路板示意图

图 7.44　差模输入差分放大电路实际连线图

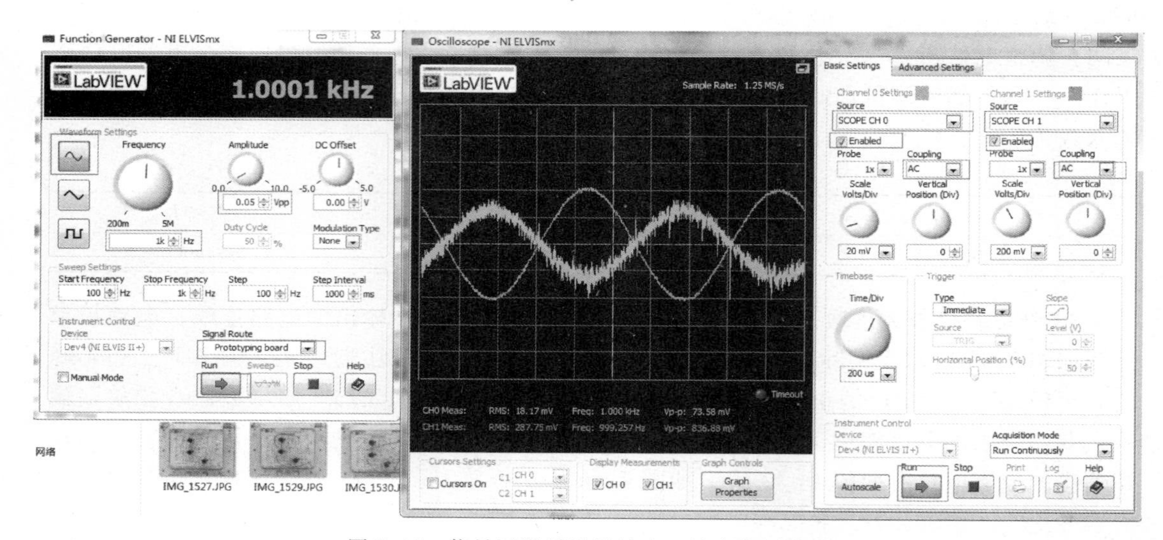

图 7.45　信号源设置以及输入、输出电压波形

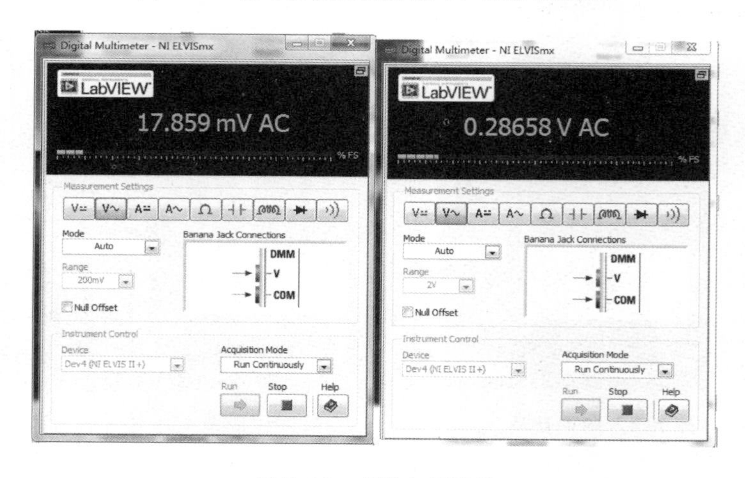

图 7.46　交流电压读数

表 7.8　单端输入、双端输出的相关参数

输入信号类型	V_{ipp}	V_{opp}	U_i	U_o	放大倍数	共模抑制比
差模信号	73.6mV	836.9mV	17.9mV	287mV	16	12.3
共模信号	228.3mV	270.9mV	70.9mV	92.3mV	1.3	

③ 测量共模放大倍数。除其他电路形式同图 7.19 一样外，将输入信号改成如图 7.47 所示的接法。信号源频率不变，将输入信号的峰-峰值调整为 200mV，将其送入差分放大电路的输入端。用示波器观测单端输入、双端输出的电压波形 V_{ipp}、V_{opp}，如图 7.48 所示，并用数字毫伏表测量单端输入和双端输出的交流电压有效值 U_i 和 U_o，如图 7.49 所示，填入表 7.8。计算共模电压放大倍数 $A_{Ud}=U_o/U_i$，并填入表 7.8。

图 7.47　差分放大电路连接图

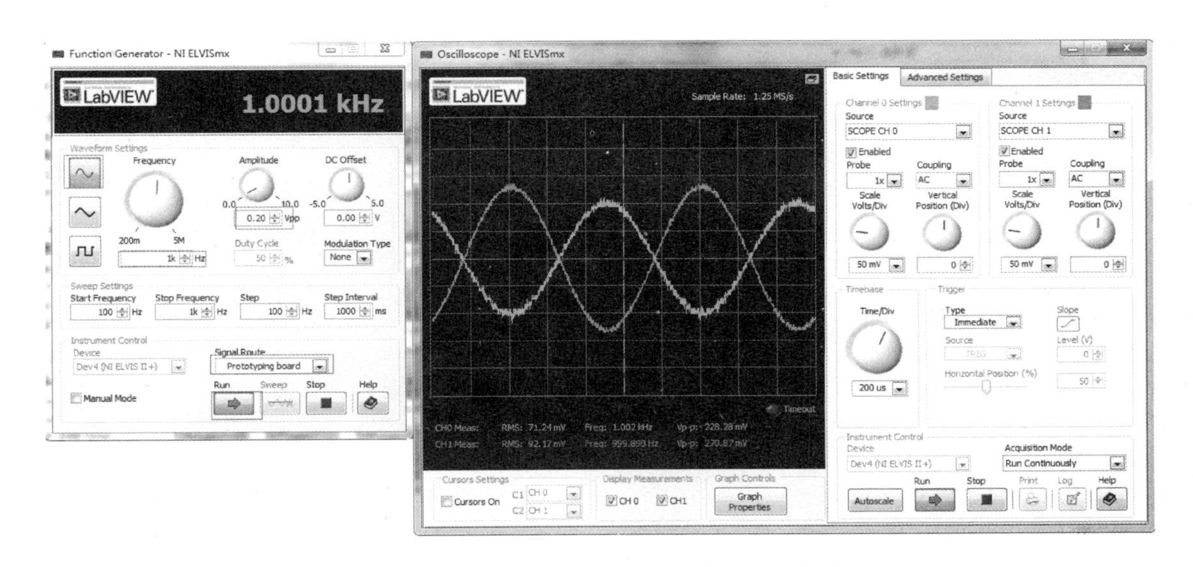

图 7.48　信号源设置以及输入、输出电压波形

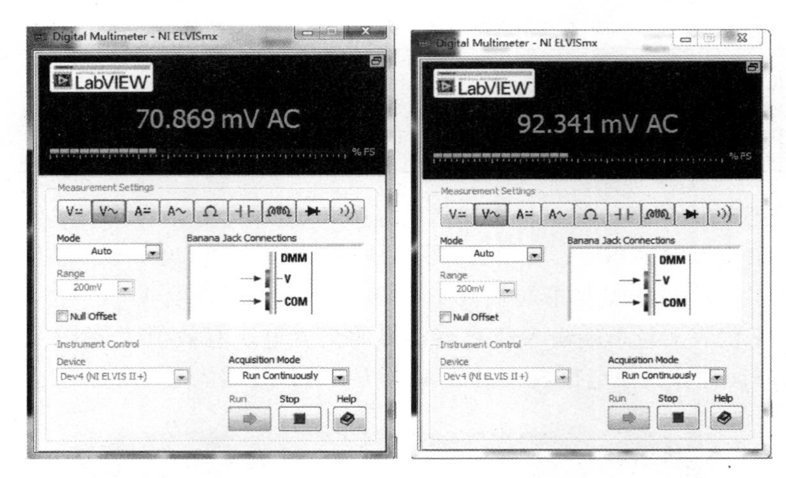

图 7.49　交流电压读数

由表 7.6 以及表 7.8 可知，理论上差分放大电路共模抑制比应该是很大的，但是实际中如果两只晶体管的对称性不好，将严重影响该电路的抑制共模信号的能力，此外用恒流源电路取代发射极电阻 R_e 后共模抑制比应该显著提高，然而晶体管的不对称性导致这个性能指标变得更加恶劣。

实验项目八

集成运算放大器的参数测试

一、实验项目目的

1）了解集成运算放大器主要参数的定义。

2）了解集成运算放大器输入失调电压、输入失调电流的测试方法。

3）了解运算放大器共模抑制比（CMRR）的测试方法。

二、实验所需模块与元器件

1）信号的运算和处理模块。

2）杜邦线若干。

三、实验原理与电路仿真

（一）实验原理

1. 运算放大电路的结构

先来了解所用运算放大器各引脚的排列顺序及作用。目前集成运算放大器有双列直插式和圆管封装式两种，本项目采用双列直插式的 LM324 集成运算放大器，其引脚排列和内部电路图如图 8.1、图 8.2 所示。由图 8.1 可知，LM324 由四个独立的高增益、内部频率补偿的运算放大器组成，不仅能在双电源下工作（±1.5～±15V），也可以在宽电压范围的单电源下工作（3～30V），它具有输出电压幅值大、电源功耗小等特点。

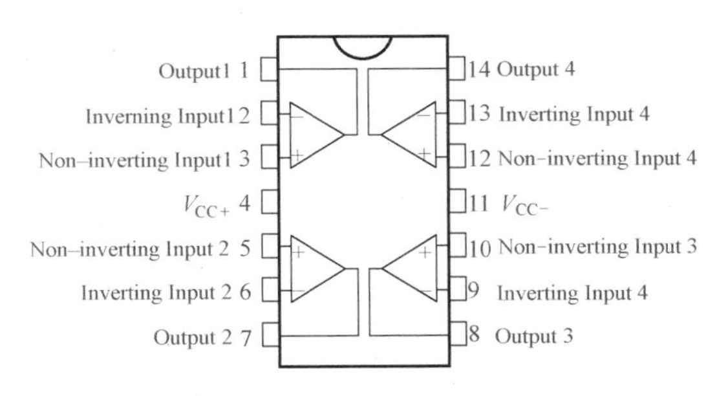

图 8.1 LM324 集成运算放大器引脚排列

2. 测试运算放大器的传输特性及输出电压的动态范围

输出电压的动态范围是指在不失真条件下所能达到的最大幅度。为了测试方便，在一般情况下就用其输出电压的最大摆幅（最大输出电压与最小输出电压的差值）U_{opp} 当作运

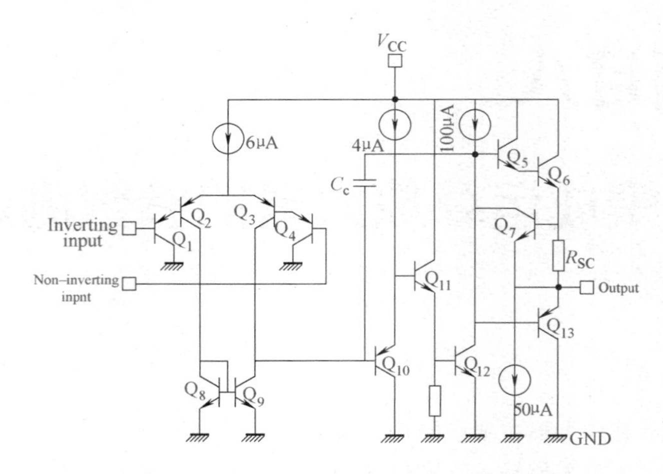

图 8.2 LM324 集成运算放大器内部电路图

算放大器的最大动态临界值。其测试电路如图 8.3 所示。图中 U_i 为正弦信号，当接入负载 $R_L=5.1\text{k}\Omega$ 后，逐步加大输入信号 U_i 的幅值，直至示波器上输出电压的波形顶部或底部出现削波为止。此时的输出幅值电压 U_{opp} 就是运算放大器的最大摆幅。若将 U_i 送入示波器的通道 CH_1，U_o 送入示波器的 CH_2，则可观察到运算放大器的传输特性，并可测出 U_{opp} 的大小。U_{opp} 与负载电阻 R_L 有关，不同的 R_L，U_{opp} 也不相同。根据已知的 R_L 和 U_{opp}，我们可以求出运算放大器的输出电流的最大幅值：$I_{opp}=U_{opp}/R_L$。运算放大器的 U_{opp} 除与 R_L 有关外，还与电源电压 $\pm V_{CC}$ 和输入信号的频率有关。随着电源电压的降低和频率的升高，U_{opp} 将降低。如果示波器显示出运算放大器的传输特性是正常的，即表明该放大器是好的，可以进一步测试运算放大器的其他几项参数。这里的传输特性是指在没有发生输出波形失真的情况下，$U_o\approx(1+10/5.1)U_i\approx2.96U_i$。

3. 测输入失调电压 U_{io}

输入失调电压的定义是当输入电压为零时，使放大器输出电压为零时在输入端所必须引入的补偿电压。根据定义，测试电路如图 8.4 所示。测得此时的输出电压为 U_{o1}，因为闭环电压放大倍数为 $A_{Uf}=U_{o1}/U_{io}=1+R_f/R_1$，所以输入失调电压 $U_{io}=U_{o1}/\left(1+\dfrac{R_f}{R_1}\right)$。

4. 测输入失调电流 I_{io}

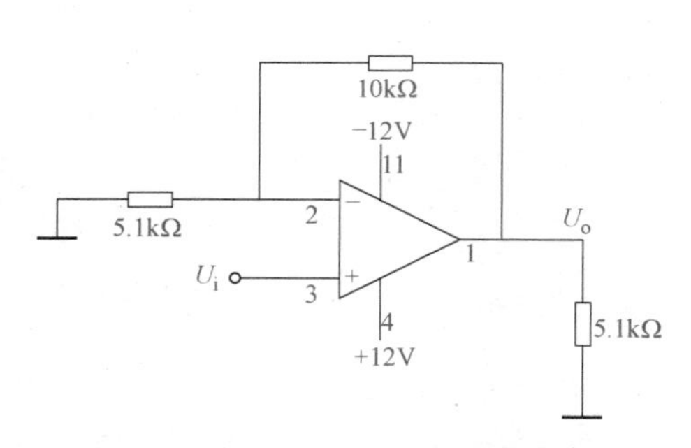

图 8.3 用于测试输出电压最大摆幅的同相比例放大电路

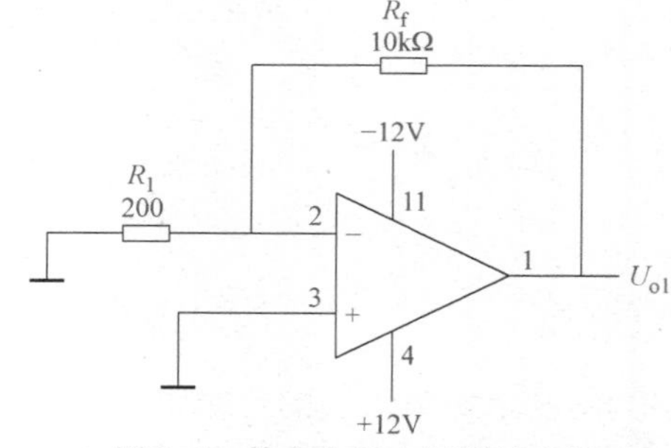

图 8.4 输入失调电压测试电路

输入失调电流是指输出端为零电平时，两输入端基极电流的差值，用 I_{io} 表示。I_{io} 的存在将使输出端零点偏离，且信号源阻抗越高，对输入失调电流的影响越严重。测试电路如图 8.5 所示，用万用表测出此时该电路的输出电压 U_{o2}，则：$U_{o2}=(1+R_f/R_1)(U_{io}+I_{io}(R_2//R_3))=(1+R_f/R_1)I_{io}+(1+R_f/R_1)I_{io}(R_2//R_3)$，令 $G=(1+R_f/R_1)$，则：$I_{io}=(U_{o2}-GU_{io})/[(R_2//R_3)G]$

5. 测试共模抑制比 CMRR

根据定义，运算放大器的 CMRR 等于放大器的差模电压放大倍数 A_{Ud} 和共模电压放大倍数 A_{Uc} 之比，这个参数是通过输入共模电压的改变量 ΔU_{com} 与由此引起的输入失调电压的改变量 ΔU_{io} 之比来测定的。由于共模输入电压会影响到运算放大器输入差分对管的偏置点，而输入差分对管又不完全对称，这就使得偏置点的改变会引起失调电压的改变，进而引起输出电压的改变，这个参数的实际计算方法是 CMRR（V/V）$=\Delta U_{io}/\Delta U_{com}$，或者 CMRR（dB）$=20\lg|\Delta U_{io}/\Delta U_{com}|$。

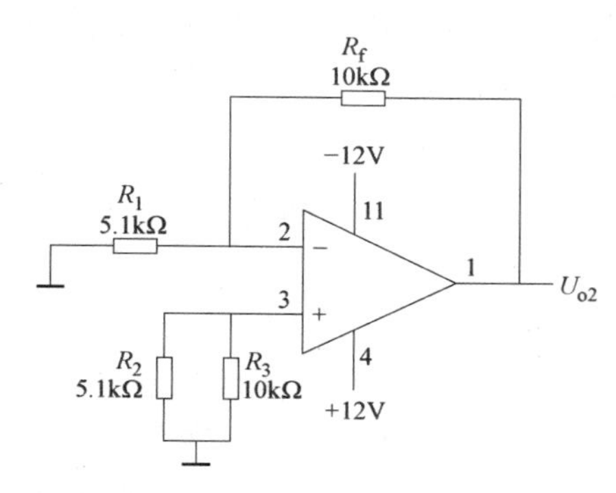

图 8.5　输入失调电流测试电路

运算放大器工作在闭环的差分放大电路状态，根据两次所测变化量即可求出共模抑制比：CMRR(dB)$=20\lg|(U_{io2}-U_{io1})/(U_{com2}-U_{com1})|$(dB)。为保证测量精度，必须尽量使 $R_1=R_2=R_3=R_f$，否则会造成较大的测量误差。运算放大器的共模抑制比 CMRR 越高，对电阻精度要求也就越高。经计算，如果运算放大器的 CMRR = 80dB，允许误差为 5%，则电阻相对误差 $(\Delta R_1/R_1)\times100\%\leq0.1\%$。

（二）电路仿真

具体电路仿真步骤如下：

1）打开计算机中电工电子电路仿真软件 Multisim，单击［File］→［New］→［Blank］→［Create］新建一个空白的图样。

2）右击图样空白区域选择［Place Component］，打开［Select a Component］对话框，在［Group］下拉菜单中选择［Analog］，在［Family］选项框中选择［All Families］，在［Component］下搜索 LM324AD，把［LM324AD］放在图样上，如图 8.6 所示。

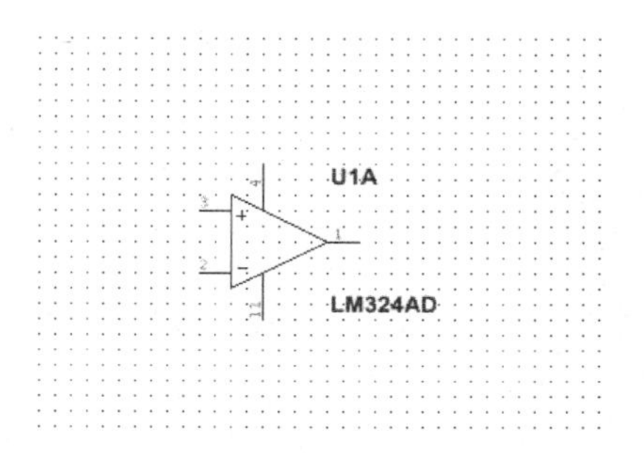

图 8.6　放置运算放大器

3）同理打开［Select a Component］对话框，在［Group］下拉菜单中选择［Basic］，在［Family］选项框中选择［RESISTOR］，参照图 8.3 中各电阻的阻值选择适合的电阻，放置在图样上。在［Family］下的［POTENTIOMETER］中选择电位器，如图 8.7 所示。

4）在［Select a Component］对话框中的［Group］下拉菜单中选择［Sources］，在［Family］选项框中选择［POWER_ SOURCES］，分别在右边的［Component］选项框中

选择［VCC］（设置为12V）和［VEE］（设置为-12V）、［GROUND］放置在图样上，如图8.8所示。

5）在［Select a Component］对话框中的［Group］下拉菜单中选择［All Group］，在［Family］选项框中选择［All Families］，在［Component］下搜索AC_ VOLTAGE，把［AC_ VOLTAGE］放在图样上，如图8.9所示。交流信号源参数设置如图8.10所示。

6）在Multisim界面右边的虚拟仪器工具栏中选择［Oscilloscope］放置在图样上，如图8.11所示。

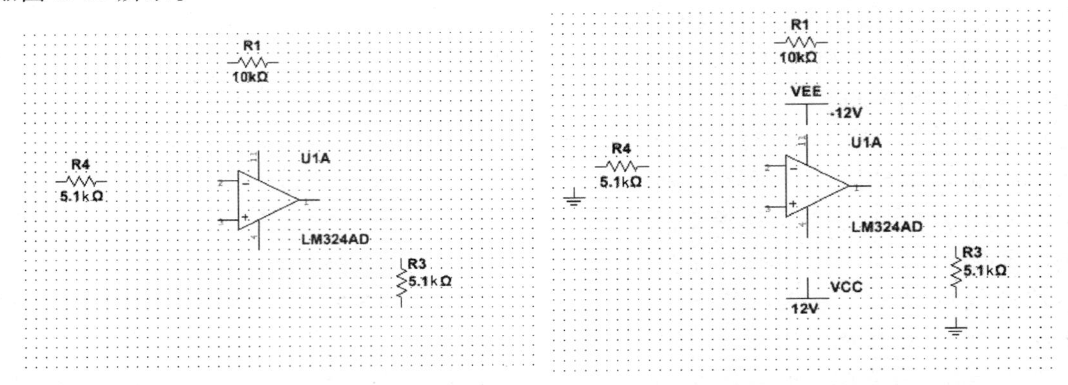

图8.7 放置电阻

图8.8 放置电源

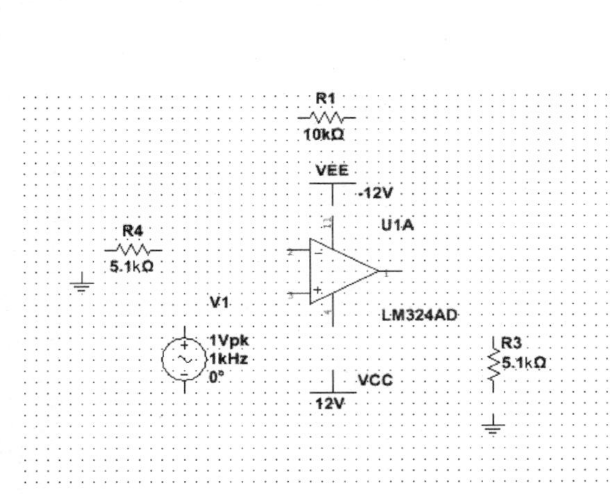

图8.9 放置输入交流信号源

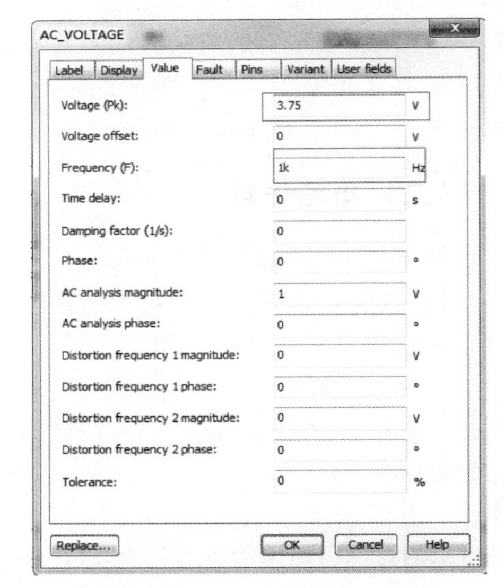

图8.10 交流信号源参数设置

7）将所摆放的元器件按图8.3所示电路进行连接，连接好的放大仿真电路如图8.12所示。

8）打开示波器面板，观察运算放大器的传输特性（电压放大倍数）。适当加大输入信号的幅值，传输特性曲线出现上、下削波，如图8.13所示，则可在示波器上读出此时输出电压的最大幅值电压V_{opp}，并将数值结果填入表8.1。

表8.1 仿真数值结果

$U_{opp}(R_L=5.1k\Omega)$	U_{io}	I_{io}	CMRR
21.5V	-0.18mV	1.28nA	69.8dB

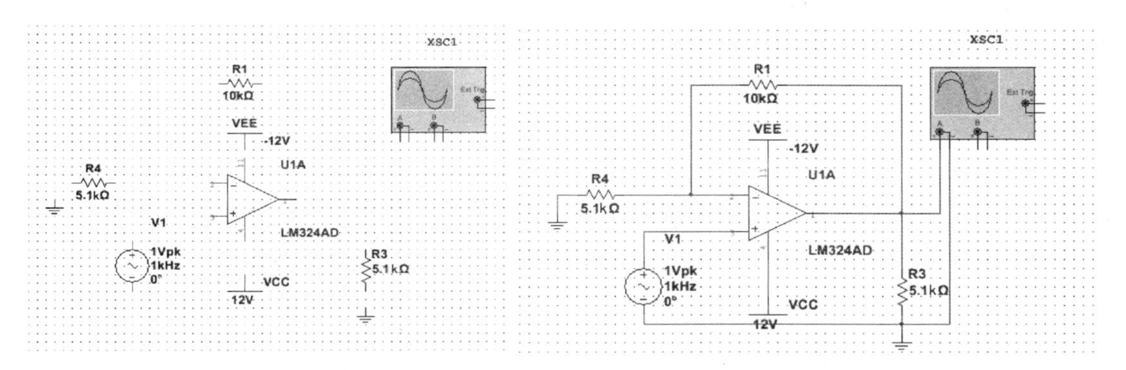

图 8.11　放置示波器

图 8.12　同相比例放大仿真电路

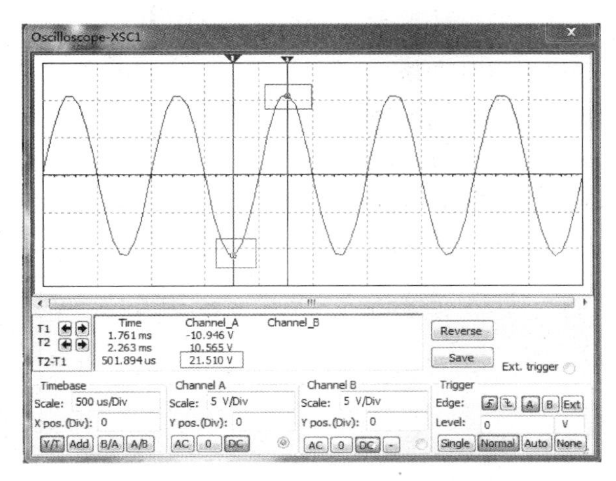

图 8.13　运算放大器的传输特性

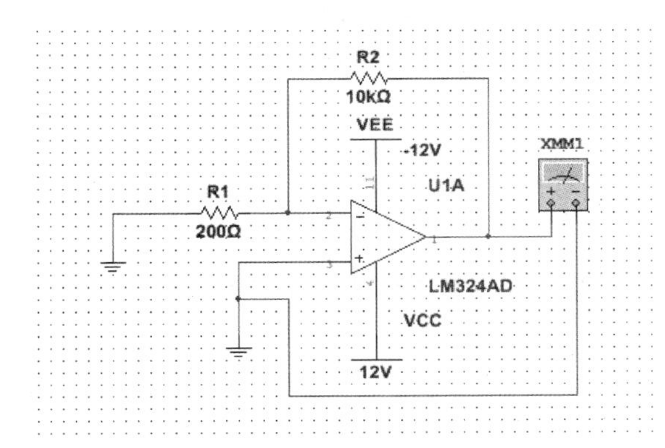

图 8.14　测量输入失调电压的仿真电路

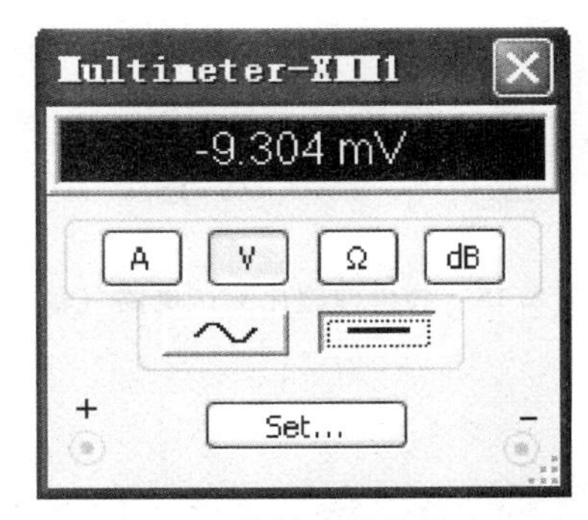

图 8.15　运算放大器的输出电压

9）将仿真电路修改成如图 8.14 所示电路，打开数字万用表面板，调至直流电压档测量运算放大器的输出电压，如图 8.15 所示，记为 $U_{o1}=-9.3\text{mV}$。根据运算放大器的输入失调电压 $U_{io}=U_{o1}/\left(1+\dfrac{R_2}{R_1}\right)$ 公式，计算出 U_{io}，并将其数值填入表 8.1。

10）测量输入失调电流 I_{io}。将仿真电路修改成如图 8.16 所示电路，用数字万用表测输出电压，待电压稳定后，$U_{o2}=-520.58\mu\text{V}$，如图 8.17 所示，根据计算公式输入失调电

流 $I_{io}=(U_{o2}-GU_{io})/[(R_4//R_3)G]$，其中 $G=1+R_2/R_1$，计算出 I_{io}，其中 U_{io}为步骤 9）中计算的失调电压。

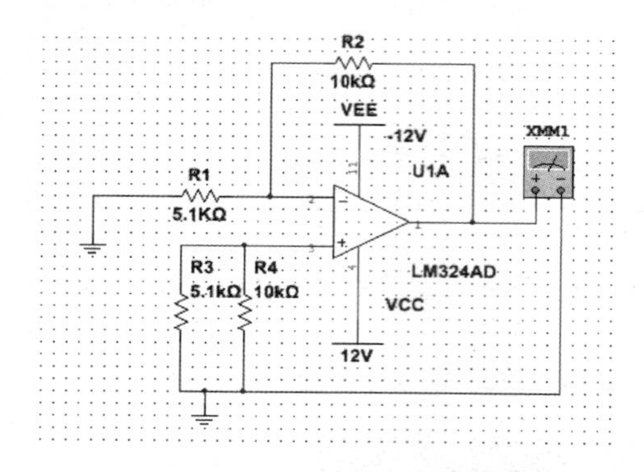

图 8.16　测量输入失调电流仿真电路

图 8.17　输出电压

11）测运算放大器的共模抑制比 CMRR

实验电路如图 8.18 所示，仿真电路连接如图 8.19 所示。用数字万用表直流电压档测出此时由共模输入信号引起的失调电压 $U_{io1}=-175.112\mu V$（XMM1 处所测量的电压）以及运算放大器此时的共模输入电压 $U_{cm1}=-78.781\mu V$（XMM2 处所测量的电压），如图 8.20 所示。

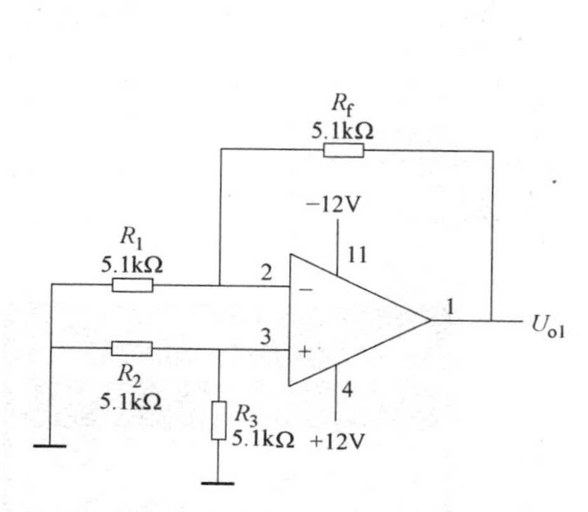

图 8.18　共模抑制比测试电路（输入信号接地）

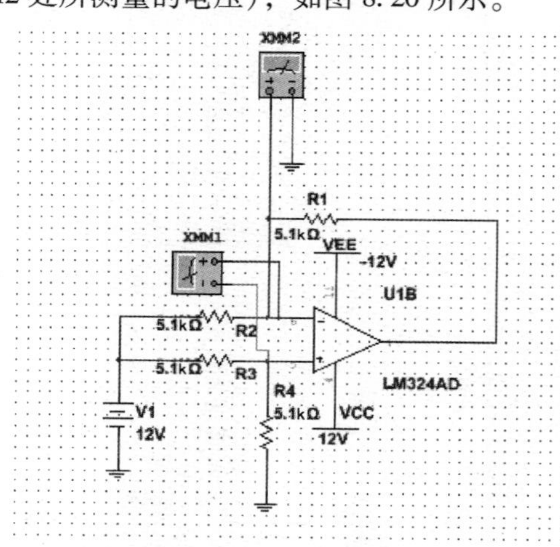

图 8.19　测共模抑制比仿真电路（输入信号接地）

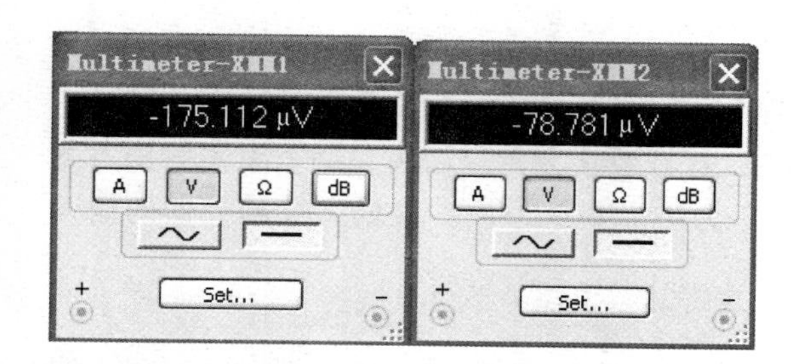

图 8.20　失调电压及共模输入电压（输入信号接地）

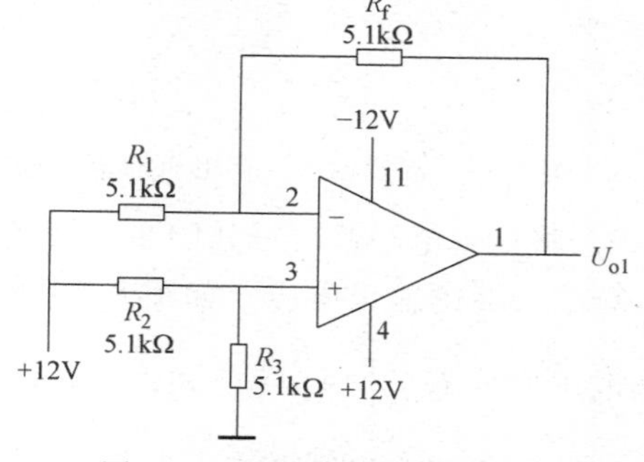

图 8.21　共模抑制比测试电路
（输入信号接直流+12V）

放大电路如图 8.21 所示，仿真电路连接如图 8.22 所示。用数字万用表直流电压档测出 $U_{io2}=-2.127\text{mV}$(XMM1)、$U_{cm2}=5.998\text{V}$（XMM2），如图 8.23 所示。

根据共模抑制比计算公式将计算结果填入表 8.1。

由表 8.1 可知，仿真结果在技术文档相关范围内。

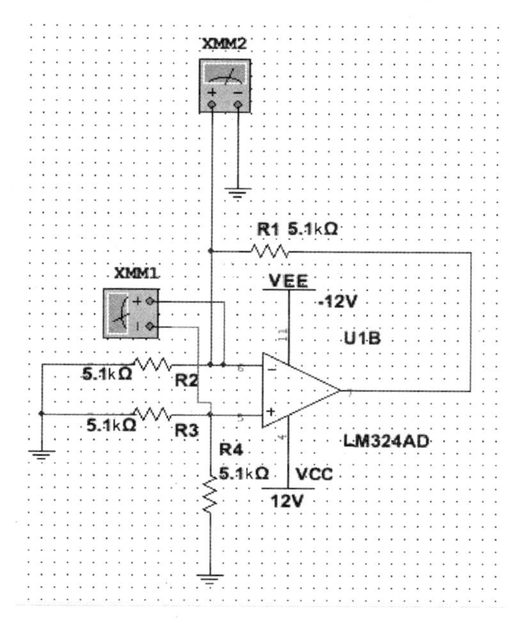

图 8.22　测共模抑制比仿真电路（输入信号接直流+12V）

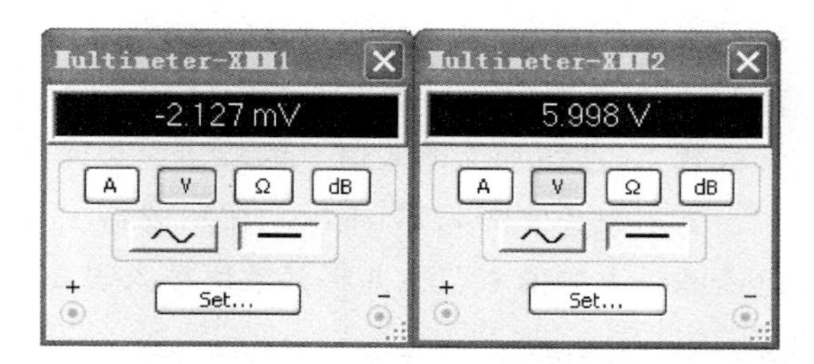

图 8.23　失调电压及共模输入电压（输入信号接直流+12V）

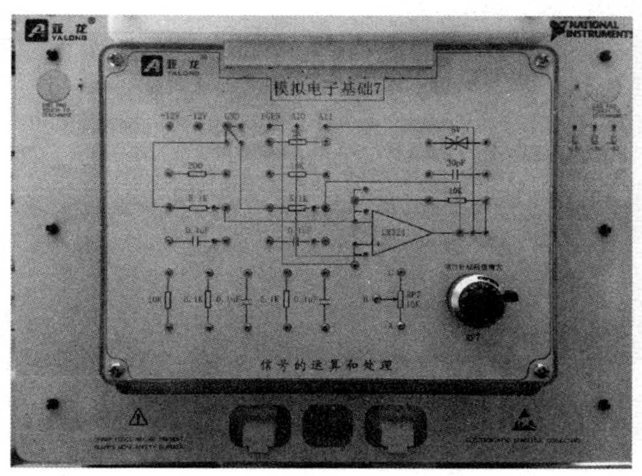

图 8.24　同相比例放大电路

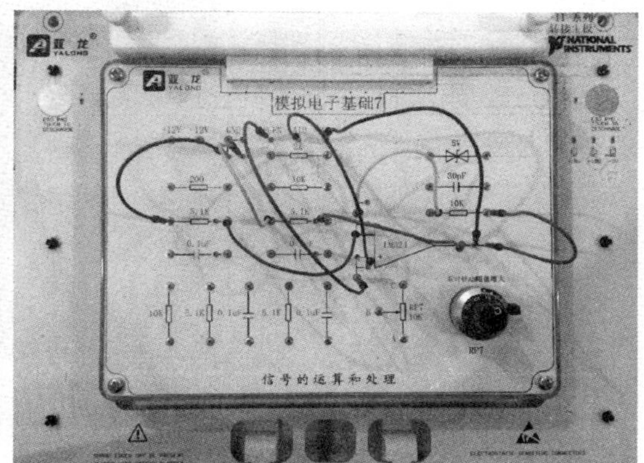

图 8.25　同相比例放大电路实际连线图

四、实验内容与步骤

具体实验步骤如下：

1）确保 NI ELVIS Ⅱ+的电源开关处于断开状态。

2）将 NI ELVIS Ⅱ+上的原形板取下，取出 YL-NI ELVIS Ⅱ+系列实验模块转接主板，将其插在 NI ELVIS Ⅱ +上，注意检查是否接插到位。

3）实验模块转接主板接插到位后，取出课程实验模块（信号的运算和处理）将其插在实验模块转接主板上，注意检查是否接插到位。

4）测试运算放大器的传输特性及输出电压的最大幅值电压 U_{opp}。按照图 8.3 进行电路连接，如图 8.24 所示，用杜邦线实际连线图如图 8.25 所示。检查无误后，打开可调电源面板［Variable Power Supplies］，将 supply+调至+12V，supply-调至-12V，如图 8.26 所示。

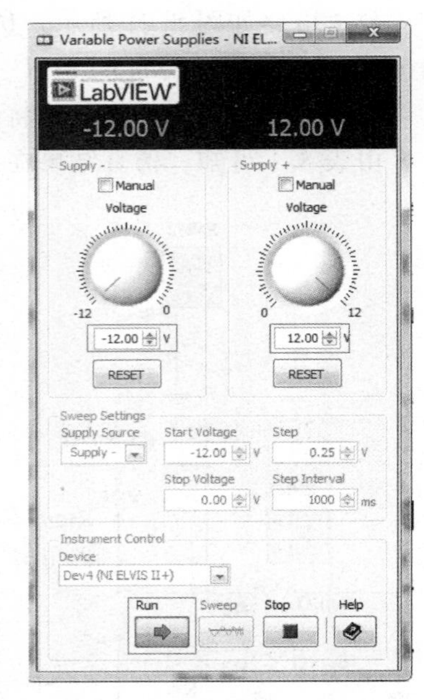

图 8.26　直流可调电源设置

5）打开函数信号发生器面板，从信号发生器输出 f=1kHz 的正弦波电压信号接到电路的输入端 U_i，打开示波器面板，将 U_i 送至示波器的 AI 0 端口，输出 U_o 接到示波器的 AI 1 端口，观察运算放大器的传输特性（电压放大倍数）。适当加大输入信号的幅值，传输特性曲线出现上、下削波，如图 8.27 所示。在示波器上读出此时输出电压的最大幅值 U_{opp}，并将其数值填入表 8.2。

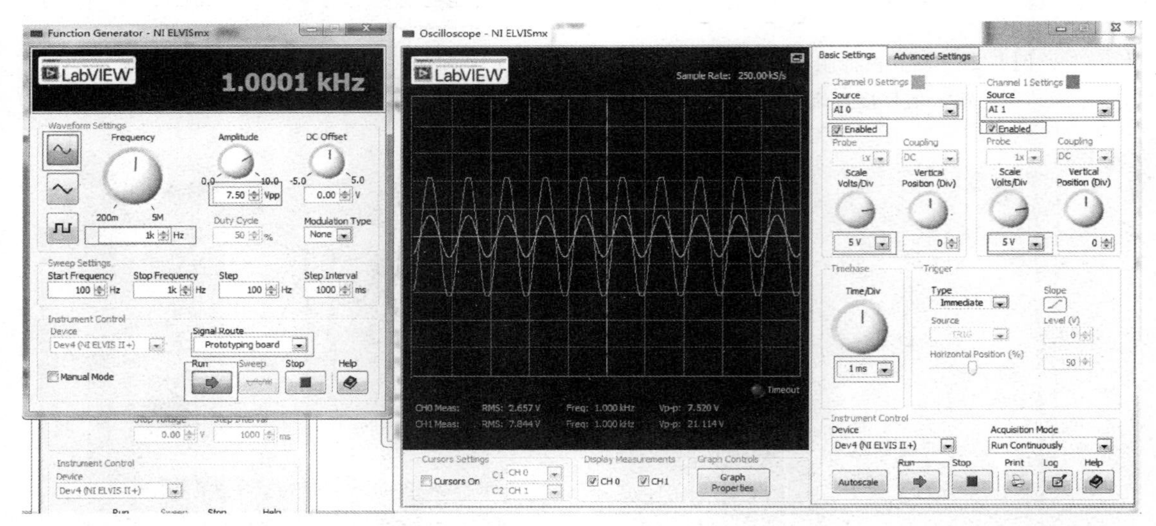

图 8.27　信号源设置以及输出信号波形

6）测试电路如图 8.28 所示，实际连线图如图 8.29 所示，打开数字万用表面板，调至直流电压档测量运算放大器的输出电压，如图 8.30 所示，记为 U_{o1} = -4.826mV。根据图 8.4 运算放大器的输入失调电压 $U_{io} = U_{o1} / \left(1 + \frac{R_f}{R_1}\right)$，并将其计算结果填入表 8.2。

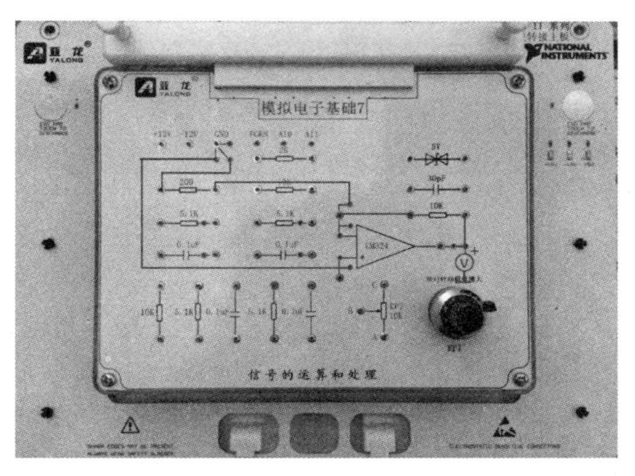

图 8.28　输入失调电压测试电路

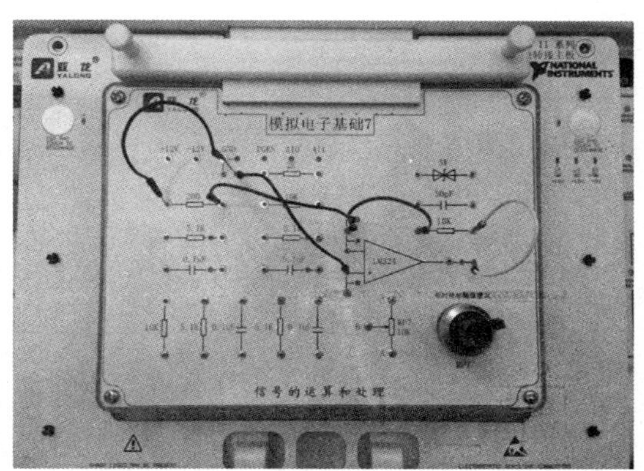

图 8.29　输入失调电压实际连线图

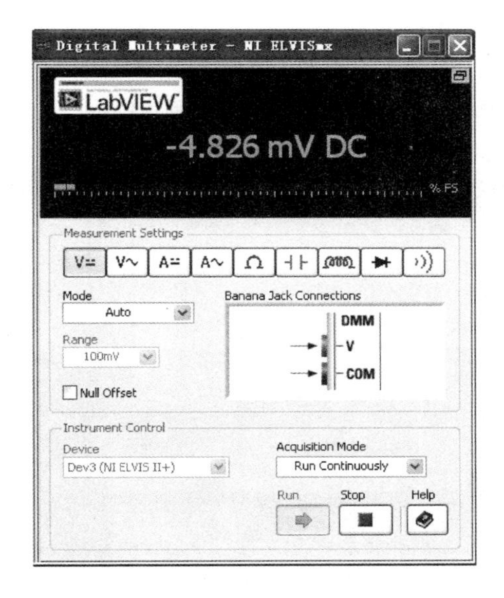

图 8.30　运算放大器的输出电压

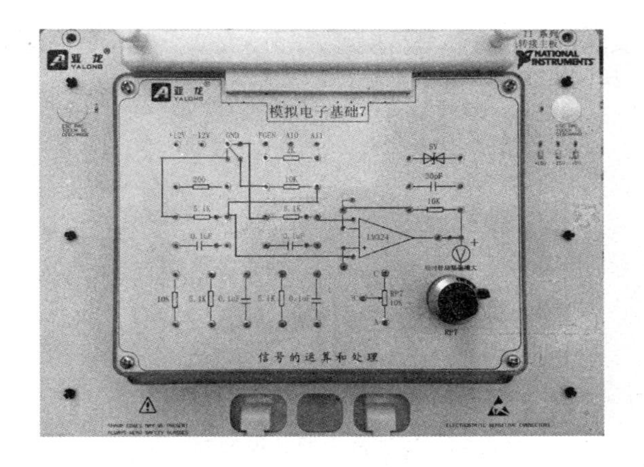

图 8.31　输入失调电流测试电路

7）测量输入失调电流 I_{io}。测试电路如图 8.31 所示，实际连线图如图 8.32 所示，用数字万用表测量输出电压，待电压稳定后，记为 $U_{o2}=0.105\text{mV}$，如图 8.33 所示。根据图 8.5 计算公式计算输入失调电流 $I_{io}=(U_{o2}-GU_{io})/(R_2//R_3G)$，其中 U_{io} 为步骤 6）中计算的失调电压，$G=1+R_f/R_1$。

8）测量运算放大器的共模抑制比 CMRR

① 测试电路如图 8.18 所示，电路连接如图 8.34 所示，实际连线图如图 8.35 所示。用数字万用表直流电压档测出 $U_{io1}=-75\mu\text{V}$、$U_{cm1}=1.855\text{mV}$，如图 8.36 所示。

② 放大电路如图 8.21 所示，电路连接如图 8.37 所示，实际连线如图 8.38 所示。用数字万用表直流电压档测出 $U_{io2}=151\mu\text{V}$、$U_{cm2}=5.99\text{V}$，如图 8.39 所示。

③ 共模抑制比：$\text{CMRR}(\text{dB})=20\lg|(U_{io2}-U_{io1})/(U_{com2}-U_{com1})|(\text{dB})$，将计算结果填入表 8.2。

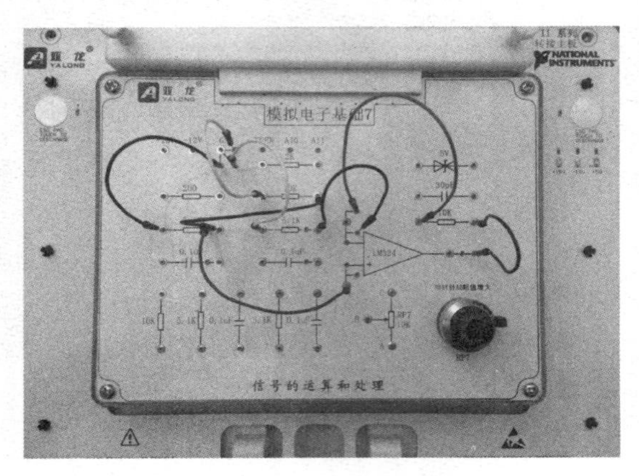

图 8.32　输入失调电流测试实际连线图

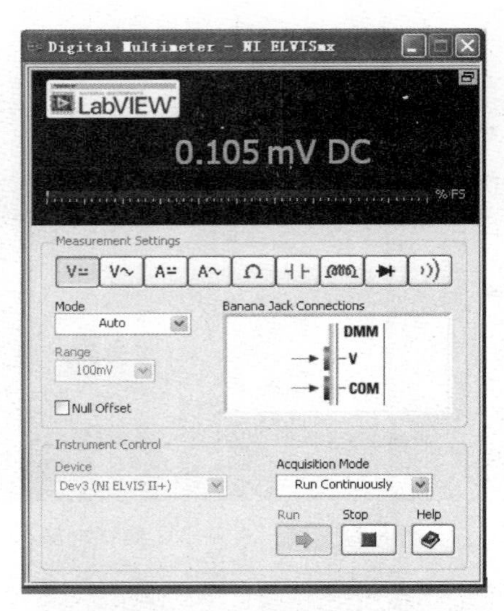

图 8.33　测量输入失调电流时稳定状态下的输出电压

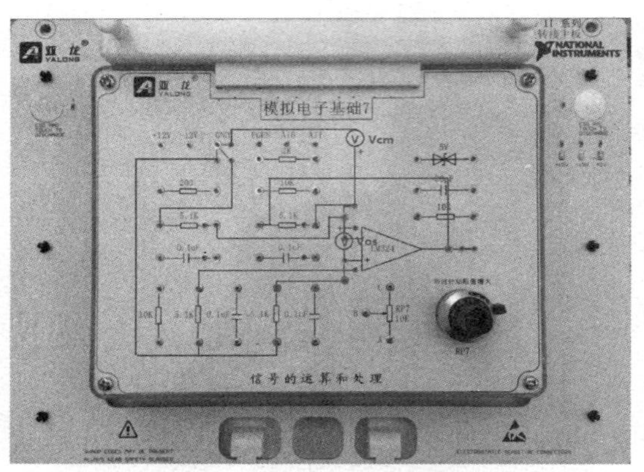

图 8.34　运算放大器共模抑制比测试电路（输入信号接地）

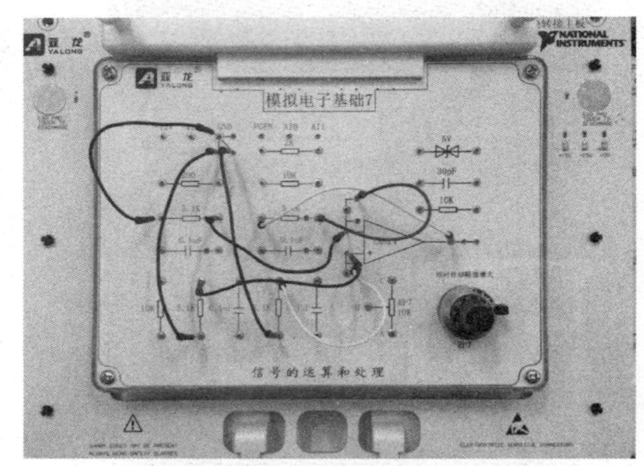

图 8.35　测量运算放大器共模抑制比的实际连线图（输入信号接地）

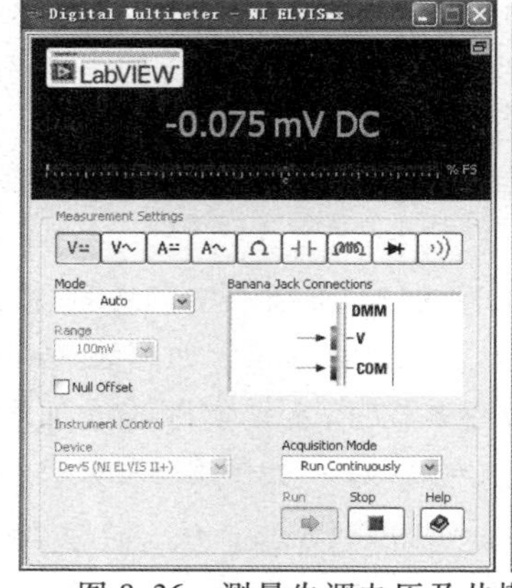

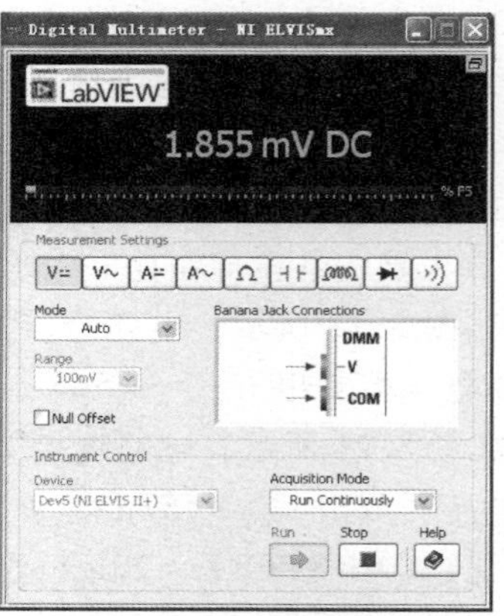

图 8.36　测量失调电压及共模输入电压（输入信号接地）

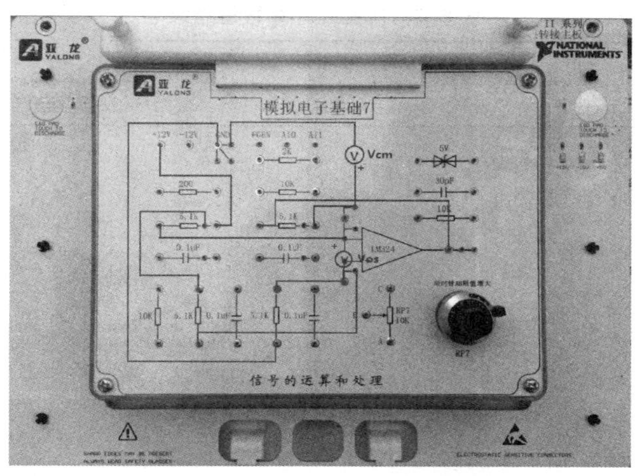

图 8.37　共模抑制比测试电路（输入信号接直流+12V）

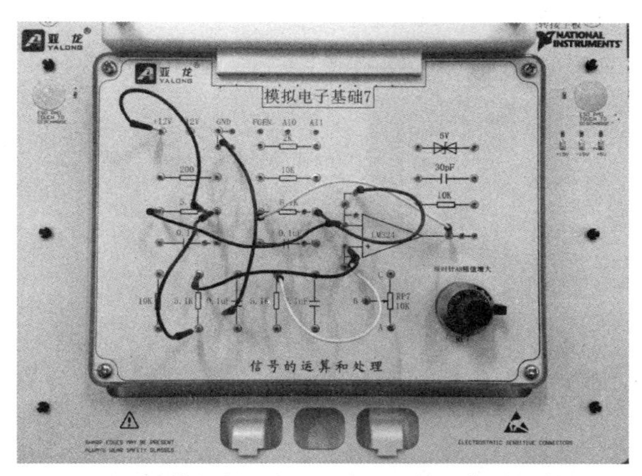

图 8.38　测量共模抑制比实际连线图（输入信号接直流+12V）

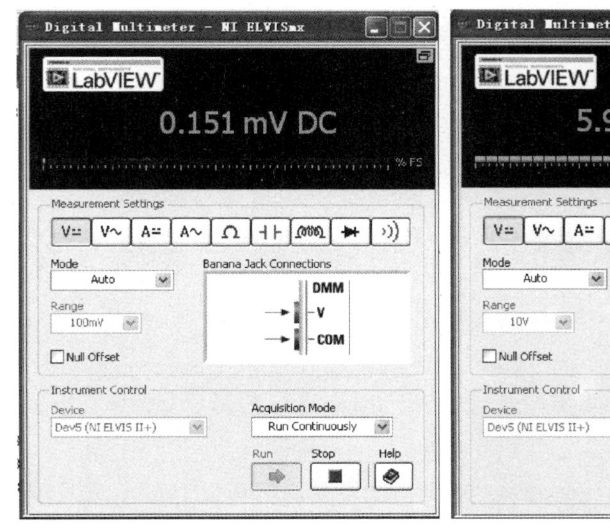

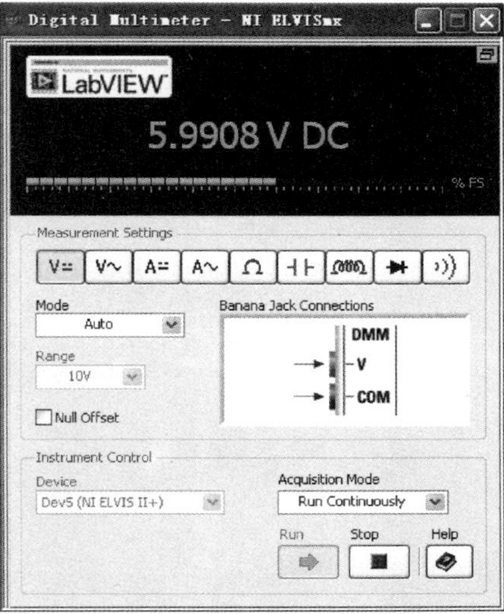

图 8.39　失调电压及共模输入电压（输入电压接直流+12V）

表 8.2 测试及计算数值结果

$U_{opp}(R_L=5.1k\Omega)$	U_{io}	I_{io}	CMRR
21.114V	-0.09mV	16.07nA	88.5dB

由表 8.2 可知，实验结果在技术文档相关范围内。

实验项目九

信号的运算电路

一、实验项目目的

1）掌握集成运算放大器的正确使用方法。

2）掌握用集成运算放大器构成各种基本运算电路的方法。

3）会正确使用虚拟示波器 DC、AC 输入方式观察波形的方法。重点掌握积分、微分器输入、输出波形的测量和描绘。

二、实验所需模块与元器件

1）信号的运算和处理模块。

2）杜邦线若干。

三、实验原理及电路仿真

（一）实验原理

本实验采用 LM324 集成运算放大器和外接电阻、电容构成基本运算电路。运算放大器是具有高增益、高输入阻抗的直接耦合放大器。它外加反馈网络后，可实现各种不同的电路功能。如果反馈网络为线性电路，运算放大器可实现加、减、微分、积分运算；如果反馈网络为非线性电路，则可实现对数、乘法、除法等运算。

1. 反相比例运算

如图 9.1 所示电路中，设运算放大器为理想器件，则 $U_o=-(R_f/R_1)U_i$，其输入电阻 $R_i\approx R_1$，$R'=R_f//R_1$。为减少偏置电流和温漂的影响，一般取 $RP_7=R_f//R_1=R'$，由于反相比例运算放大电路属于电压并联负反馈，其输入、输出电阻均较低。

2. 反相比例加法运算

如图 9.2 所示电路中，当运算放大器开环增益足够大时，运算放大器输入端为虚地 U_{i1} 和 U_{i2} 均可通过 R_1、R_2 转换成电流，实现代数相加运算，其输出电压 $U_o=-(R_f/R)(U_{i1}+U_{i2})$，其中 $RP_7=R_f//R//R$。

3. 减法器

如图 9.3 所示电路为减法运算电路，输出电压 $U_o=(R_f/R)(U_{i2}-U_{i1})$。

4. 实用积分器

如图 9.4 所示，当运算放大器电压增益足够大时，并设电容两端初始电压为零，

则 $U_o(t)=-1/(RC)\int U_i(t)\mathrm{d}t$。实际电路中，通常在积分电容两端并联反馈电阻 R_f，用作直流负反馈，目的是防止低频信号增益过大。注意调节其中的 $RP_7=R_f//R\approx196\Omega$。

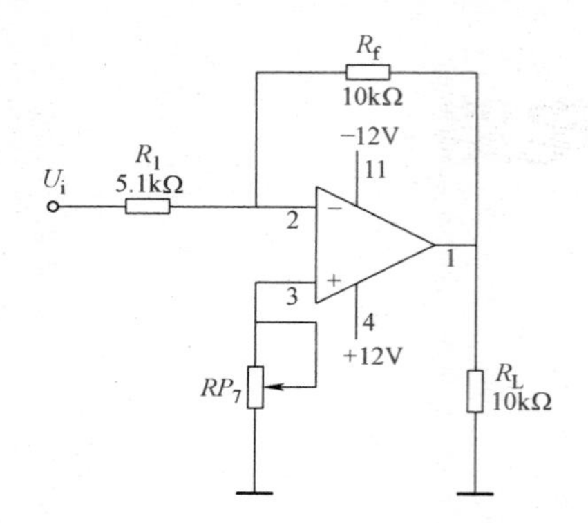

图 9.1 反相比例运算电路

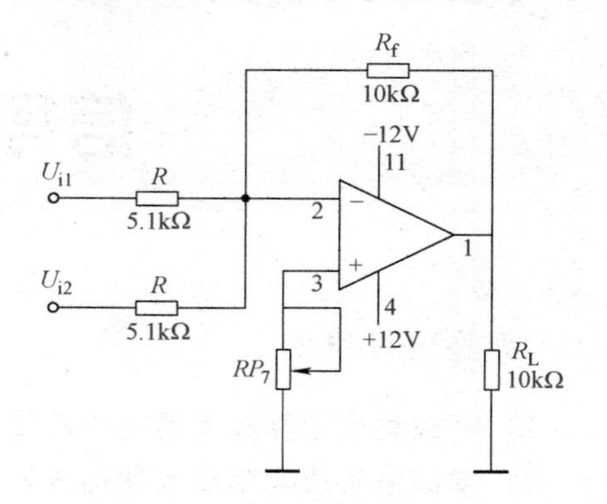

图 9.2 反相比例加法运算电路

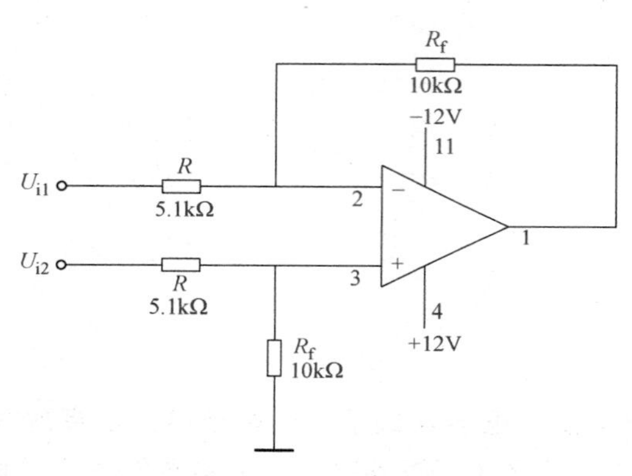

图 9.3 减法运算电路

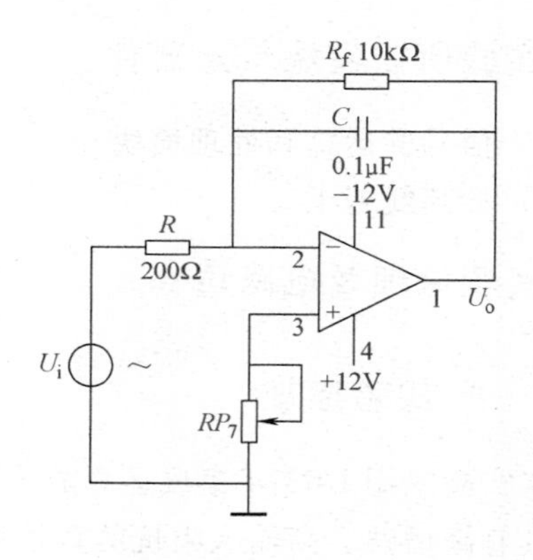

图 9.4 积分电路

5. 实用微分器

如图 9.5 所示，输出电压 $U_o=-RC(\mathrm{d}U_i/\mathrm{d}t)$。实际电路中，常在负反馈电阻 R 上并联稳压二极管，以限制输出电压，保证集成运算放大器始终工作在放大区，在负反馈电阻 R_f 上并联小容量电容 C_1，起相位补偿作用，提高电路的稳定性，并且在输入端串联一个小电阻 R_1，以限制输入电流。注意调节其中的 $RP_7=R_f//R\approx196\Omega$。

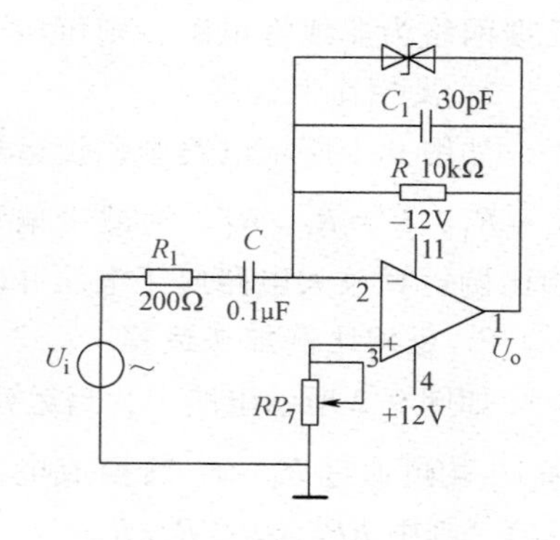

图 9.5 微分电路

（二）电路仿真

具体仿真步骤如下：

1）打开计算机中电工电子电路仿真软件 Multisim，单击［File］→［New］→［Blank］→［Create］新建一个空白的图样。

2）右击图样空白区域选择［Place Component］，打开［Select a Component］对话框中，在［Group］下拉菜单中选择［Analog］，在［Family］选项框中选择［All Families］，在［Component］下搜索 LM324AD，把［LM324AD］放在图样上，如图 9.6 所示。

3）同理打开［Select a Component］对话框，在［Group］下拉菜单中选择［Basic］，在［Family］选项框中选择［RESISTOR］，参照图 9.1 中各电阻的阻值选择适合的电阻，放置在图样上。在［Family］下的［POTENTIOMETER 中选择电位器，如图 9.7 所示。

4）在［Select a Component］对话框中的［Group］下拉菜单下选择［Sources］，在［Family］选项框中选择［POWER_ SOURCES］，在右边的 Component 选项框中分别选择［VCC］（设置为 12V）和［VEE］（设置为-12V）、［GROUND］放置在图样上，如图 9.8 所示。

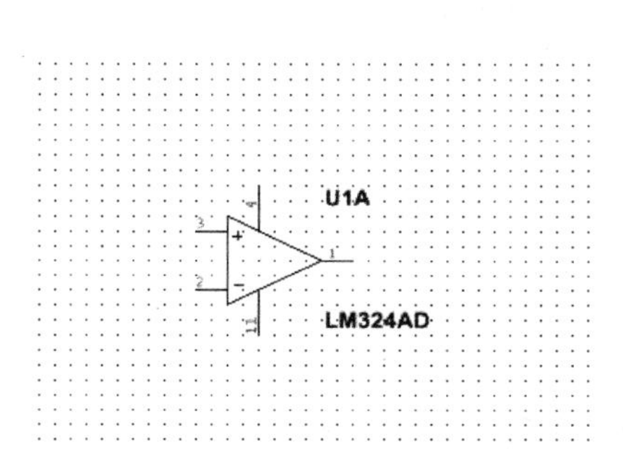

图 9.6　放置运算放大器

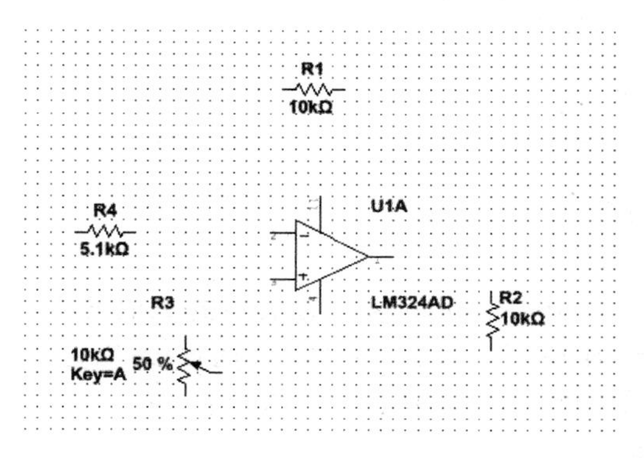

图 9.7　放置电阻

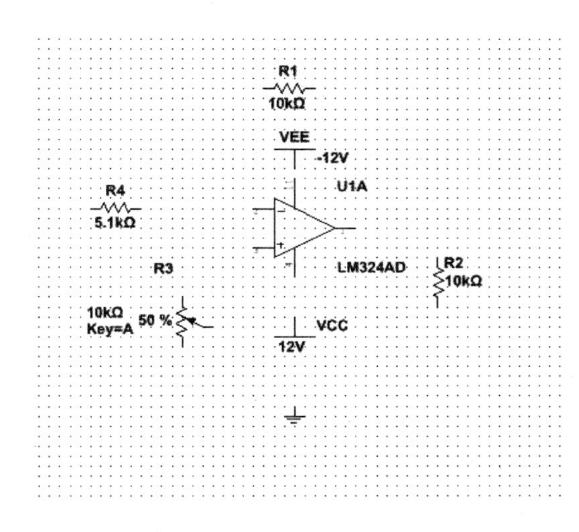

图 9.8　放置电源

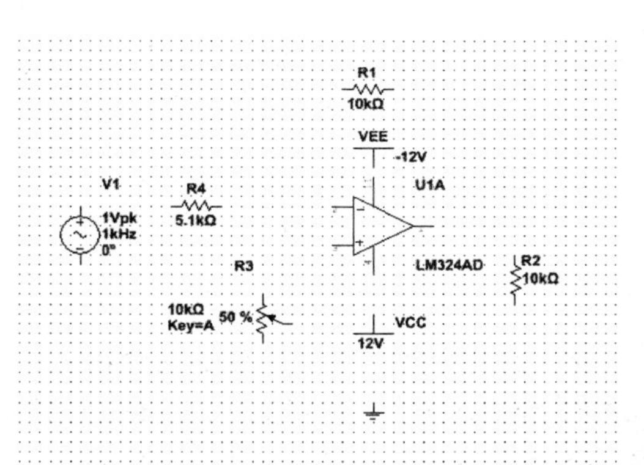

图 9.9　放置交流信号源

5）在［Select a Component］对话框中的［Group］下拉菜单中选择［All Group］，在［Families］选项框中选择［All Families］，在［Component］下搜索 AC_ VOLTAGE，把［AC_ VOLTAGE］放在图样上，如图 9.9 所示。交流信号源参数设置如图 9.10 所示。

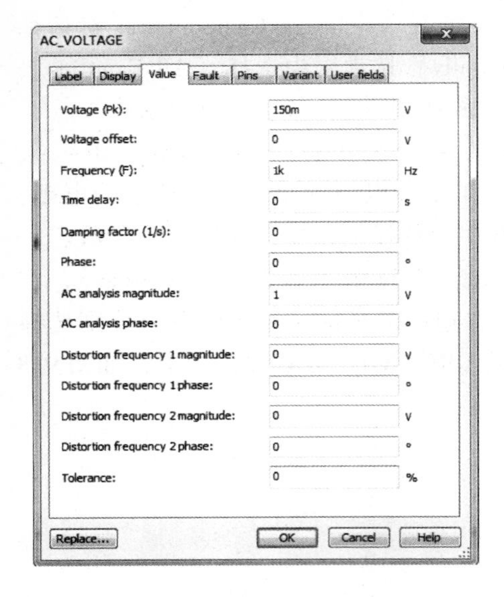

图 9.10　交流信号源参数设置

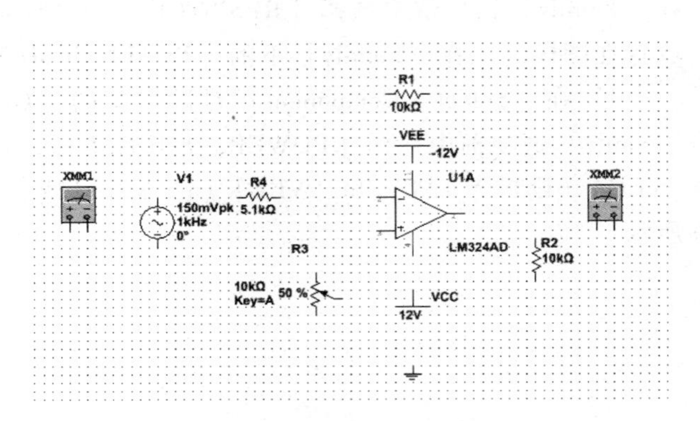

图 9.11　放置数字万用表

6）在 Multisim 界面右边的虚拟仪器工具栏中选择［Multimeter］放置在图纸上，如图 9.11 所示，并对其设置对应的电压测量功能。

7）将所摆放的元器件按图 9.1 所示进行电路连接，连接好的电路如图 9.12 所示。

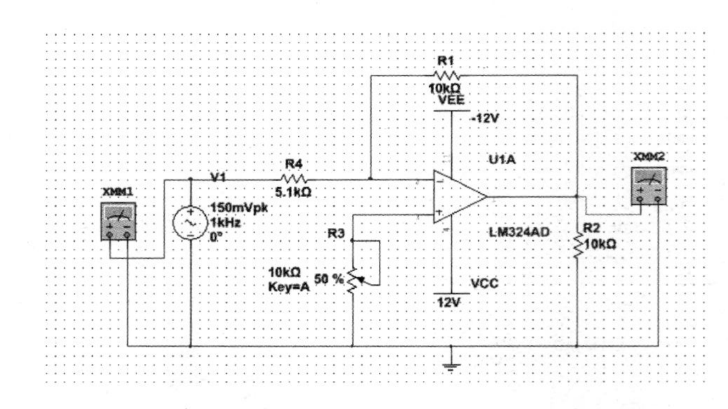

图 9.12　反相比例运算仿真电路

8）反相比例运算。测量输入输出电压有效值 U_o 如图 9.13 所示（XMM1 为输入 U_i，XMM2 为输出 U_o），然后算出 U_i 和 U_o 的反相比例关系（注意调整电位器 R_3 使得 $R_3=R_1//R_4\approx3.37\text{k}\Omega$），填入表 9.1 中。

9）反相比例加法运算。按照图 9.2 将仿真电路修改成如图 9.14 所示电路。用交流毫伏表测量输入输出电压值 U_o，如图 9.15 所示，然后算出 U_i 和 U_o 的反相加法关系（注意调整电位器 R_3，使得 $R_3=R_1//R//R\approx2\text{k}\Omega$），填入表 9.1 中。

10）实用积分器。按图 9.4 将仿真电路连接好，如图 9.16 所示。在 Multisim 界面右边的虚拟仪器工具栏中选择［Function generator］，将信号源的输出信号改为矩形波，

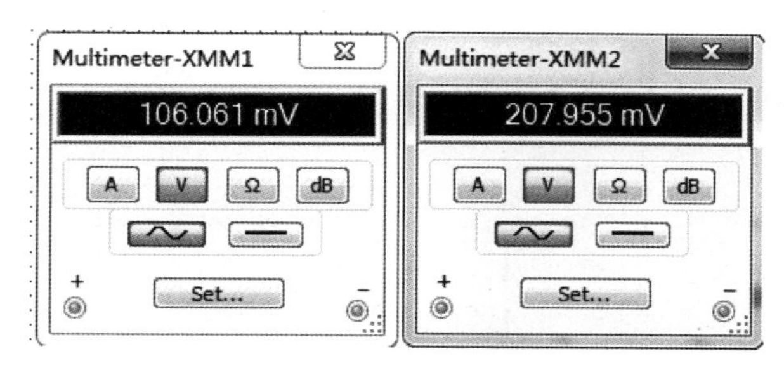

图 9.13　反相比例运算电路的输入输出电压读数

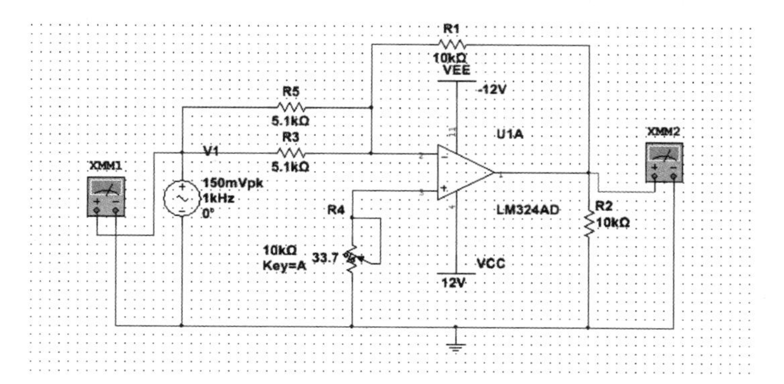

图 9.14　反相比例加法运算仿真电路

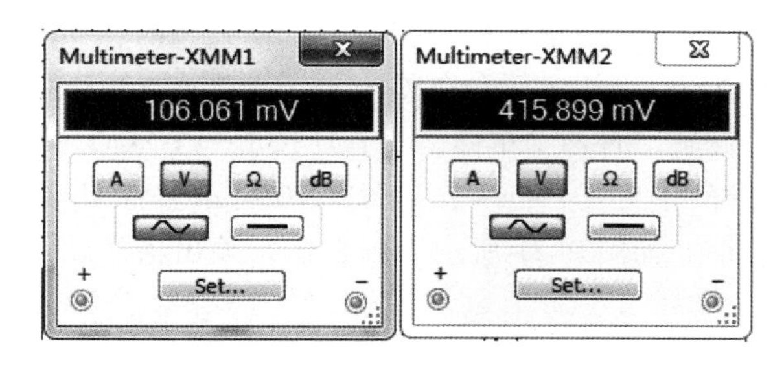

图 9.15　反相比例加法运算电路的输入输出电压读数

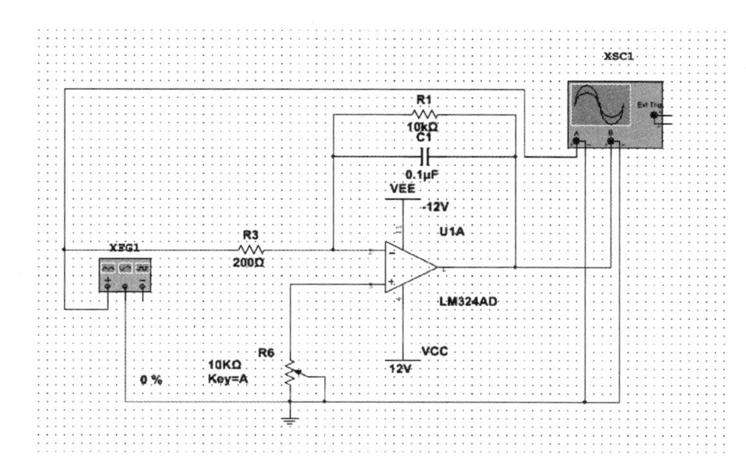

图 9.16　实用积分器仿真电路

电压峰-峰值为 100mV，如图 9.17 所示。将 U_i 接入电路中，用示波器观察此时的输入输出波形，如图 9.18 所示。画出输入输出信号在一个周期内的波形，填入表 9.1 中，(注意调节 $R_6=R_f//R\approx196\Omega$)。

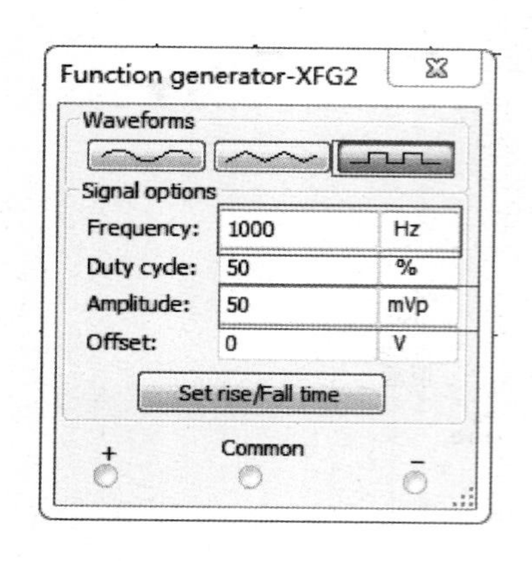

图 9.17　实用积分器信号源设置

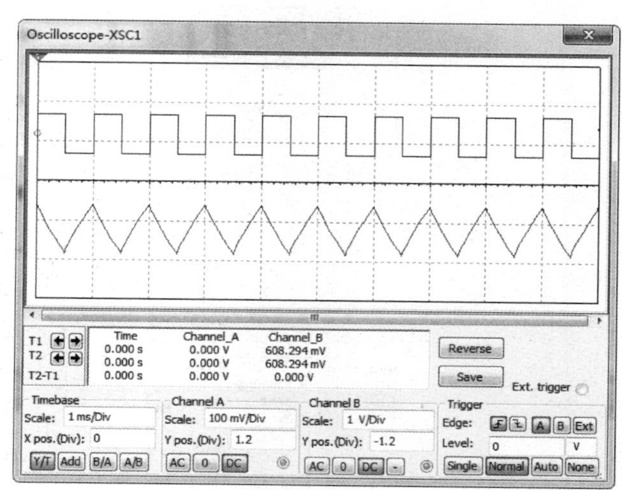

图 9.18　实用积分器输入输出波形

11）实用微分器。按图 9.5 将仿真电路连接好，如图 9.19 所示，在［Select a Component］对话框中的［Group］下拉菜单中选择［Diodes］，在［Family］下的［DIODES_VIRTUAL］中选择［ZENER］，放置两个在图样上，右击元器件选择［Filpvertically］将一个单向稳压管进行垂直翻转，将两个单向稳压管连接成一个双向稳压管。将信号源的输出信号改为三角波，电压峰-峰值为 100mV，如图 9.20 所示。将 U_i 接入电路中，用示波器观察此时的输入输出波形，如图 9.21 所示。画出输入输出信号在一个周期内的波形，填入表 9.1 中。

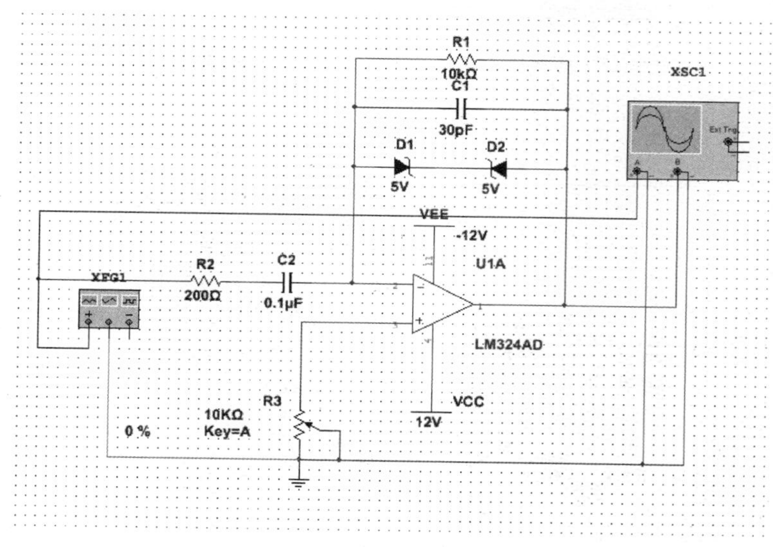

图 9.19　实用微分器仿真电路

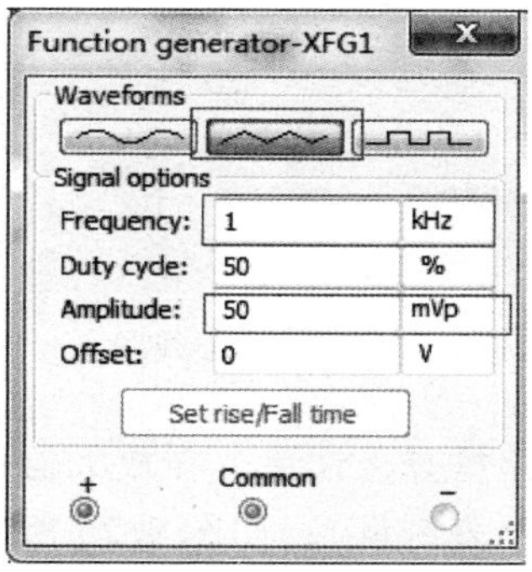

图 9.20　实用微分器信号源设置

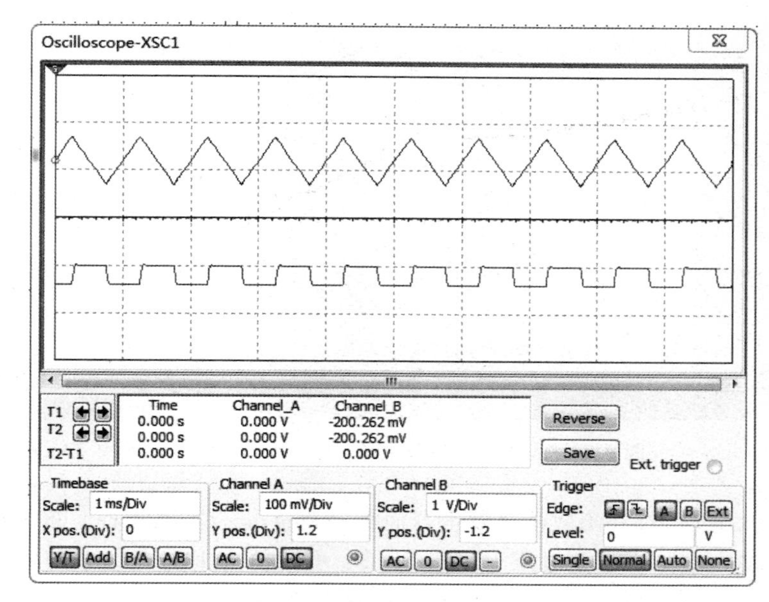

图 9.21　实用微分器输入输出电压波形

表 9.1　各运算电路的相关数据及波形

反相比例运算			反相比例加法运算			实用积分器		实用微分器	
U_i	U_o	U_o/U_i	U_i	U_o	U_o/U_i	U_i 波形	U_o 波形	U_i 波形	U_o 波形
106.1mV	208mV	1.96	106.1mV	415.9mV	3.92	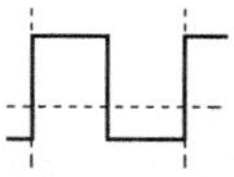			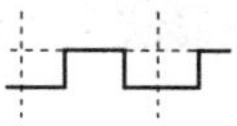

四、实验内容与步骤

具体实验步骤如下：

1）确保 NI ELVIS Ⅱ +的电源开关处于断开状态。

2）将 NI ELVIS Ⅱ +上的原形板取下，取出 YL-NI ELVIS Ⅱ +系列实验模块转接主板，将其插在 NI ELVIS Ⅱ +上，注意检查是否接插到位。

3）实验模块转接主板接插到位后，取出课程实验模块（信号的运算和处理）将其插在实验模块转接主板上，注意检查是否接插到位。

4）反相比例运算。按照图 9.1 进行电路连接，如图 9.22 所示，用杜邦线实际连线图如图 9.23 所示。

5）检测电路无误后先打开 NI ELVIS Ⅱ +工作站开关，再打开原形板开关，等待计算机识别设备。

6）打开［开始］→［所有程序］→［National Instruments］→［NI ELVISmx for NI ELVIS & myDAQ］菜单下的［NI ELVISmx Instruments Launcher］，在弹出面板上打开［Variable Power Supplies］(可变电源)，将 supply+调至+12V，supply-调至-12V，单击“Run”启动，如图 9.24 所示。

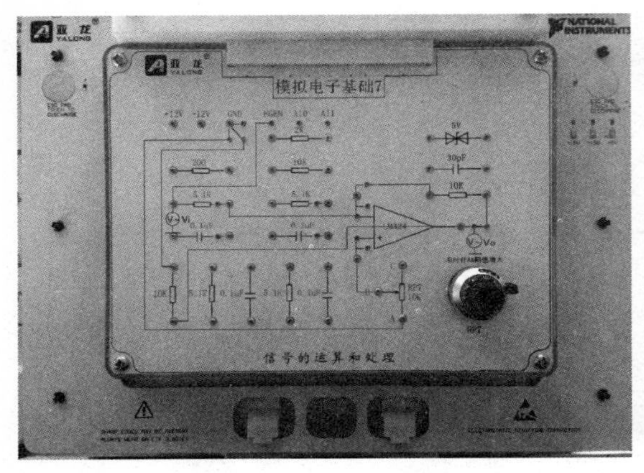

图 9.22　反相比例运算电路

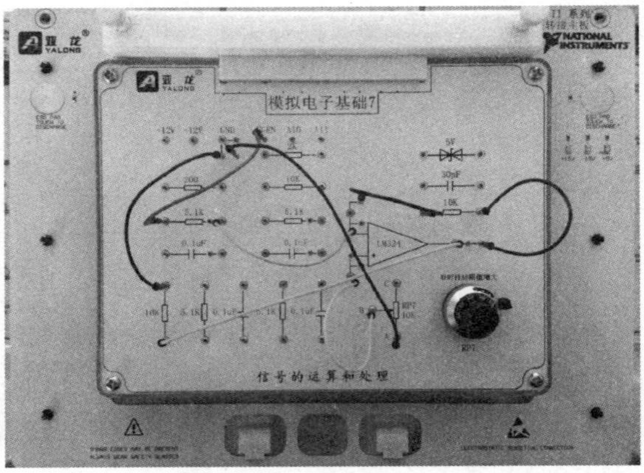

图 9.23　反相比例运算电路实际连线图

7）打开函数信号发生器面板［Function Generator］，确认电路检查无误后，在放大器输入端加入正弦电压 U_{i}，$f=1\mathrm{kHz}$，有效值为 100mV 左右（用万用表测量），如图 9.25 所示。打开数字万用表并调至交流电压档，测量输出电压有效值 U_{o}，如图 9.26 所示。然后算出 U_{i} 和 U_{o} 的反相比例关系（注意调整电位器 RP_7，使得 $RP_7=R_{\mathrm{f}}//R_1\approx3.37\mathrm{k}\Omega$），填入表 9.2 中。

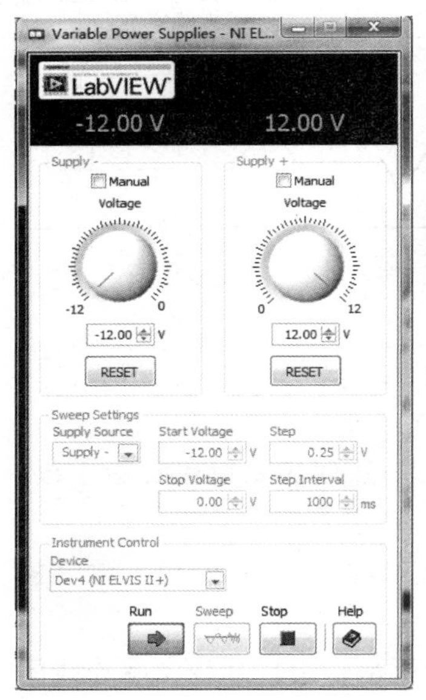

图 9.24　可调电源设置

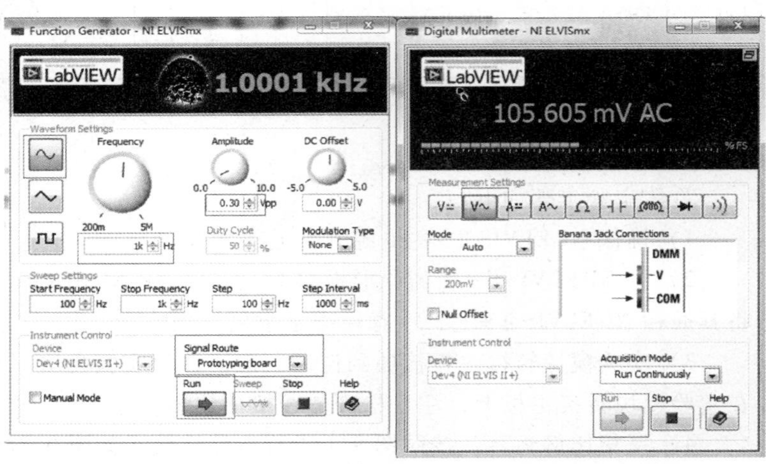

图 9.25　信号源设置以及输入电压读数

8）反相比例加法运算。关闭电源，按图 9.2 进行电路连接，如图 9.27 所示，用杜邦线实际连线图如图 9.28 所示。确认无误后，打开电源，将输入正弦电压信号 U_{i} 同时加到两个反相输入端 U_{i1} 和 U_{i2} 上，其中 $f=1\mathrm{kHz}$，有效值为 100mV（参考图 9.25 信号源设置以及电压读数），用交流毫伏表测量输出电压值 U_{o}，如图 9.29 所示。然后算出 U_{i} 和 U_{o} 的反相加法关系（注意调整电位器 RP_7，使得 $RP_7=R_{\mathrm{f}}//R//R\approx$

2kΩ)，填入表 9.2 中。

9）实用积分器。关闭电源，按图 9.4 进行电路连接，如图 9.30 所示，用杜邦线实际连线如图 9.31 所示。确认无误后，开启电源，将信号源的输出信号改为矩形波，电压峰-峰值为 100mV，如图 9.32 所示。将 U_i 接入电路中，用示波器观察此时的输入输出波形，如图 9.33 所示。画出输入输出信号在一个周期内的波形，填入表 9.2 中（注意调节 $RP_7 = R_f/R \approx 196\Omega$）。

10）实用微分器。关闭电源，按图 9.5 进行电路连接，如图 9.34 所示，用杜邦线实际连线如图 9.35 所示。确认无误后，开启电源，将信号源的输出信号改为三角波，电压峰-峰值为 100mV，如图 9.36 所示。将 U_i 接入电路中，用示波器观察此时的输入输出波形，如图 9.37 所示。画出输入输出信号在一个周期内的波形，填入表 9.2 中。

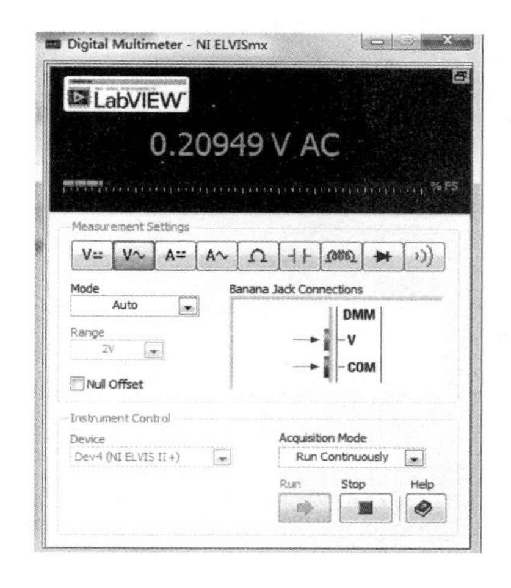

图 9.26　输出电压数值

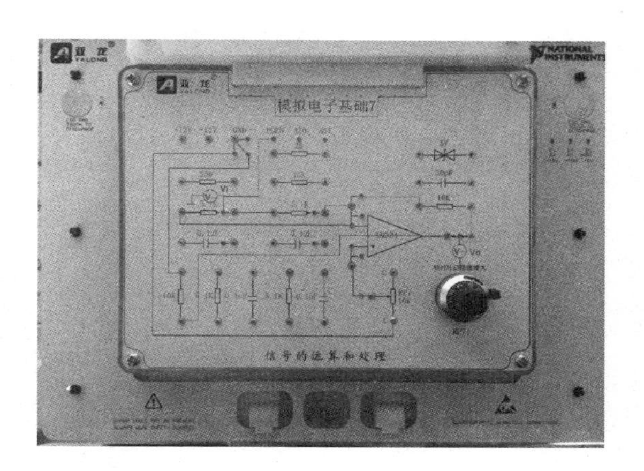

图 9.27　反相比例加法电路

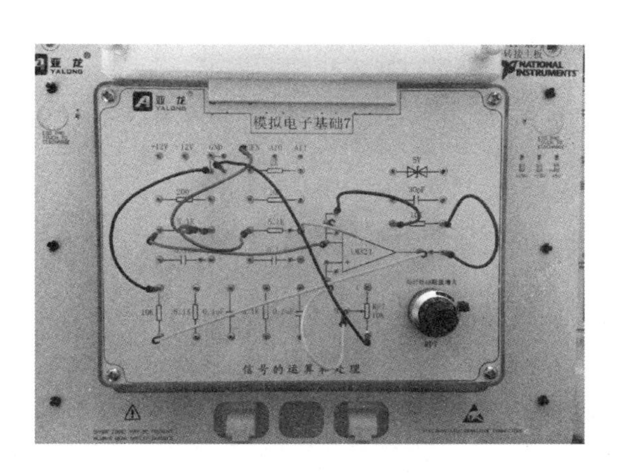

图 9.28　反相比例加法运算实际连线图

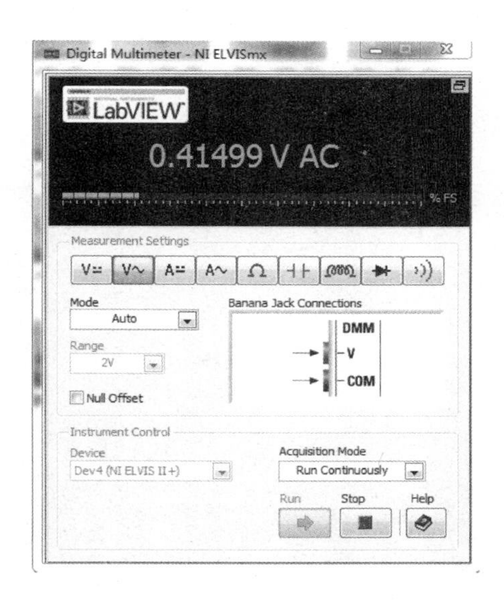

图 9.29　反相比例加法运算输出电压读数

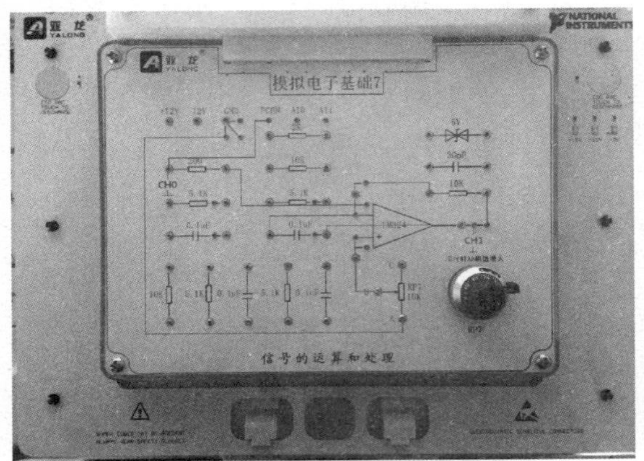

图 9.30　实用积分器电路

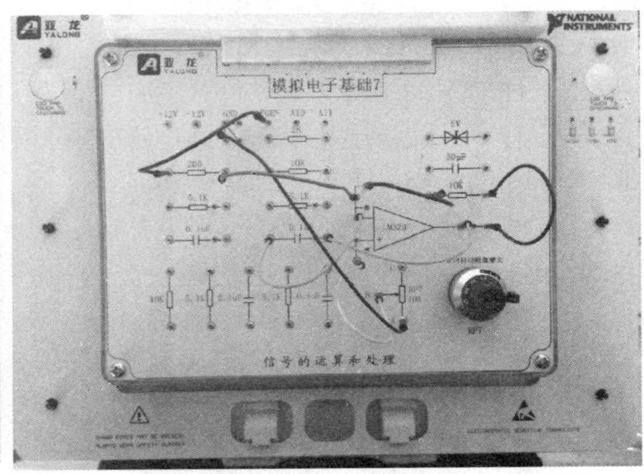

图 9.31　积分器实际连线图

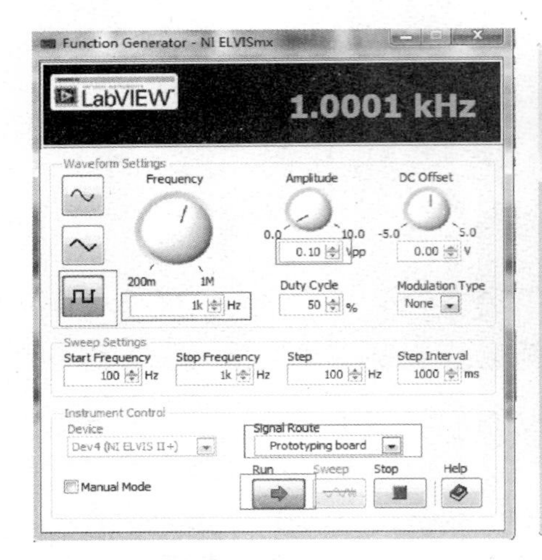

图 9.32　信号源设置

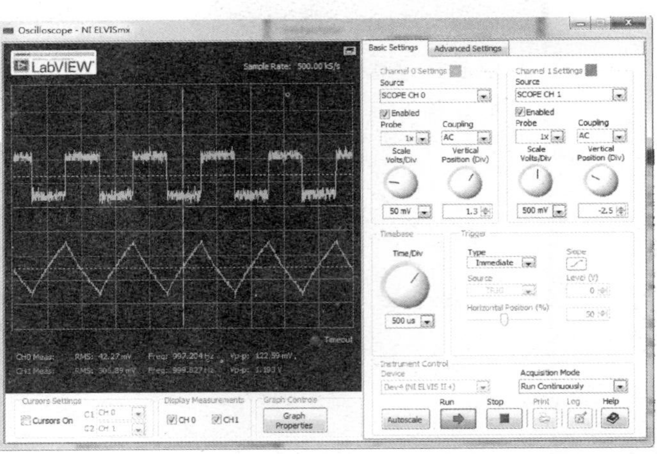

图 9.33　实用积分器输入输出电压波形

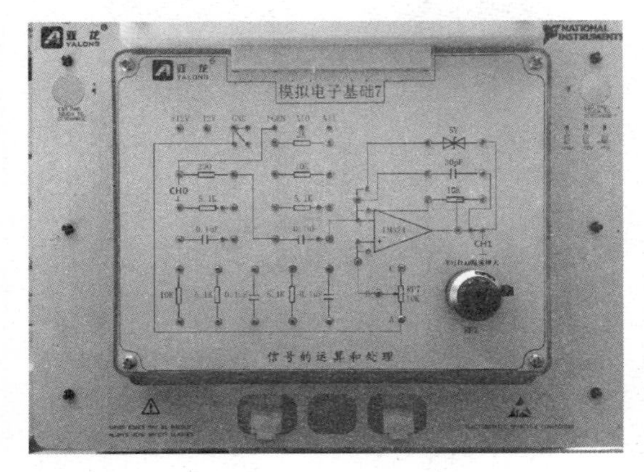

图 9.34　微分器电路

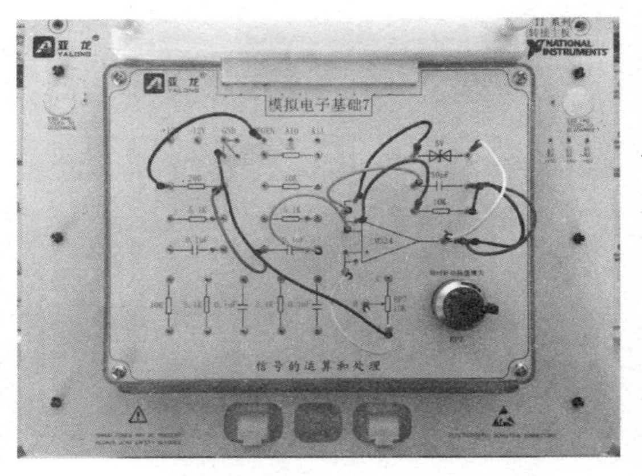

图 9.35　微分器电路实际连线图

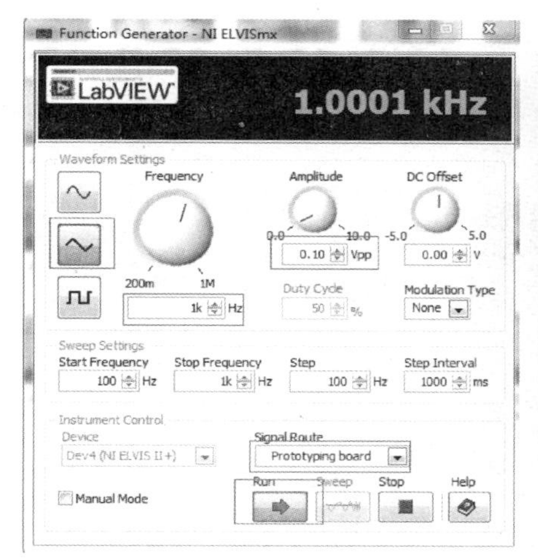

图 9.36　信号源设置

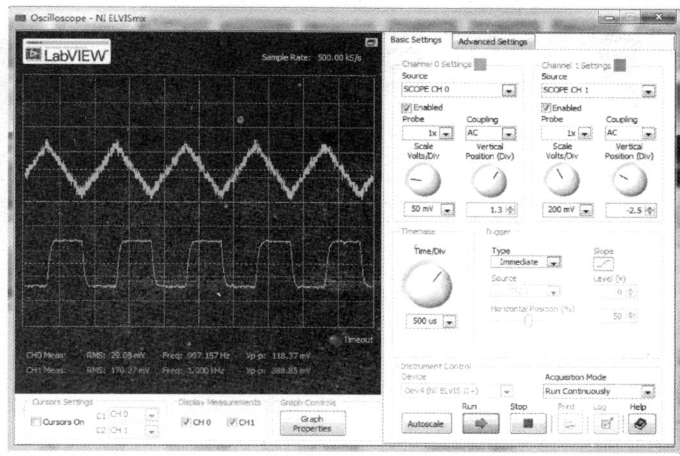

图 9.37　实用微分器输入输出电压波形

表 9.2　相关参数及波形

反相比例运算			反相比例加法运算			实用积分器		实用微分器	
U_i	U_o	U_o/U_i	U_i	U_o	U_o/U_i	U_i 波形	U_o 波形	U_i 波形	U_o 波形
105.6 mV	209.5 mV	1.98	104.6 mV	415 mV	3.97	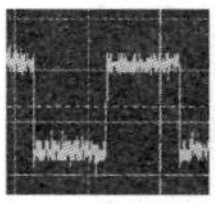	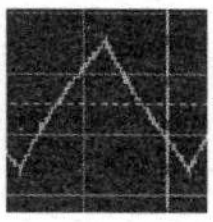	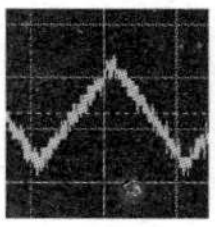	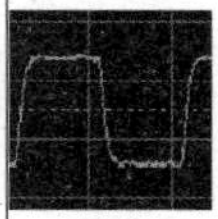

对比表 9.1 与表 9.2 的数据可知，实验结果与仿真结果一致，并且可将这些数据用实验原理中的公式进行验证，符合实验原理。

实验项目十

信号的处理

一、实验项目目的

1）熟悉运算放大器和电阻电容构成的有源滤波器。

2）掌握有源滤波电路的调试方法。

二、实验所需模块与元器件

1）信号的运算和处理模块。

2）杜邦线若干。

三、实验原理及电路仿真

（一）实验原理

在实际的电子系统中，输入信号往往包含有一些不需要的信号成分，必须设法将它滤除，或者把有用信号挑选出来，为此可采用滤波器。

滤波器是一种选频电路，它是一种能使有用频率信号通过，而同时抑制无用频率信号的电子电路。这里研究的是由运算放大器和 R、C 等组成的有源滤波器。

由于高于二阶的滤波器都可以由一阶和二阶有源滤波器构成，因此下面重点研究二阶有源滤波器。

1. 二阶有源低通滤波器

二阶有源低通滤波器电路如图 10.1 所示，可以推导出其幅频响应表达式为：

$A_v=(1+R_2/R_1)/[1-(f/f_0)^2+(3jf/f_0)]$，其中 j 为虚部，$f$ 表示信号频率，$f_0=1/(2\pi RC)$，其截止频率 $f_p\approx0.37f_0$。

2. 二阶有源高通滤波器

二阶有源高通滤波器电路如图 10.2 所示，同样可以证明其截止频率为：

$f_p\approx0.37f_0$，其中 $f_0=1/(2\pi RC)$。

（二）电路仿真

具体仿真步骤如下：

1）打开计算机中电工电子电路仿真软件 Multisim，单击［File］→［New］→［Blank］→［Create］新建一个空白的图样。

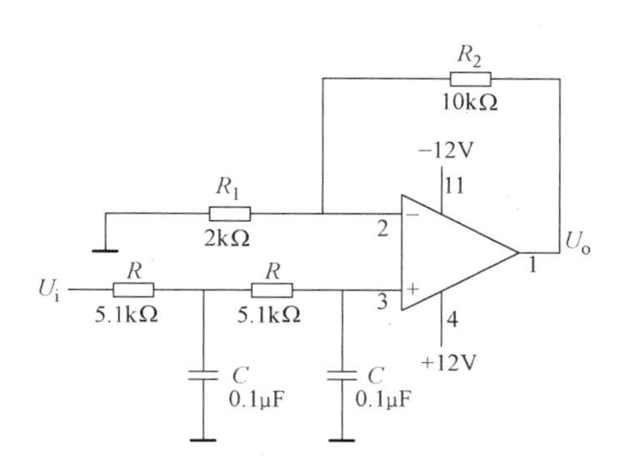

图 10.1　有源低通滤波器电路

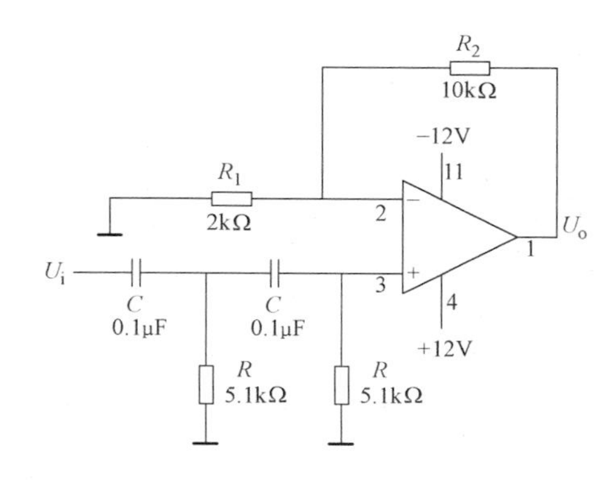

图 10.2　有源高通滤波器电路

2）右击图样空白区域选择［Place Component］，打开［Select a Component］对话框中，在［Group］下拉菜单中选择［Analog］，在［Family］选项框中选择［All Families］，在［Component］下搜索 LM324AD，把［LM324AD］放在图样上，如图 10.3 所示。

3）同理打开［Select a Component］对话框，在［Group］下拉菜单中选择［Basic］，在［Family］选项框中选择［RESISTOR］，参照图 10.1 中各电阻的阻值选择适合的电阻，放置在图样上，如图 10.4 所示。

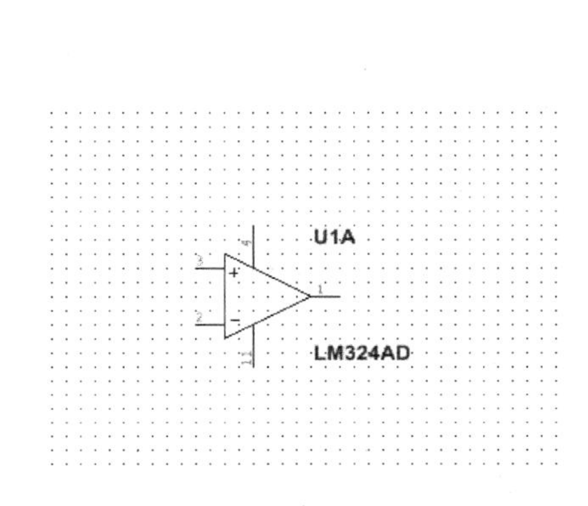

图 10.3　放置运算放大器

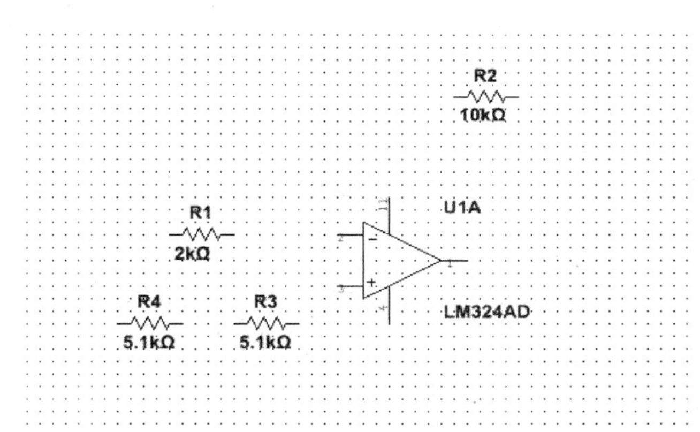

图 10.4　放置电阻

4）打开［Select a Component］对话框，在［Group］下拉菜单中选择［Basic］，在［Family］选项框中选择［CAPACITOR］，参照图 10.1 中各电容的值选择适合的电容，放置在图样上，如图 10.5 所示。

5）在［Select a Component］对话框中的［Group］下拉菜单中选择［Sources］，在［Family］选项框中选择［POWER_ SOURCES］，分别在右边的 Component 选项框中选择［VCC］(设置为 12V)、［VEE］(设置为−12V) 和［GROUND］，放置在图样上，如图 10.6 所示。

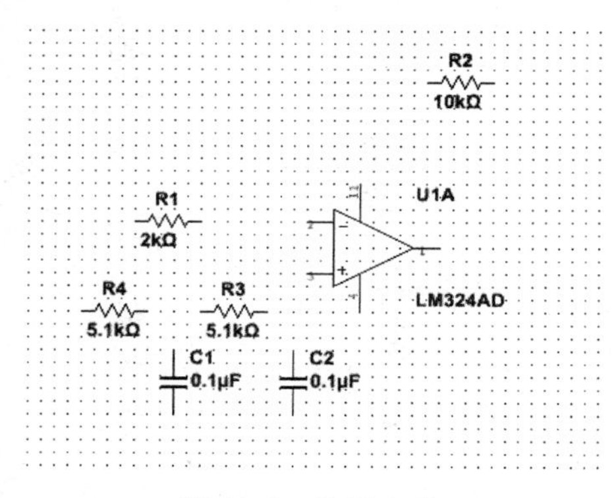

图 10.5　放置电容

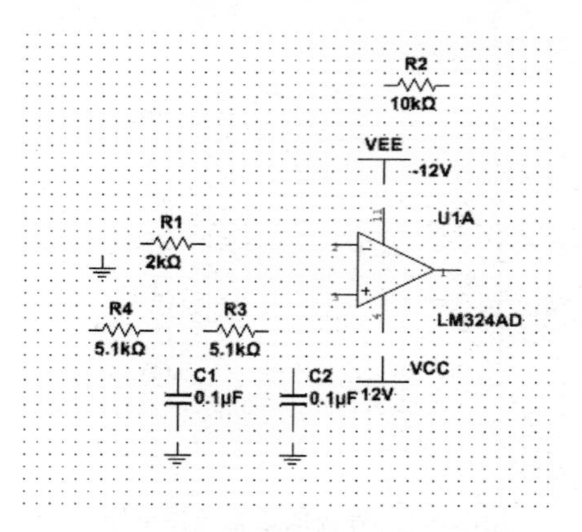

图 10.6　放置电源和接地端

6）在［Select a Component］对话框中的［Group］下拉菜单中选择［All Groups］，在［Family］选项框中选择［All Families］，在［Component］下搜索 AC_ VOLTAGE，把［AC_ VOLTAGE］放在图样上，如图 10.7 所示。交流信号源参数设置如图 10.8 所示。

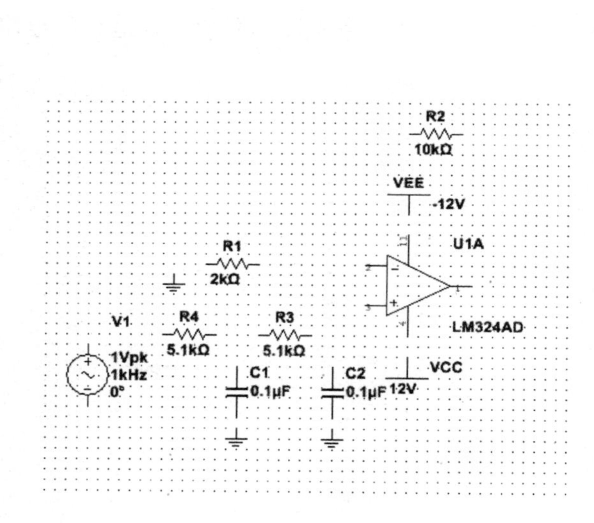

图 10.7　放置交流信号源

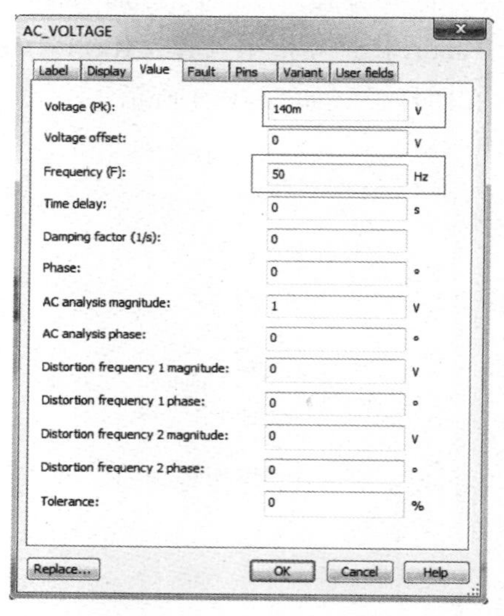

图 10.8　交流信号源参数设置

7）在 Multisim 界面右边的虚拟仪器工具栏中选择［Multimeter］放置在图样上，如图 10.9 所示，并对其设置对应的交流电压测量功能。

8）将所摆放的元器件按图 10.1 所示进行电路连接，连接好的电路如图 10.10 所示。

9）二阶有源低通滤波器电路。逐渐增大其输入信号的频率，并使用数字万用表的交流电压档按照表 10.1 在各个频率点处记录下输出电压的有效值，频率为 50Hz 时的电压读数如图 10.11 所示。

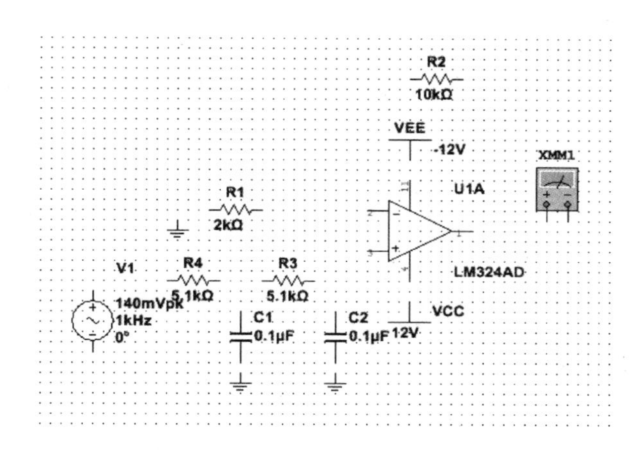

图 10.9　放置万用表

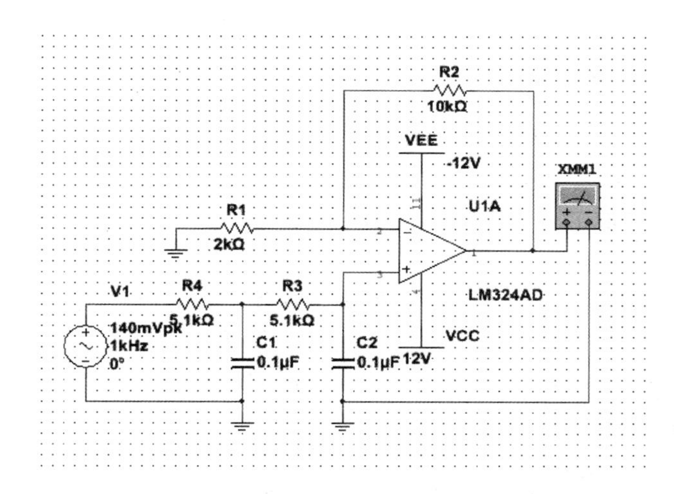

图 10.10　有源低通滤波器仿真电路

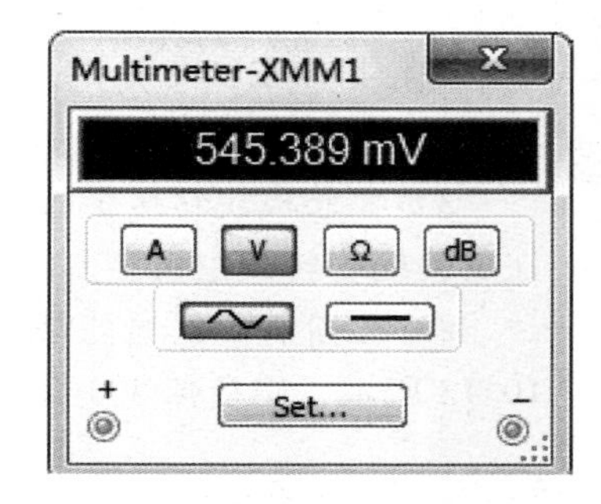

图 10.11　频率为 50Hz 时输出电压读数

表 10.1　频率与输出电压对应关系表

频率 f/Hz	50	100	200	300	400	500
U_o	545.4mV	449mV	292.2mV	203.2mV	150.1mV	115.6mV

10）二阶有源高通滤波器电路。将仿真电路中的两个 5.1kΩ 电阻和 0.1μF 电容位置对调，如图 10.12 所示，重复步骤 9)，对应表 10.2 在各个频率点处记录下输出电压的有效值。

表 10.2　频率与输出电压对应关系表

频率 f/Hz	50	100	200	300	400	500
U_o	14.4mV	47.3mV	123.2mV	192.7mV	253.1mV	304.5mV

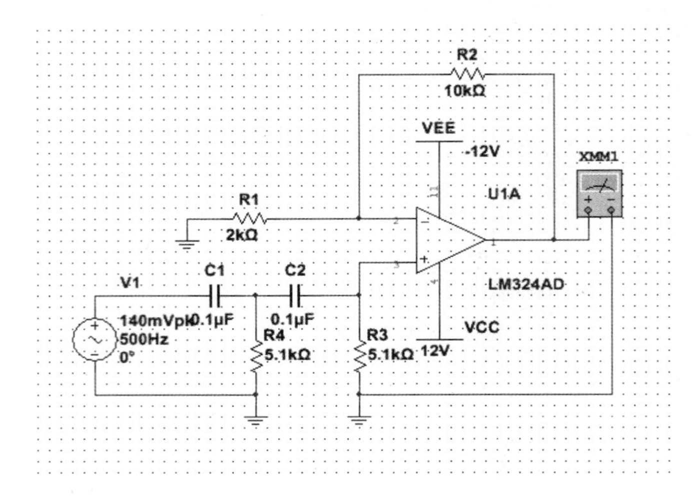

图 10.12　有源高通滤波器仿真电路

四、实验内容与步骤

具体实验步骤如下：

1）确保 IN ELVIS Ⅱ+的电源开关处于断开状态。

2）将 IN ELVIS Ⅱ+上的原形板取下，取出 YL-NI ELVIS Ⅱ+系列实验模块转接主板，将其插在 IN ELVIS Ⅱ+上，注意检查是否接插到位。

3）实验模块转接主板接插到位后，取出课程实验模块（信号的运算和处理）将其插在实验模块转接主板上，注意检查是否接插到位。

4）二阶有源低通滤波器电路。按照图 10.1 所示进行电路连接，电路板线路如图 10.13 所示，用杜邦线实际连线如图 10.14 所示。

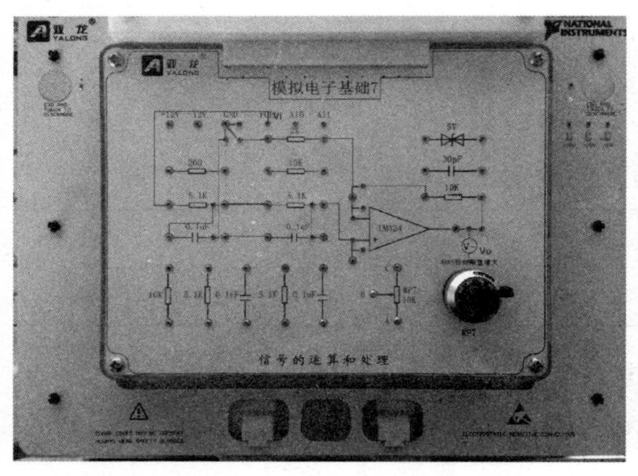

图 10.13　二阶有源低通滤波器电路电路板线路图

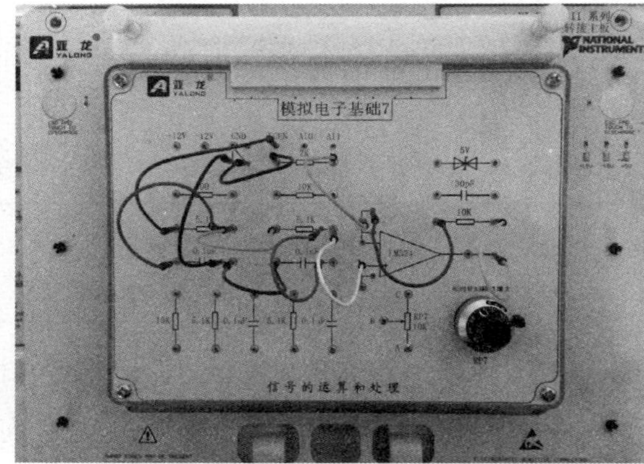

图 10.14　二阶有源低通滤波器电路实际连线图

5）检测电路无误后，先打开 NI ELVIS Ⅱ+工作站开关，再打开原形板开关，等待计算机识别设备。

6）打开［开始］→［所有程序］→［National Instruments］→［NI ELVISmx for NI ELVIS &

myDAQ] 菜单下的 [NI ELVISmx Instruments Launcher]，打开面板上的 [Variable Power Supplies](可变电源)，调节电压至 +12V、-12V，单击 "Run" 启动，如图 10.15 所示。

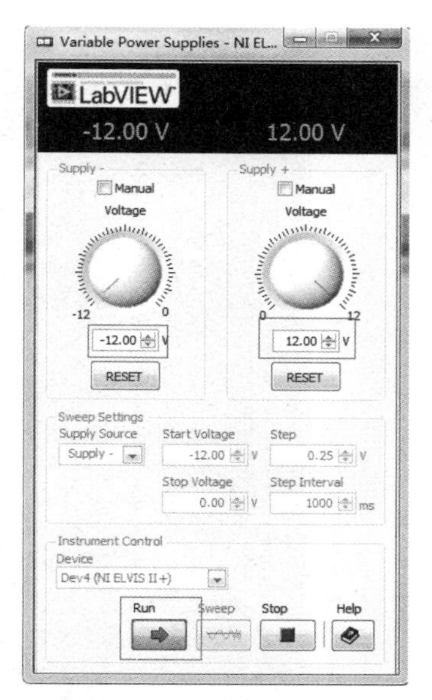

图 10.15　设置可调电源

7) 打开函数信号发生器 [Function Generator]，将输入电压有效值 U_i 为 100mV (用万用表测出，电压峰-峰值大约为 280mV)、频率 f=50Hz 的正弦波信号接入电路，打开数字万用表，逐渐增大其输入信号的频率，并数字万用表的交流电压档按照表 10.3 在各个频率点处记录下输出电压的有效值，电压读数如图 10.16 所示。

8) 打开 [Bode Analyzer] (波特图分析仪)，并将示波器 CH0 接至输入 U_i (见图 10.13)，CH1 接至输出 U_o。在该波特图分析仪上设置扫描参数如下：起始频率 (Start Frequency) 为 5Hz；停止频率 (Stop Frequency) 为 1kHz；步进频率 (Steps) 为 10 (每 10Hz)；峰值振幅 (Peak Amplitude) 为 1。单击 "Run" 按钮，观察增益和相位曲线，如图 10.7 所示，勾选 "Cursors On"，可以详细定位每点的参数，带入后计算放大倍数，查看是否与表格一致。

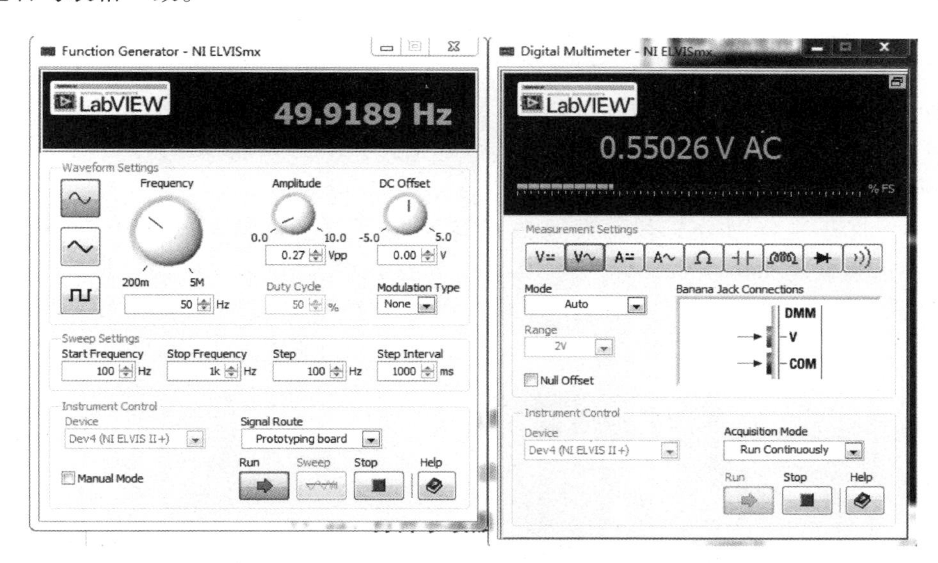

图 10.16　频率为 50Hz 时对应的输出电压读数

表 10.3　频率与输出电压对应关系表

频率 f/Hz	50	100	200	300	400	500
U_o	550mV	464mV	315mV	225mV	170mV	133mV

9) 二阶有源高通滤波器电路。按图 10.2 连接电路，如图 10.18 所示，用杜邦线实际连线图如图 10.19 所示。检查确认无误后，将输入电压有效值 U_i 为 100mV (峰-峰值大约

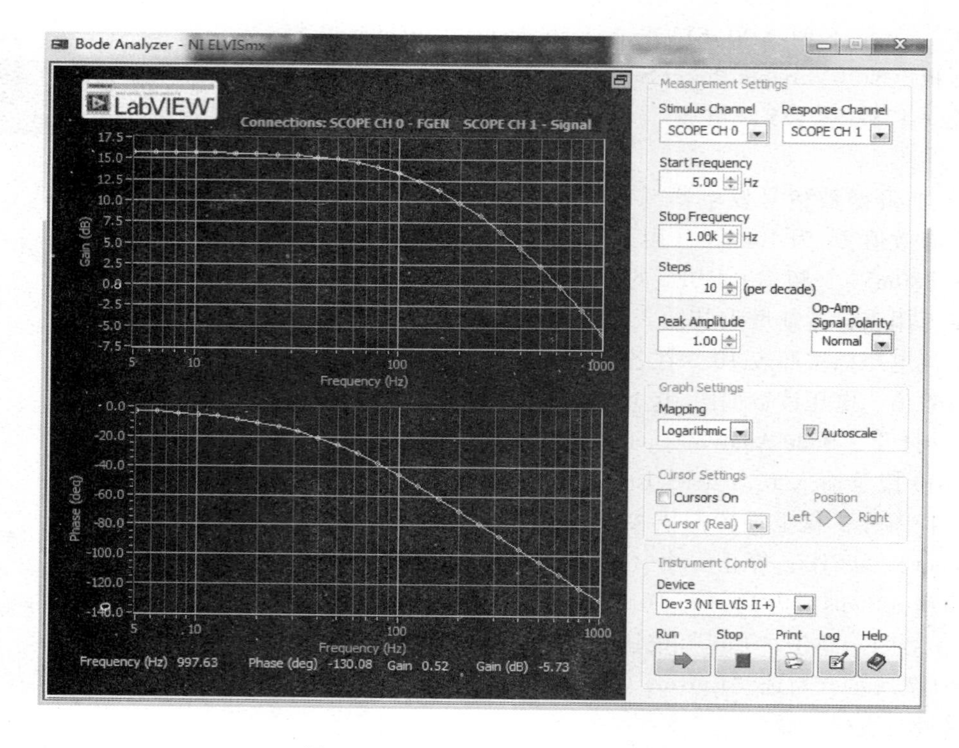

图 10.17 波特图分析仪参数设置

为 280mV)、频率 f= 50Hz 的正弦波信号接入电路，逐渐增大其输入信号的频率，并按照表 10.4 在各个频率点处记录下输出电压的有效值，频率为 50Hz 时的输出电压读数如图 10.20 所示。

同样，打开波特图分析仪，设置扫描参数如下：起始频率（Start Frequency）为 50Hz；停止频率（Stop Frequency）为 10kHz；步进频率（Steps）为 10（每 10Hz）；峰值振幅（Peak Amplitude）为 1。单击“Run”按钮，观察增益和相位曲线，如图 10.21 所示。

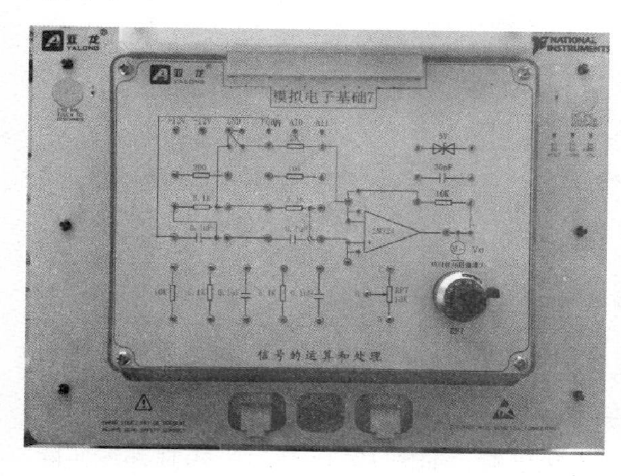

图 10.18 二阶有源高通滤波器电路

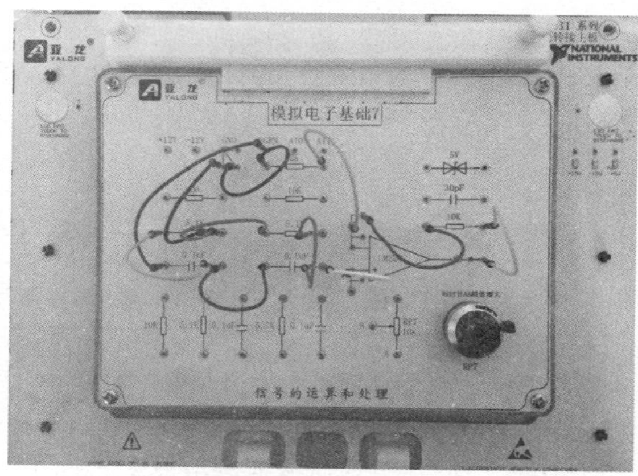

图 10.19 二阶有源高通滤波器电路实际连线图

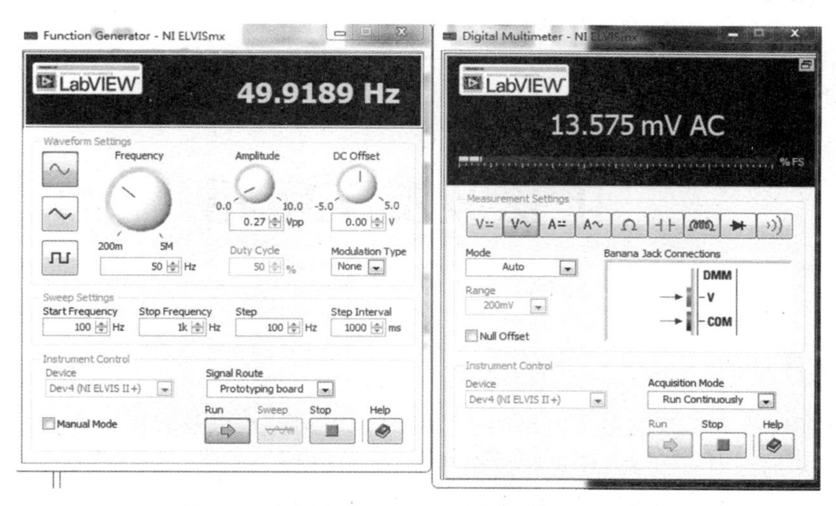

图 10.20　频率为 50Hz 时对应的输出电压读数

表 10.4　频率与输出电压对应关系表

频率 f/Hz	50	100	200	300	400	500
U_o	13.6mV	40.6mV	108.1mV	171.3mV	226.4mV	274.9mV

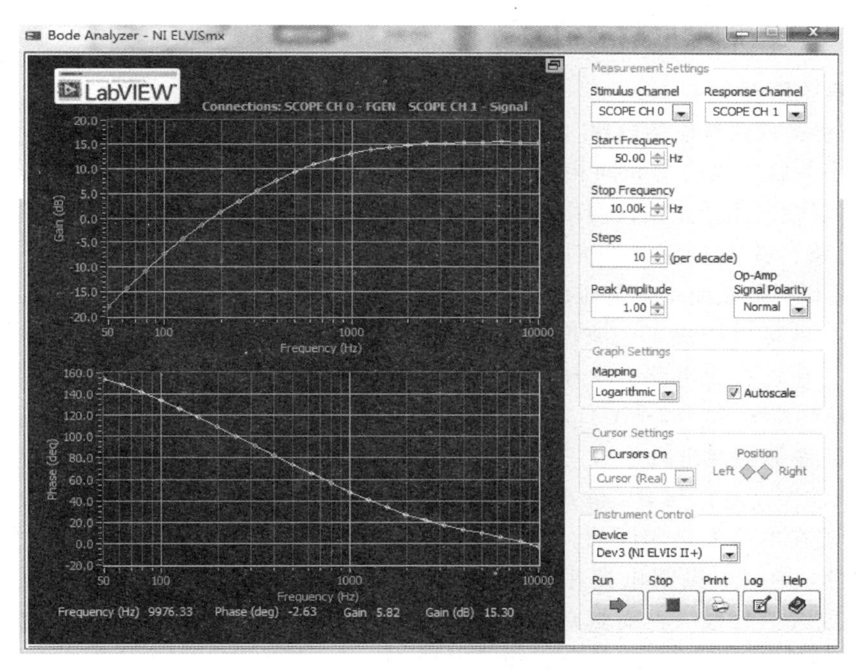

图 10.21　波特图分析仪参数设置

实验项目十一

正弦波发生电路

一、实验项目目的

1）理解 RC 桥式正弦波振荡电路的工作原理、电路特点以及起振方法。

2）理解并加深对三点式 LC 正弦波振荡电路的认识。

3）理解晶体在正弦波振荡电路中的作用，以及晶体正弦波振荡电路的特点。

二、实验所需模块与元器件

1）信号的运算和处理模块，LC、晶体正弦波振荡电路模块。

2）杜邦线若干。

三、实验原理及电路仿真

（一）实验原理

1. RC 桥式正弦波振荡电路（文氏桥振荡电路）

由 RC 串并联选频网络和同相比例运算放大器构成的 RC 桥式正弦波振荡电路如图 11.1 所示，观察电路，正反馈网络的 R 和 C 各为一臂构成桥路，故此得名。我们知道，只要为 RC 串并联选频网络匹配一个电压放大倍数等于 3 的放大电路，就可以构成正弦波振荡电路，考虑到起振条件，所选放大电路的电压放大倍数应略大于 3。振荡频率 $f_0=1/(2\pi RC)$。

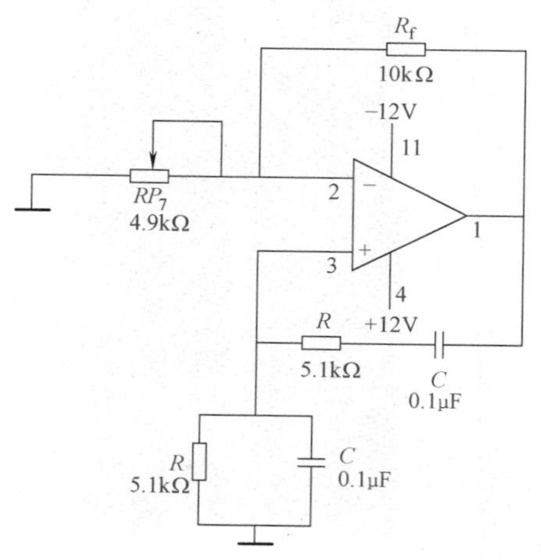

图 11.1　RC 桥式正弦波振荡电路

2. LC 正弦波振荡电路

LC 正弦波振荡电路与 RC 桥式正弦波振荡电路的组成原理在本质上是相同的，只是选频网络采用 LC 电路。在 LC 振荡电路中，当 $f=f_0$ 时，放大电路的放大倍数最大，而其余频率的信号均被衰减到零；引入正反馈后，使反馈电压作为放大电路的输入电压，以维持输出电压，从而形成正弦波振荡。由于 LC 正弦波振荡电路的振荡频率较高，所以放大电路部分多采用分立元件电路，必要时还应采用共基电路。参考电路如图 11.2 所示。这里输出振荡信号从基极取，波形比较好。振荡频率 $f_0\approx 1/(2\pi\sqrt{LC'})$ $(C'=C//C)$。

3. 晶体正弦波振荡电路

晶体正弦波振荡电路输出波形好，振荡频率高且很稳定，只要将LC正弦波振荡电路的电感L换成晶体，此外由于振荡频率很高，因此电容的容值也需要减小，其他的电路结构均可不变。参考电路如图11.3所示。振荡频率仅取决于晶体本身的标称频率。

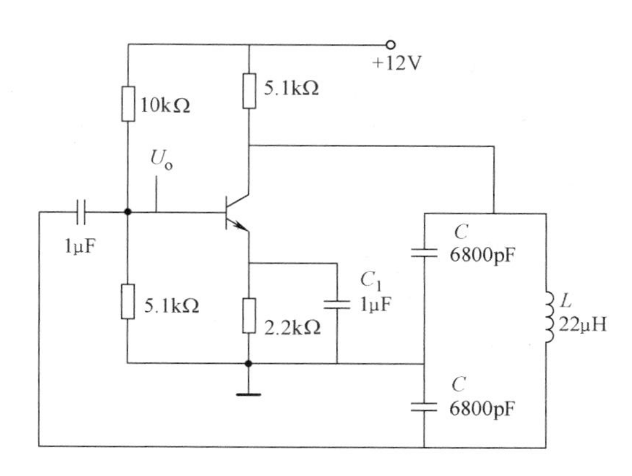

图11.2　LC正弦波振荡电路

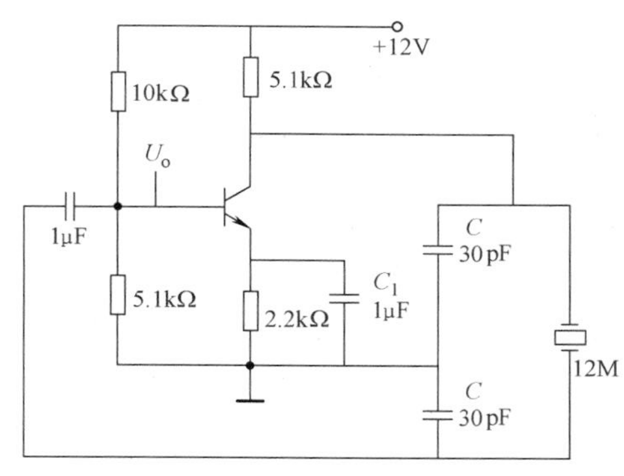

图11.3　晶体正弦波振荡电路

（二）电路仿真

具体仿真步骤如下：

1）打开计算机中电工电子电路仿真软件Multisim，单击［File］→［New］→［Blank］→［Create］新建一个空白的图样。

2）右击图样空白区域选择［Place Component］，打开［Select a Component］对话框，在［Group］下拉菜单中选择［Analog］，在［Family］选项框中选择［All Families］，在［Component］下搜索LM324AD，把［LM324AD］放在图样上，如图11.4所示。

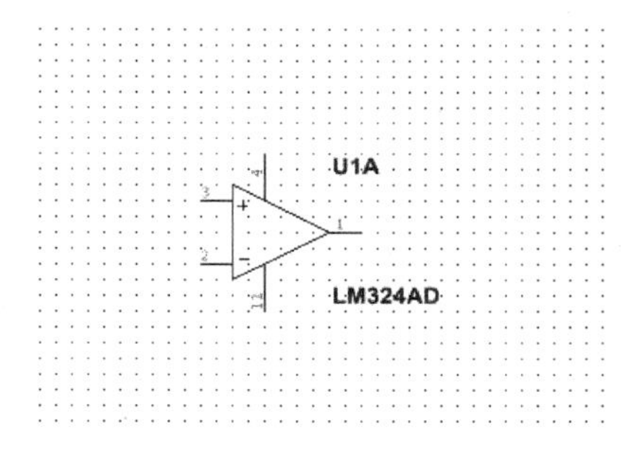

图11.4　放置运算放大器

3）同理打开［Select a Component］对话框，在［Group］下拉菜单中选择［Basic］，在［Family］选项框中选择［RESISTOR］，参照图11.1中各电阻的阻值选择适合的电阻，放置在图样上。在［Family］下的［POTENTIOMETER］中选择电位器，如图11.5所示。

4）打开［Select a Component］对话框，在［Group］下拉菜单中选择［Basic］，在［Family］选项框中选择［CAPACITOR］，参照图11.1中各电容的值选择适合的电容放置在图样上，如图11.6所示。

5）在［Select a Component］对话框中的［Group］下拉菜单中选择［Sources］，在［Family］选项框中选择［POWER_ SOURCES］，分别在右边的［Component］选项框中选择［VCC］（设置为12V）、［VEE］（设置为-12V）以及［GROUND］，放置在图样上，如图11.7所示。

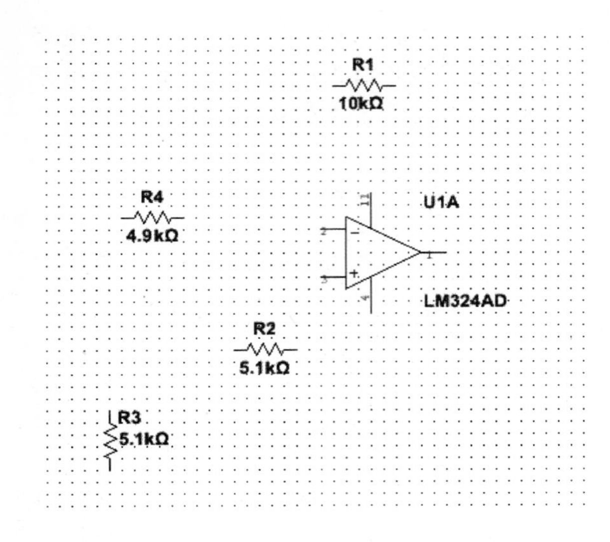

图 11.5　放置电阻

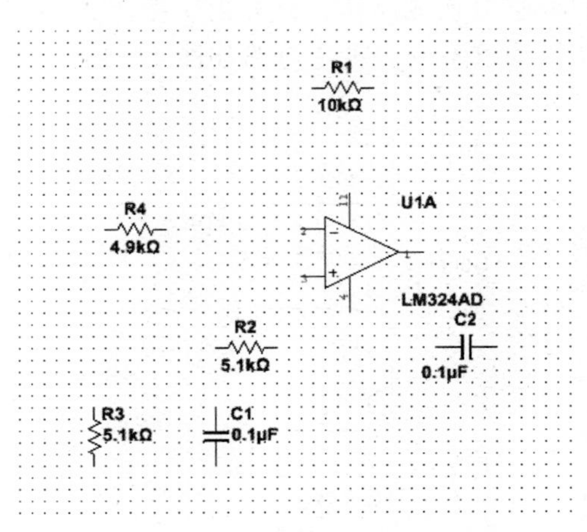

图 11.6　放置电容

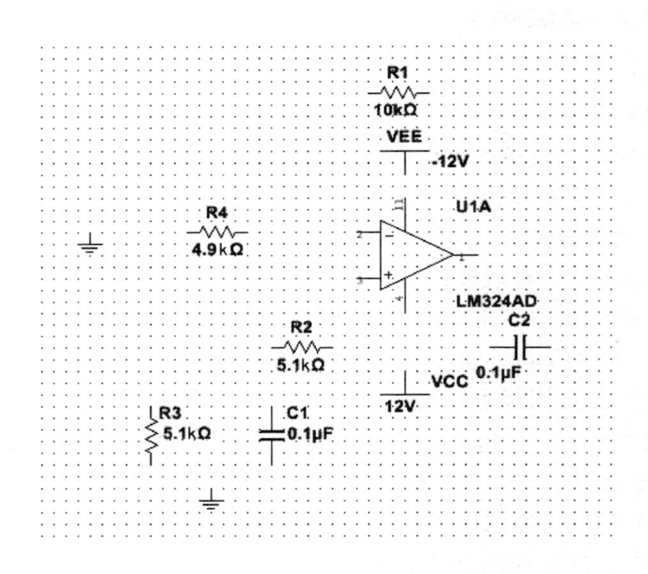

图 11.7　放置电源

6）在 Multisim 界面右边的虚拟仪器工具栏中选择［Oscilloscope］、［Frequency counter］放置在图样上，如图 11.8 所示。

7）将所摆放的元器件按图 11.1 进行电路连接，连接好的电路如图 11.9 所示。

8）根据实验原理 R_f 要略大于 $2RP_7$，由于 $R_1=10\text{k}\Omega$，可取 $R_4=4.9\text{k}\Omega$ 接入电路。打开示波器，用示波器观察运算放大器输出端的输出波形（由于波形起振需要时间，须等待片刻），如图 11.10 所示，通过频率检测仪检测频率，如图 11.11 所示，将读出的频率与理论值相比较。

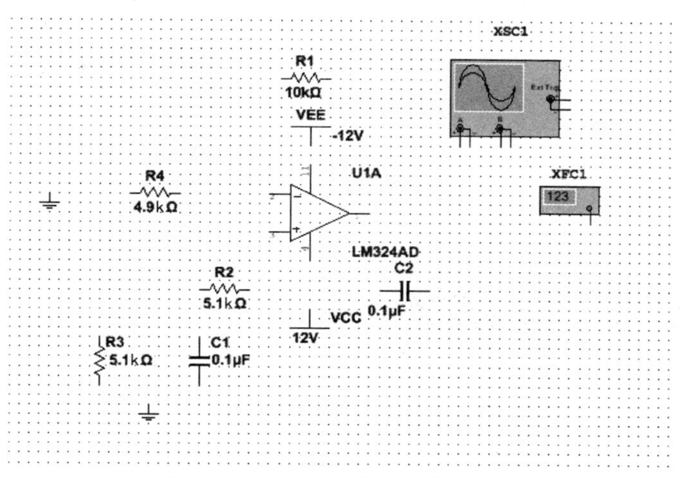

图 11.8　放置示波器和频率检测仪

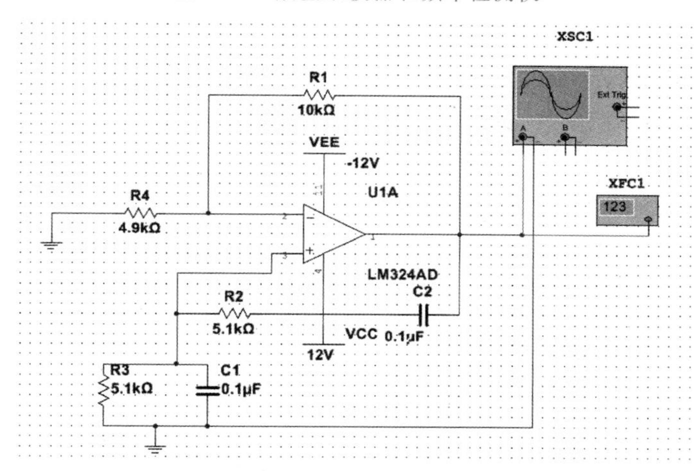

图 11.9　RC 桥式正弦波振荡仿真电路

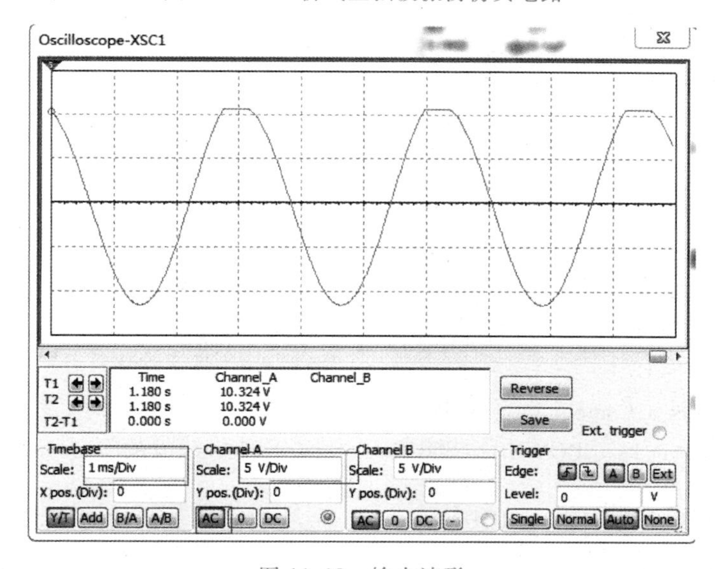

图 11.10　输出波形

9）LC 正弦波振荡电路。打开 Multisim，单击［File］→［New］→［Blank］→［Create］新建一个空白的图样。

10）右击图纸空白区域选择［Place Component］，打开［Select a Component］对话框，在［Group］下拉菜单中选择［Transistors］，在［Family］选项框中选择［All Families］，在［Component］下搜索 2N2222，把［2N2222］放在图样上，如图 11.12 所示。

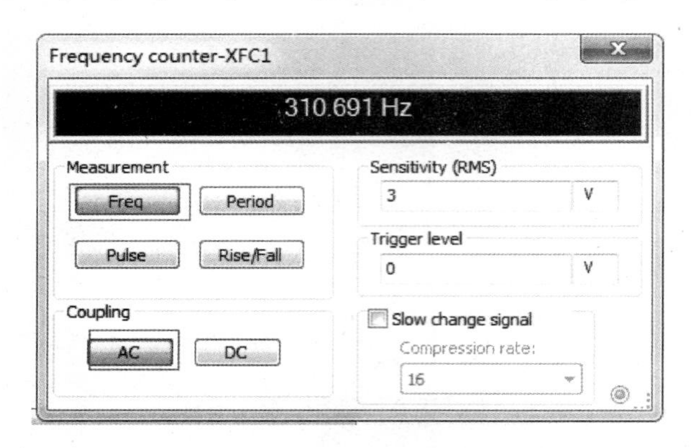

图 11.11 输出信号频率

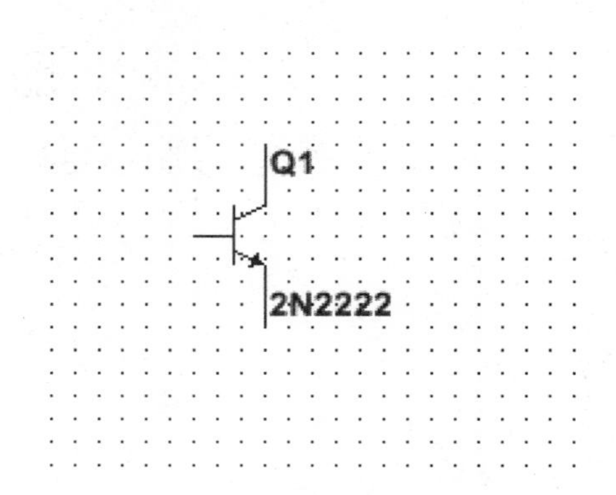

图 11.12 放置晶体管

11）放置电容、电阻的方法同步骤 3）、4），按照图 11.2 选择对应的电容、电阻。在［Select a Component］对话框中的［Group］下拉菜单中选择［Basic］，在［Family］选项框中选择［INDUCTOR］，在［Component］选择合适的电感放在图样上，如图 11.13 所示。

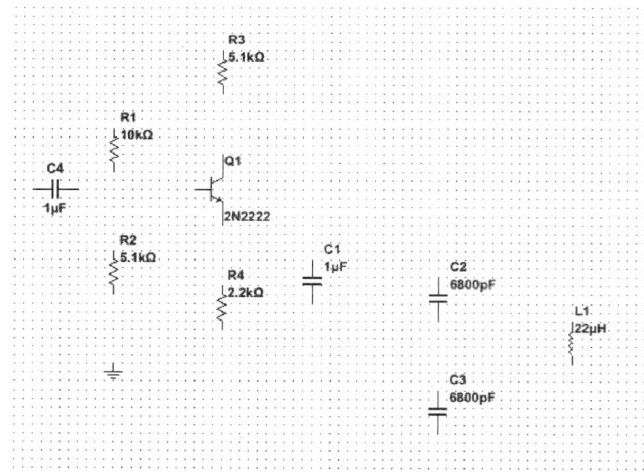

图 11.13 放置电阻、电容、电感

12）在［Select a Component］对话框中的［Group］下拉菜单中选择［Sources］，在［Family］选项框中选择［POWER_ SOURCES］，分别在右边的［Component］选项框中选择［DC_ POWER］和［GROUND］，放置在图样上，如图 11.14 所示。

13）在 Multisim 界面右边的虚拟仪器工具栏中选择［Oscilloscope］、［Frequency

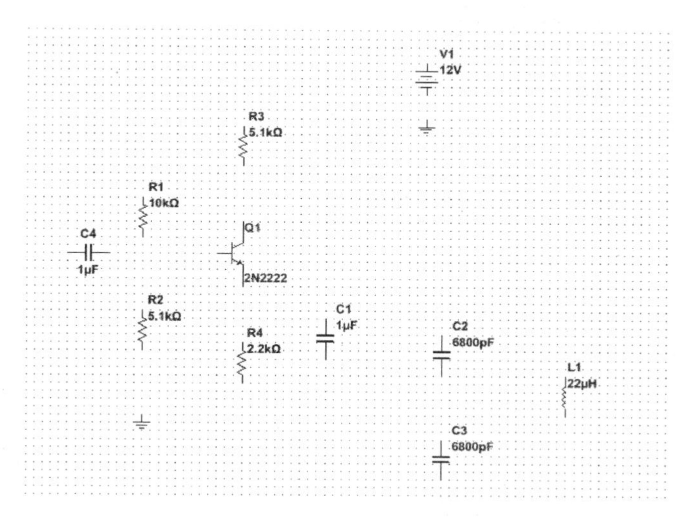

图 11.14　放置电源

counter］放置在图样上，如图 11.15 所示。

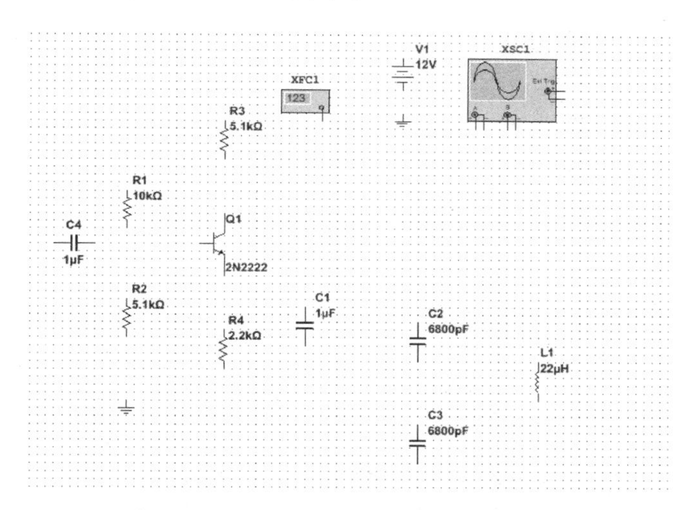

图 11.15　放置示波器、频率检测仪

14）将所摆放的元器件按图 11.2 所示进行电路连接，连接好的电路如图 11.16 所示。

15）单击“Run”按钮运行，用示波器观察晶体管基极的输出波形，如图 11.17 所示，通过频率检测仪检测频率，如图 11.18 所示，并将所测频率与理论值相比较。

四、实验内容与步骤

具体实验步骤如下：

1）确保 NI ELVIS Ⅱ+的电源开关处于断开状态。

2）将 NI ELVIS Ⅱ+上的原形板取下，取出 YL-NI ELVIS Ⅱ+系列实验模块转接板，将其插在 NI ELVIS Ⅱ+上，注意检查是否接插到位。

3）实验模块转接主板接插到位后，取出课程实验模块（信号的运算和处理）将其插在实验模块转接主板上，注意检查是否接插到位。

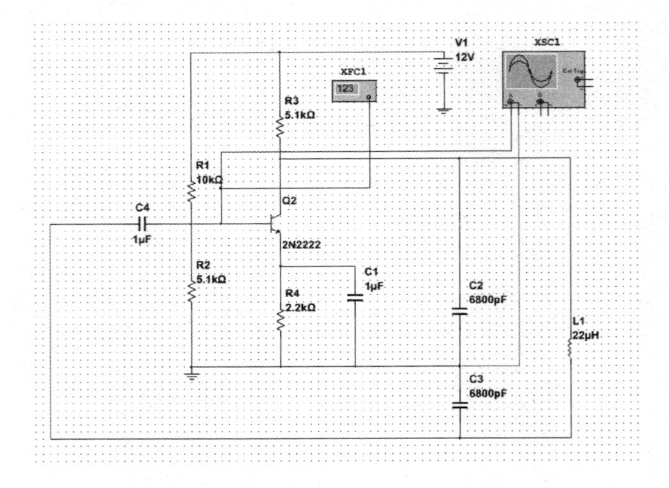

图 11.16 LC 正弦波振荡电路

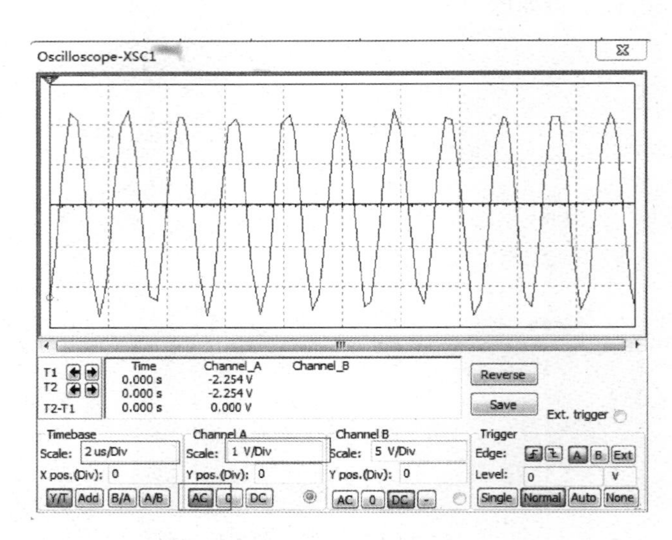

图 11.17 输出波形

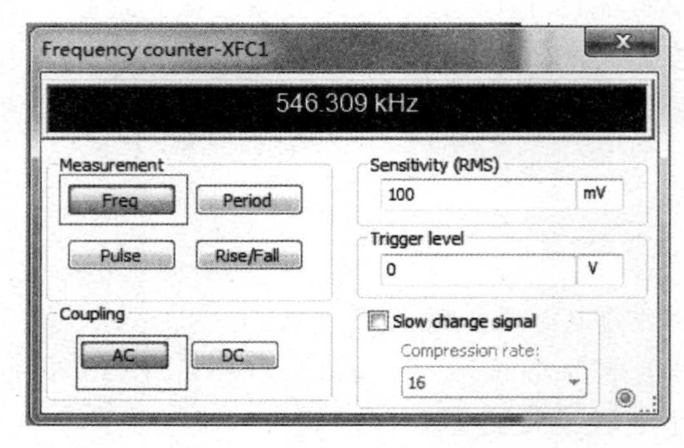

图 11.18 频率检测

4）RC 桥式正弦波振荡电路。按照图 11.1 进行电路连接，如图 11.19 所示，用杜邦线实际连线图如图 11.20 所示。

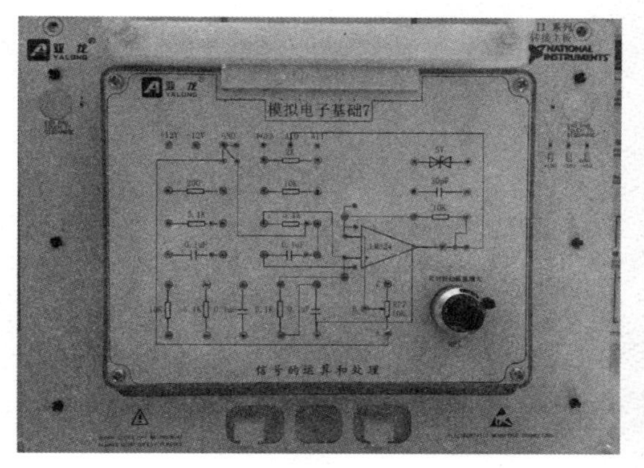

图 11.19　RC 桥式正弦波振荡电路

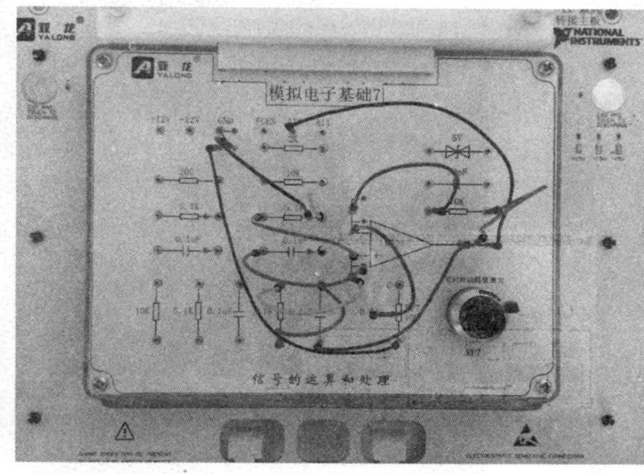

图 11.20　RC 桥式正弦波振荡电路实际连线图

5）检测电路无误后，先打开 NI ELVIS Ⅱ+工作站开关，再打开原形板开关，等待计算机识别设备。

6）打开［开始］→［所有程序］→［National Instruments］→［NI ELVISmx for NI ELVIS & myDAQ］菜单下的［NI ELVISmx Instruments Launcher］，在弹出面板上打开［Variable Power Supplies］（可变电源），调节电压至+12V、-12，单击“Run”按钮启动，如图 11.21 所示。

7）打开数字万用表，注意调整电位器 RP_7 的阻值，使得 R_f 略大于 $2RP_7$，由于 $R_f=10k\Omega$，可取 $RP_7=4.9k\Omega$ 接入电路，用数字万用表电阻档测阻值，如图 11.22 所示。打开［Oscilloscope］（示波器），用示波器观察运算放大器输出端的电压输出波形及频率值，如图 11.23 所示，并将频率值填入表 11.1。

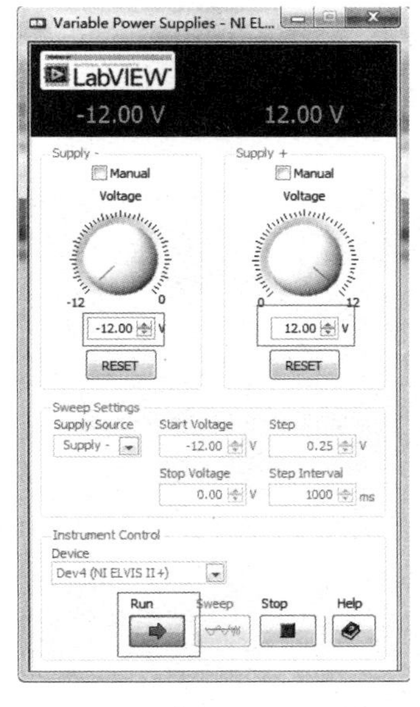

图 11.21　直流可调电源设置

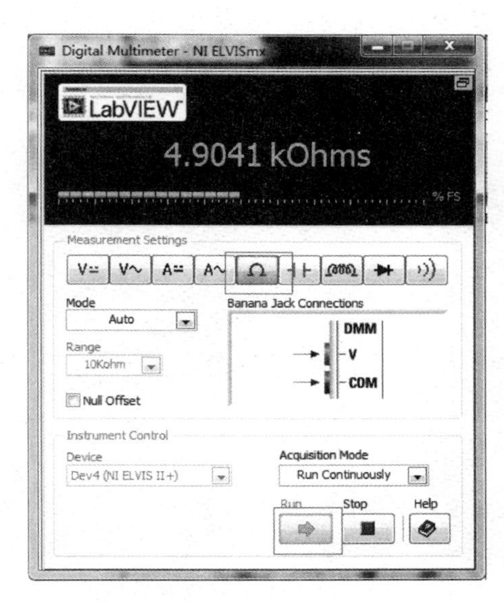

图 11.22　测量阻值

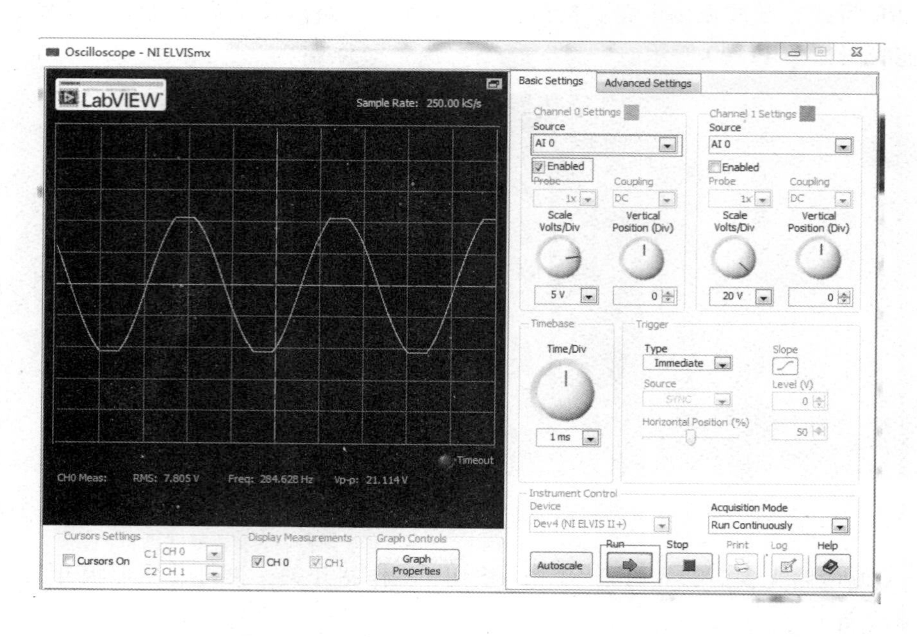

图 11.23　电压输出波形及频率值

表 11.1　各电路频率值

RC 振荡电路		LC 振荡电路		晶体振荡电路	
理论频率	实测频率	理论频率	实测频率	理论频率	实测频率
312Hz	284.628Hz	589kHz	590.243kHz	12MHz	11.998MHz

8）LC 正弦波振荡电路。关闭电源，取下信号的运算和处理模块，换上 LC、晶体正弦波振荡电路，按照图 11.2 进行电路连接，如图 11.24 所示，用杜邦线实际连线图如图 11.25 所示，启动示波器电源，用示波器观察晶体管基极的输出波形及频率值，如图 11.26 所示，并将频率值填入表 11.1。

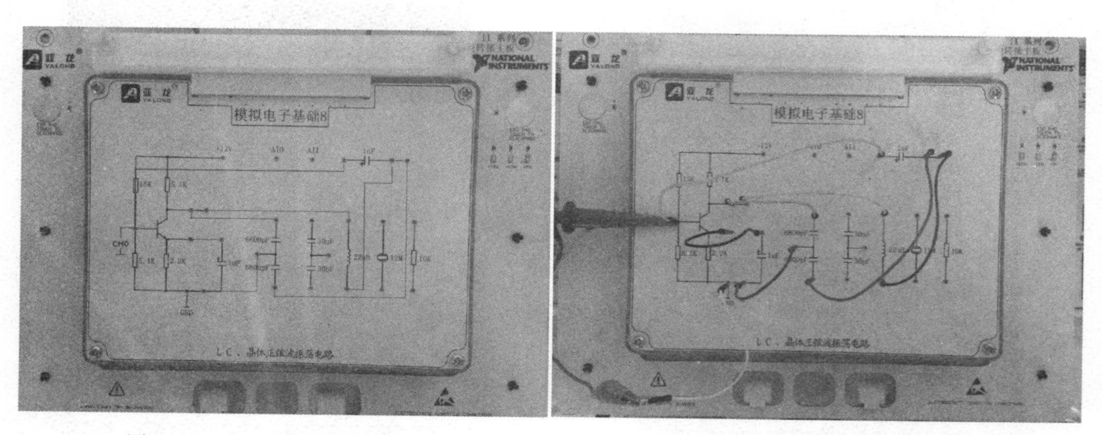

图 11.24　LC 正弦波振荡电路

图 11.25　LC 正弦波振荡电路实际连线图

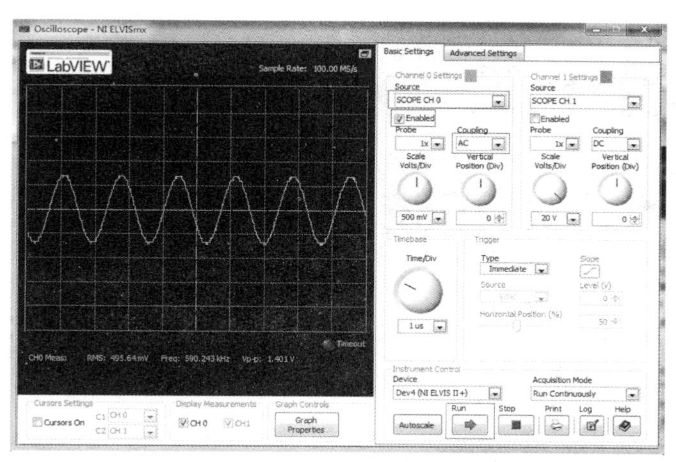

图 11.26　输出波形及频率值

9）晶体正弦波振荡电路。按照图 11.3 所示连接电路，如图 11.27 所示，用杜邦线实际连线图如图 11.28 所示，用示波器观察晶体管基极的输出波形及频率值，如图 11.29 所示，并将频率值填入表 11.1。

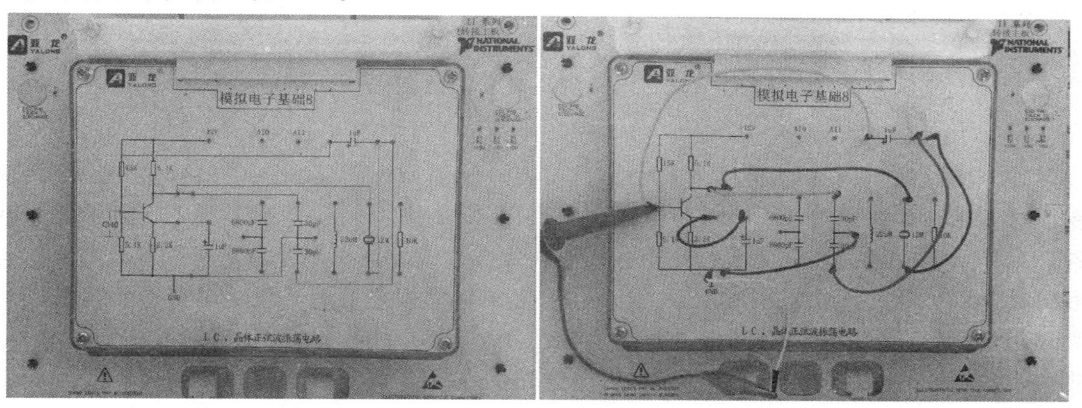

图 11.27　晶体正弦波振荡电路　　　　图 11.28　晶体正弦波振荡电路实际连接图

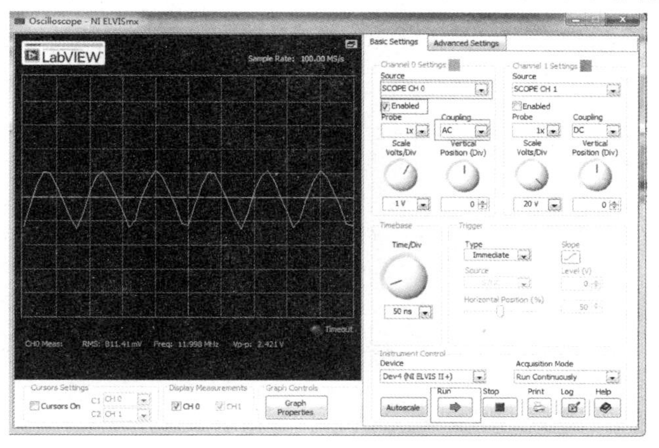

图 11.29　电压输出波形及频率值

实验项目十二

非正弦波发生电路

一、实验项目目的

1）了解电子电路中常用的矩形波、三角波和锯齿波三种非正弦波发生电路的组成。

2）会分析电路参数的改变对电路的电压输出波形的影响。

二、实验所需模块与元器件

1）压控振荡、非正弦波发生电路模块。

2）杜邦线若干。

三、实验原理及电路仿真

（一）实验原理

非正弦波发生电路如图 12.1 所示，只要将一个滞回比较器和一个积分器相连接，就能组成矩形波、三角波、锯齿波发生电路。在图 12.1 中右侧运算放大器中，如果积分电路正向积分的时间常数远大于反相积分的时间常数，或者反相积分的时间常数远大于正向积分的时间常数，那么输出电压 U_o 上升和下降的斜率相差很大，就可以获得锯齿波。利用二极管的单向导电性使积分电路两个方向的积分通路不同，就可获得锯齿波发生电路。图中 R_3 的阻值远小于 RP_6。如果两个积分通路的正反向积分的时间常数相同，就可获得三角波发生电路。

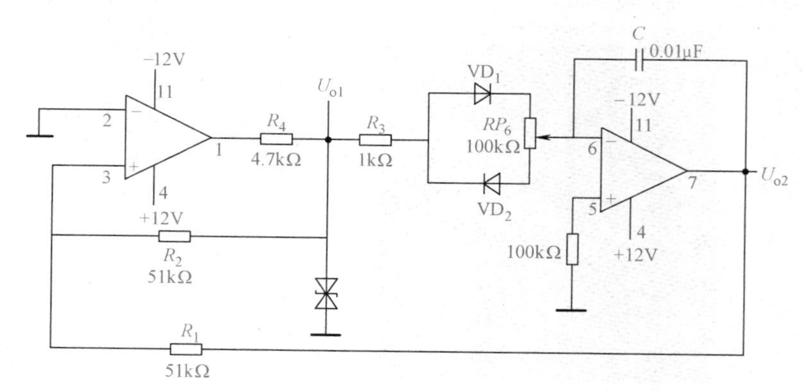

图 12.1　非正弦波发生电路

设二极管导通时的等效电阻可忽略不计，电位器的滑动端移到最上端。当 $U_{o1}=+U_z$ 时，VD_1 导通，VD_2 截止，输出电压的表达式为

$$U_o=-\frac{1}{R_3C}U_z(t_1-t_0)+U_o(t_0)$$

其中，U_z 为稳压管稳定电压，t_1、t_2 表示输出电压 U_o 发生跃变的两个时刻，$U_o(t_0)$ 为初态时的输出电压。可见，U_o 随时间变化线性下降。

当 $U_{o1}=-U_z$ 时，VD_2 导通，VD_1 截止，输出电压的表达式为

$$U_o=-\frac{1}{(R_3+RP_6)C}U_z(t_2-t_1)+U_o(t_1)$$

U_o 随时间变化线性上升。

根据三角波发生电路振荡周期的计算方法，可得出下降时间和上升时间，分别为

$$T_1=t_1-t_0\approx 2\cdot\frac{R_1}{R_2}\cdot R_3C$$

$$T_2=t_2-t_1\approx 2\cdot\frac{R_1}{R_2}\cdot(R_3+RP_6)C$$

所以振荡周期

$$T=\frac{2R_1(2R_3+RP_6)C}{R_2}$$

因为 R_3 的阻值远小于 RP_6，所以可以认为 $T\approx T_2$。

根据 T_1 和 T 的表达式，可得 U_{o1} 的占空比

$$\frac{T_1}{T}=\frac{R_3}{2R_3+RP_6}$$

调整 R_1 和 R_2 的阻值可以改变锯齿波的幅值；调整 R_1、R_2 和 RP_6 的阻值以及 C 的容量，可以改变振荡周期；调整电位器滑动端的位置，可以改变 U_{o1} 的占空比，以及锯齿波上升和下降的斜率。

（二）电路仿真

具体仿真步骤如下：

1）打开计算机中电工电子电路仿真软件 Multisim，单击［File］→［New］→［Blank］→［Create］新建一个空白的图样。

2）右击图样空白区域选择［Place Component］，打开［Select a Component］对话框，在［Group］下拉菜单中，选择［Analog］，在［Family］下选择［All Families］，在［Component］下搜索 LM358AD，选择［LM358AD］，分别把两个［LM358AD］芯片 U2A 和 U2B 放置在图样上，如图 12.2 所示。

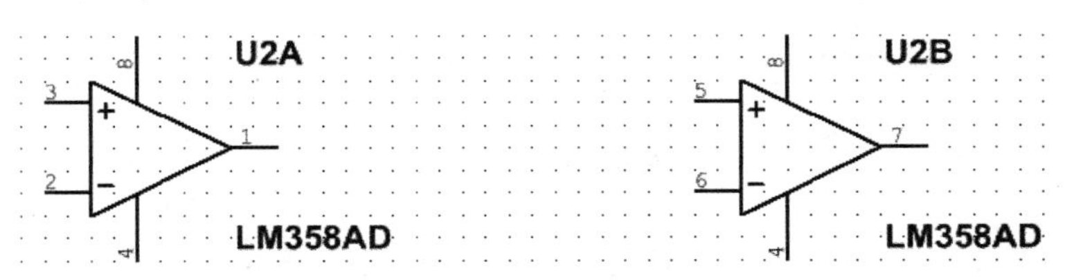

图 12.2　放置运放

3）同理打开［Select a Component］对话框，在［Group］下拉菜单中选择

[Basic]，在 [Family] 下选择 [RESISTOR]，参照图 12.1 中各电阻的阻值选择适合的电阻，放置在图样上。在 [Family] 下的 [POTENTIOMETER] 中选择电位器，如图 12.3 所示。

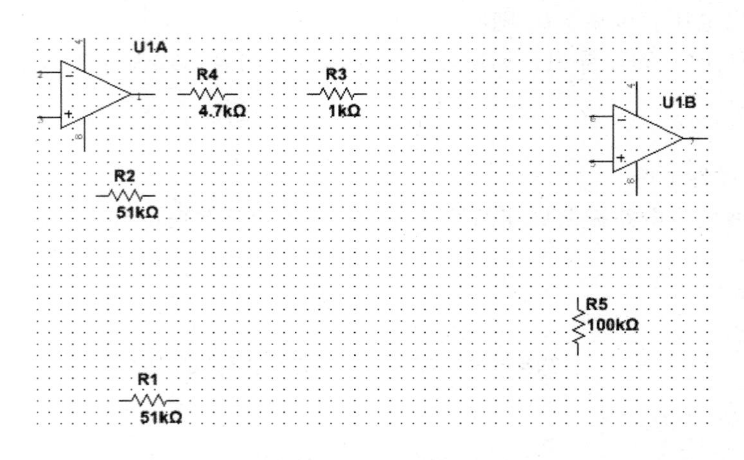

图 12.3 放置电阻

4）打开 [Select a Component] 对话框，在 [Group] 下拉菜单中选择 [Basic]，在 [Family] 选项框中选择 [CAPACITOR]，参照图 12.1 中各电容的值选择适合的电容，放置在图样上，如图 12.4 所示。

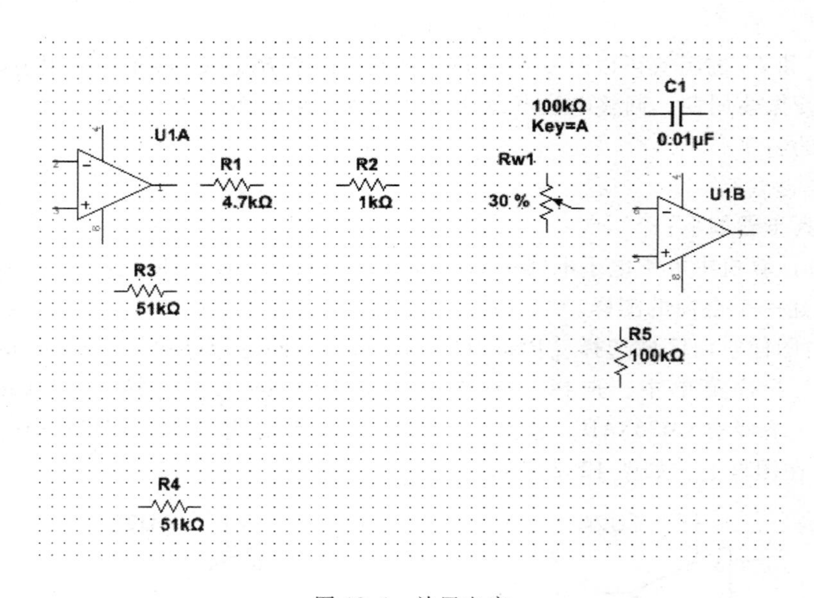

图 12.4 放置电容

5）打开 [Select a Component] 对话框，在 [Group] 下拉菜单中选择 [Diodes]，在 [Family] 下选择 [All Families]，在 [Component] 下搜索 1N4001，选择 [1N4001] 并放置两个在图样上，右击 [1N4001] 选择 [Filp horizontally]，可以将元器件进行水平翻转，如图 12.5 所示。

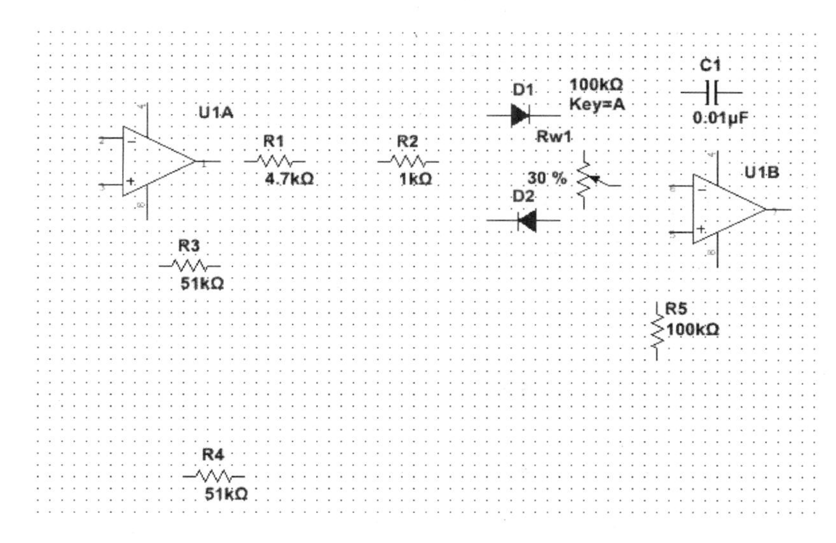

图 12.5　放置二极管

6）在［Select a Component］对话框的［Group］下拉菜单中选择［Diodes］，在［Family］下选择［DIODES_ VIRTUAL］，选择［ZENER］并放置两个在图样上，右击元器件选择［Filp vertically］，将其中一个单向稳压管进行垂直翻转，并将两个单向稳压管连接成一个双向稳压管，如图 12.6 所示。

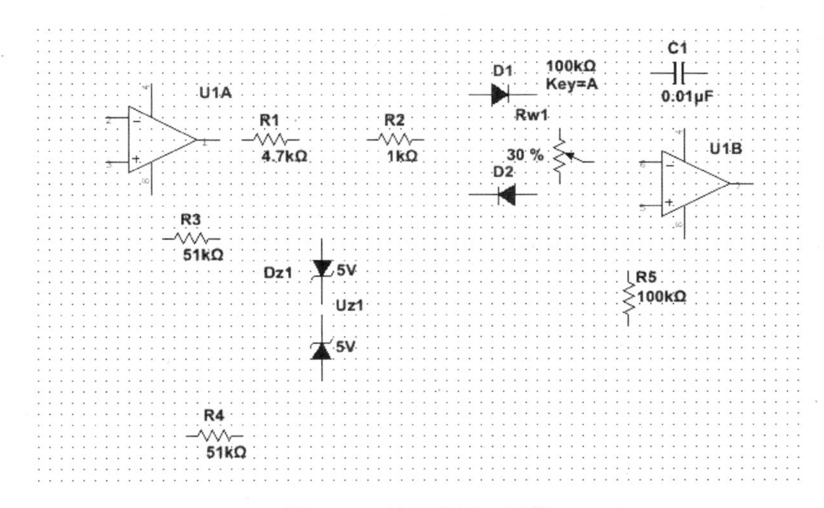

图 12.6　放置稳压二极管

7）在 Multisim 界面右边的虚拟仪器工具栏中选择［Oscilloscope］，将示波器放置在图样上，如图 12.7 所示，并将示波器测量探头 A+、B+按图 12.1 连接至 U_{o1} 与 U_{o2} 所示位置，将 A-、B-连接至地端。

8）将所摆放的其他元器件按图 12.1 进行电路连接，如图 12.8 所示。

9）单击软件上方主菜单中［Simulate］→［Run］进行电路仿真。双击图样上的示波器，可以打开示波器界面显示测量波形，如图 12.9 所示。

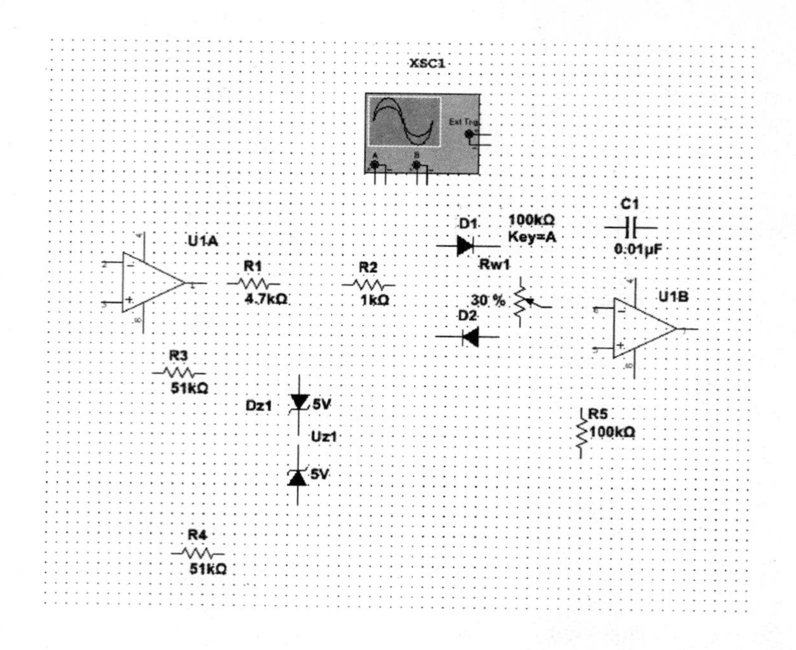

图 12.7　放置示波器

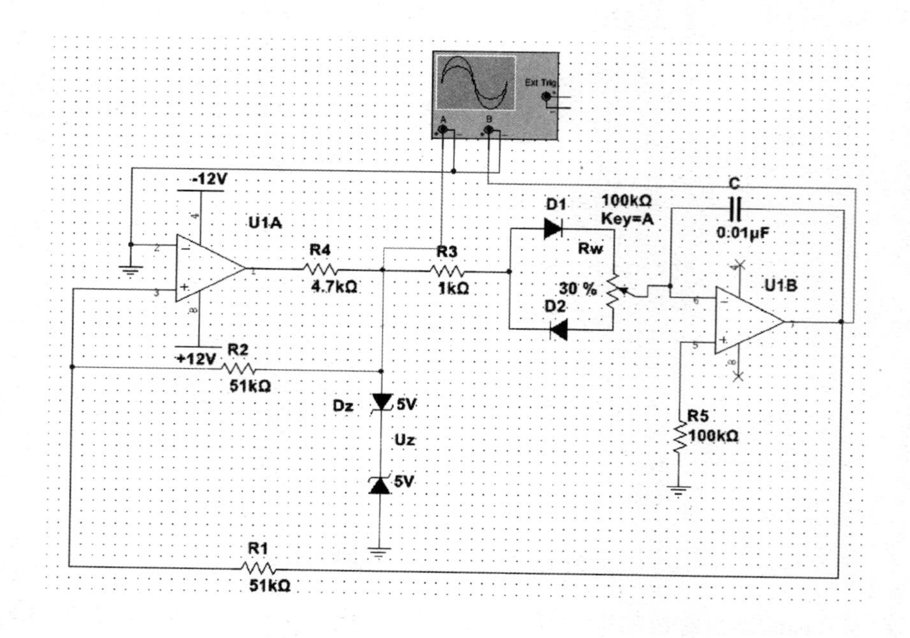

图 12.8　非正弦波发生电路仿真电路图

10）改变 R_w（10%、50%、90%）的阻值查看不同阻值下的波形，如图 12.10～图 12.12 所示。

11）保存并退出 Multisim，可以看到仿真软件中的波形与理论计算得出的结论一致。

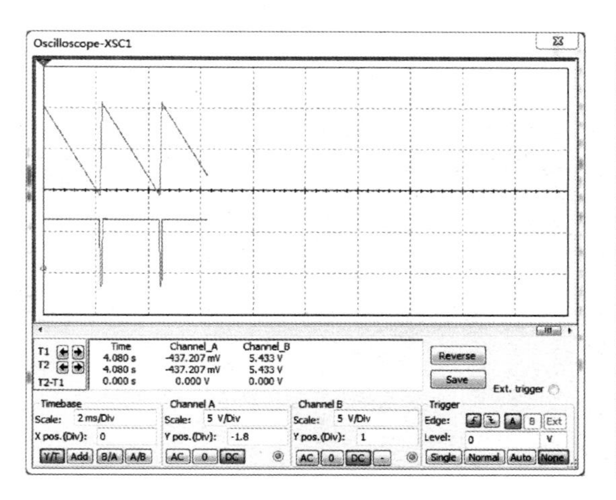

图 12.9　输出波形

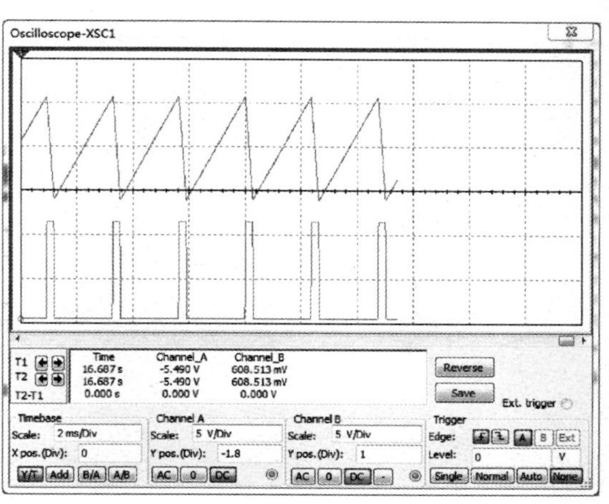

图 12.10　10%阻值下输出波形

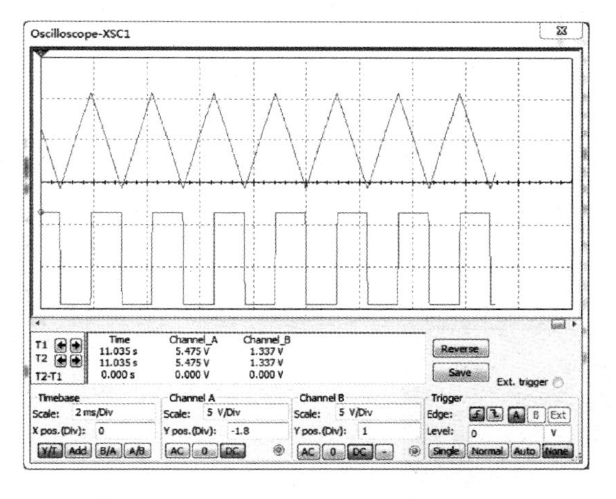

图 12.11　50%阻值下输出信号波形

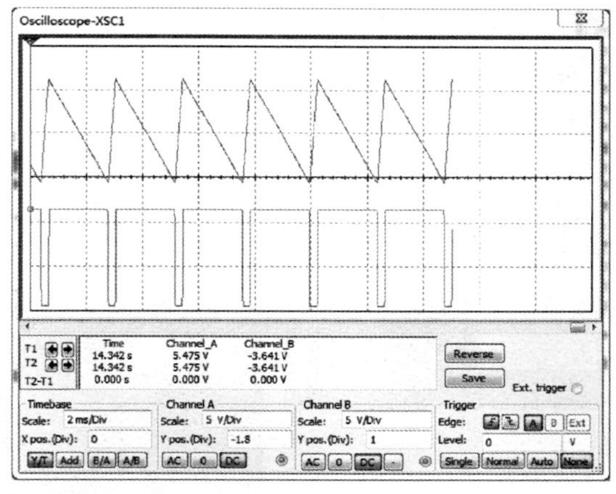

图 12.12　90%阻值下输出波形

四、实验内容与步骤

（一）电路实验步骤

具体实验步骤如下：

1）确保 NI ELVIS Ⅱ+工作站的电源开关处于断开状态。

2）将 NI ELVIS Ⅱ+上的原形板取下，取出 YL-NI ELVIS Ⅱ+系列实验模块转接主板，将其插在 NI ELVIS Ⅱ+上，注意检查是否接插到位。

3）实验模块转接主板接插到位后，取出课程实验模块（压控振荡、非正弦波发生电路）将其插在实验模块转接主板上，注意检查是否接插到位。

4）按图 12.1 进行电路连接，如图 12.13 所示，用杜邦线实际连线图如图 12.14 所示，注意检测是否正确。

5）检测电路无误后，先打开工作站开关，再打开原形板开关，等待计算机识别设备。

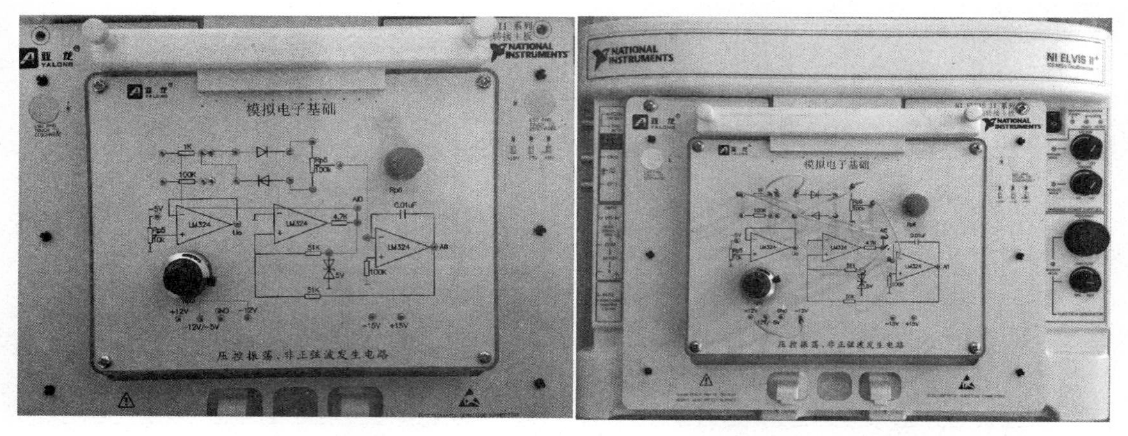

图 12.13　非正弦波发生器　　　　图 12.14　实际连接图

6）打开［开始］→［所有程序］→［National Instruments］→［NI ELVISmx for NI ELVIS & NI myDAQ］菜单下的［NI ELVISmx Instrument Launcher］。打开［Variable Power Supplies］，设置［Supply -］为-12V，设置［Supply +］为 12V，如图 12.15 所示，再次确认连线正确后，单击“Run”按钮运行。

7）打开［Oscilloscope］，将示波器探头分别连接至电路板上的 AI 0 与 AI 1。按照图 12.16 设置参数后，单击“Run”按钮，可看到如下输出波形，改变 RP_6 的阻值并观察波形的变化。

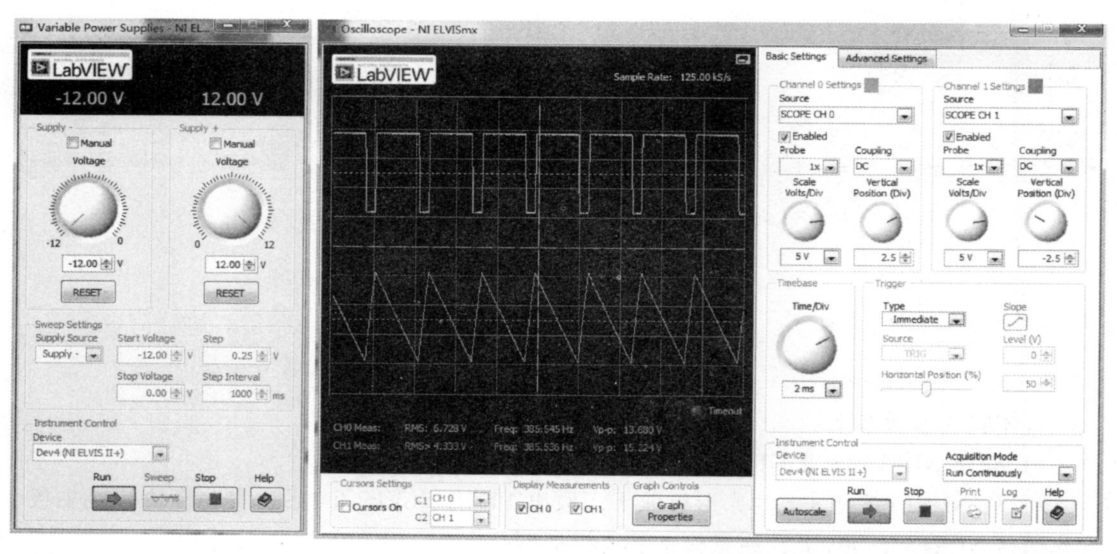

图 12.15　可调电源设置　　　　图 12.16　示波器参数设置及输出波形

（二）LabVIEW 编程与数据采集实验

由于 LabVIEW 图形化编程语言在工控领域以其简单易学而深受众多技术人员的欢迎与肯定。这里引入 LabVIEW 波形采集与显示的一个案例，以期学生对测控领域的编程有初步的认识。具体实验步骤如下：

1）打开 VI：Voltage-Continuous Input. vi，波形显示部分已连好，实验所使用信号采集的采样率为 250kS/s，程序框图如图 12.17 所示。

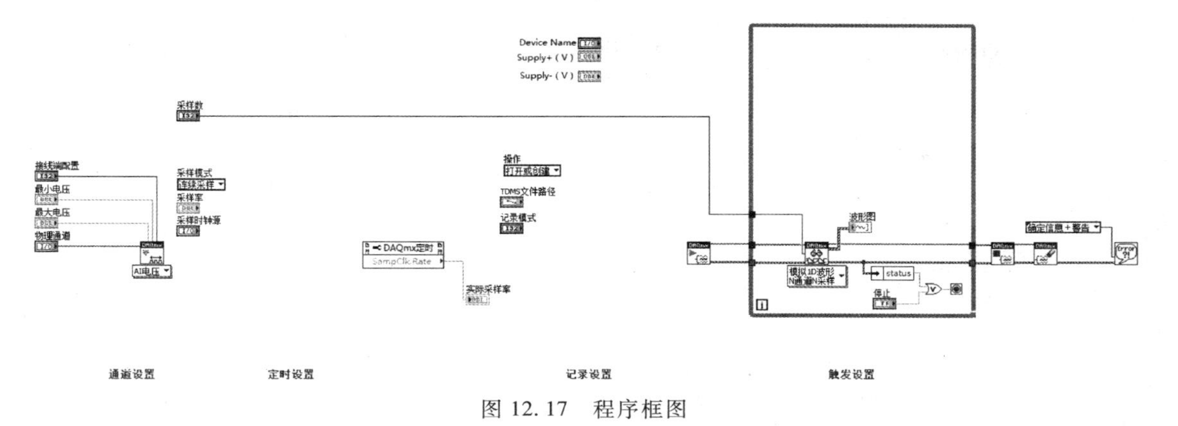

图 12.17　程序框图

2）设定采样时钟。在［测量 IO］→［DAQmx-数据采集］下找到函数［DAQmx 定时］，并添加至程序框图。设置［采样模式］为连续采样，多态 VI 选择器选择为采样时钟，即图形程序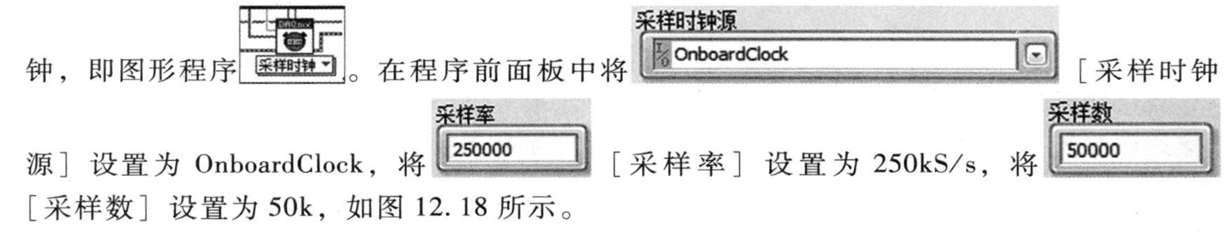。在程序前面板中将［采样时钟源］设置为 OnboardClock，将［采样率］设置为 250kS/s，将［采样数］设置为 50k，如图 12.18 所示。

3）记录设置。在［测量 IO］→［DAQmx-数据采集］→［DAQmx-高级任务选项］下找到函数［DAQmx 配置记录］，并添加至程序框图。设置［操作］为打开或创建，并将［TDMS 文件路径］与［记录模式］连接至该 VI，如图 12.19 所示。

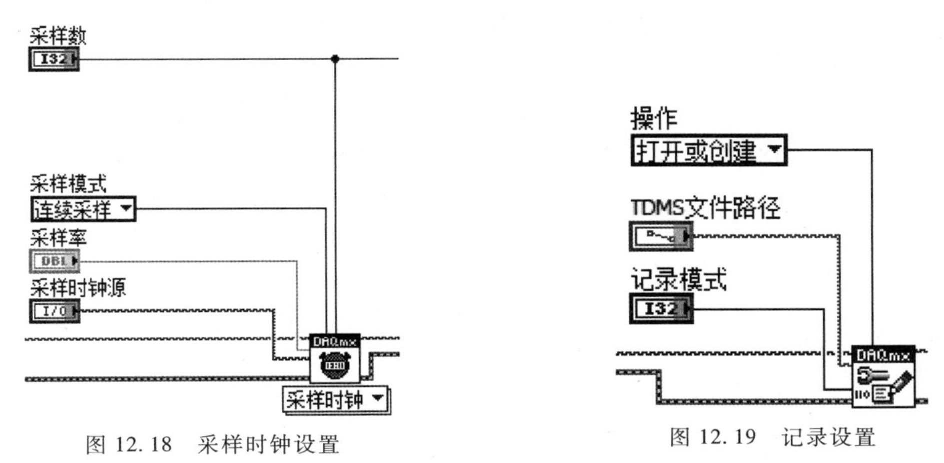

图 12.18　采样时钟设置

图 12.19　记录设置

4）设定输入电压与通道。在［测量 IO］→［NI ELVISmx］下找到函数［Variable Power Supplies］，并添加至程序框图。将［Device Name］、［Supply+(V)］与［Supply-(V)］连接至该 VI，如图 12.20 所示。同时将函数 Stop（图 12.20 中红色停止图标）输入端与 While 循环停止条件连接，以确保在程序结束的时候可调电源（VPS）被重置为零，如图 12.20 所示。

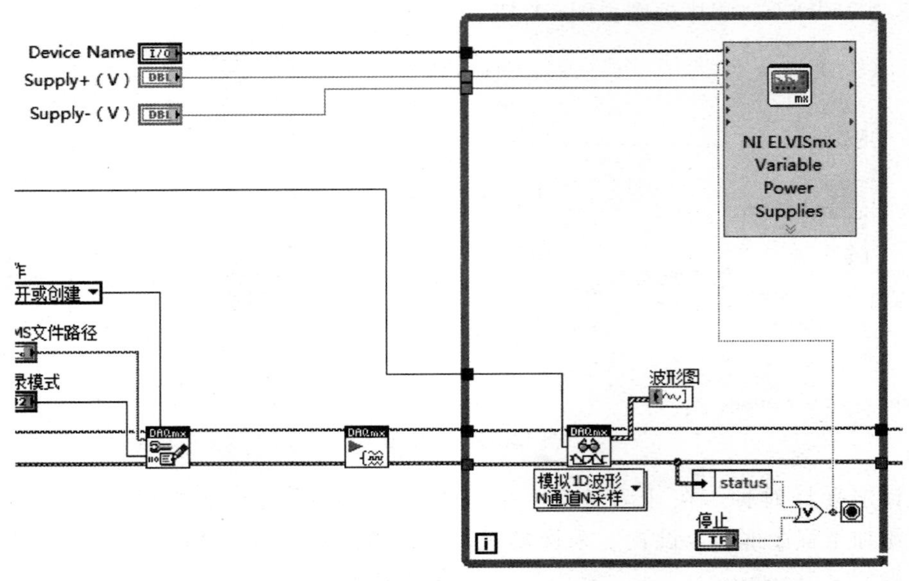

图 12.20　设定输入电压与通道

5）切换至前面板，在［通道设置］中设置［最大电压］为10，［最小电压］为-10，［接线端配置］为默认，在［定时设置］中设置［采样时钟源］为OnboardClock，采样率为250000，［采样数］为50000，在［电压设置］中设置［Supply+(V)］为12V，［Supply-(V)］为-12V，并选择正确的设备。选择［物理通道］AI 0或AI 1可分别观察两个通道的波形。设置完毕后单击运行按钮，采集波形结果如图12.21、图12.22所示。

6）单击“停止”按钮，保存并退出VI，可以看出采集到的实际电路的波形与理论计算、软件仿真结果一致。

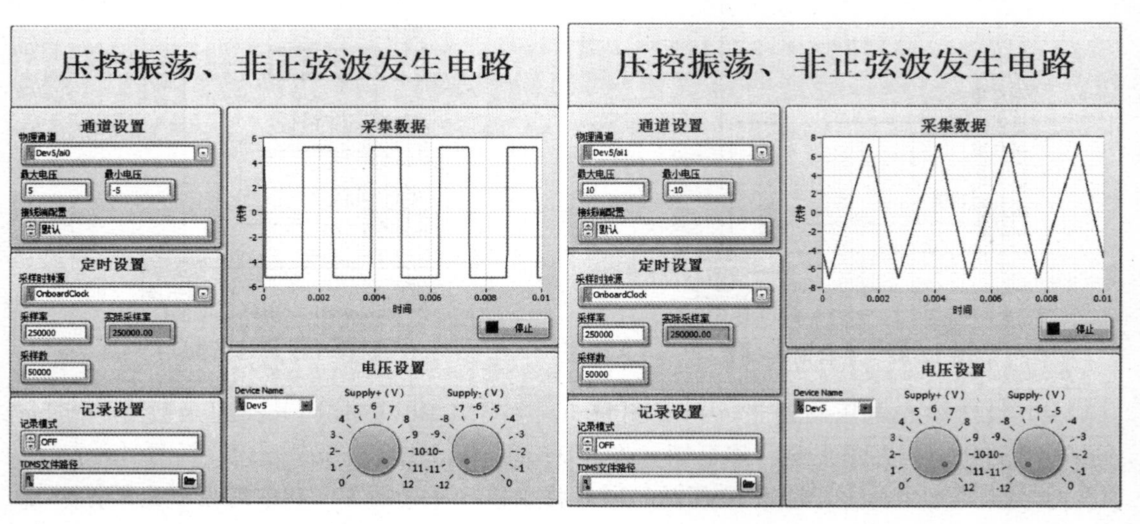

图 12.21　AI 0 通道波形　　　　图 12.22　AI 1 通道波形

实验项目十三

信号的转换电路

一、实验项目目的

1）了解由集成运算放大器组成的电压—频率转换电路的结构和特点。

2）掌握常用集成压控振荡器 LM324 的用法。

3）学会看电路图并根据电路图调试电路。

二、实验所需模块与元器件

1）压控振荡、非正弦波发生电路模块。

2）杜邦线若干。

三、实验原理及电路仿真

（一）实验原理

本实验项目主要介绍由集成运算放大器构成的电压—频率转换电路。

图 13.1 所示为一种电荷平衡式电压—频率转换电路，虚线左边为积分器，右边为滞回比较器。二极管 VD 的状态决定于输出电压，电阻 R_5 起限流作用，通常 $R_5 << R_1$。通过计算可知电路的振荡频率和电压的关系为 $f \approx [R_3/(2R_1R_2C)](|U_i|/U_{VZ})$，$U_{VZ}$ 为稳压管的稳定电压（实测 U_{VZ} 约为 6.2V，仿真以 5V 为准），可见振荡频率与输入电压的数值成正比。

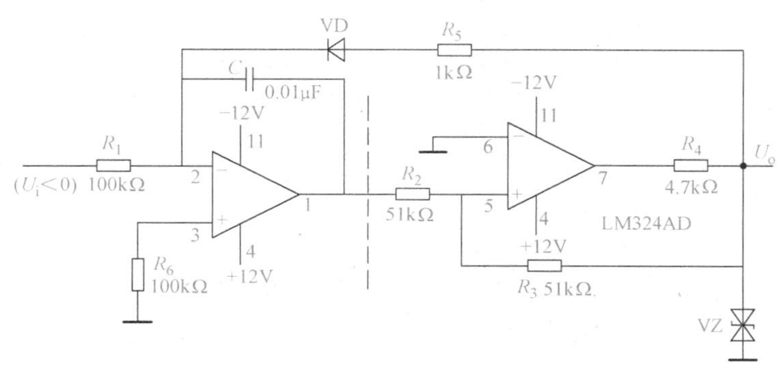

图 13.1 电荷平衡式电压—频率转换电路

（二）电路仿真

具体仿真步骤如下：

1）打开计算机中电工电子电路仿真软件 Multisim，单击［File］→［New］→［Blank］→

[Create] 新建一个空白的图样。

2）右击图样空白区域选择 [Place Component]，打开 [Select a Component] 对话框中，在 [Group] 下拉菜单中选择 [Analog]，在 [Family] 选项框中选择 [All families]，在 [Component] 下搜索 LM324AD，把 [LM324AD] 放在图样上，如图 13.2 所示。

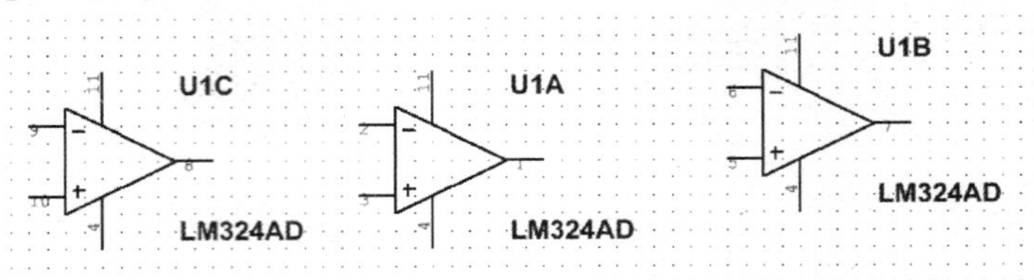

图 13.2　放置运算放大器

3）同理打开 [Select a Component] 对话框，在 [Group] 下拉菜单中选择 [Basic]，在 [Family] 选项框中选择 [RESISTOR]，参照图 13.1 中各电阻的阻值选择适合的电阻，放置在图样上。在 [Family] 下的 [POTENTIOMETER] 中选择电位器，如图 13.3 所示。

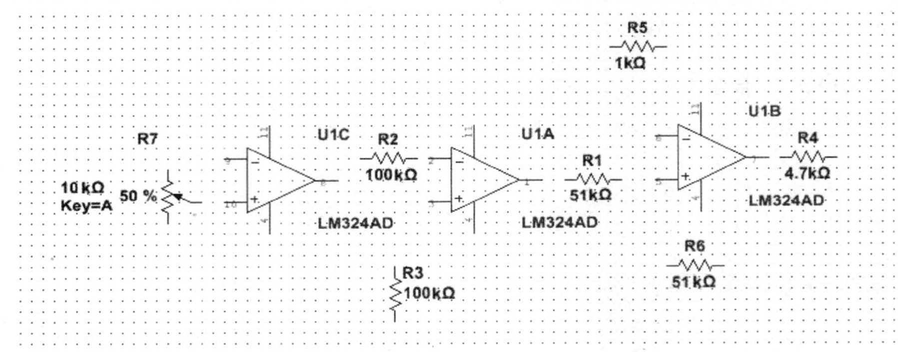

图 13.3　放置电阻

4）打开 [Select a Component] 对话框，在 [Group] 下拉菜单中选择 [Basic]，在 [Family] 选项框中选择 [CAPACITOR]，参照图 13.1 中各电容的值选择适合的电容，放置在图样上，如图 13.4 所示。

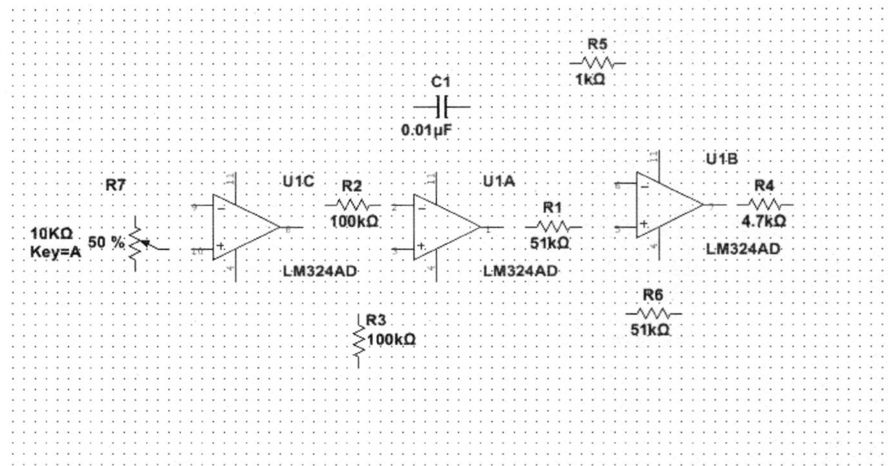

图 13.4　放置电容

5）在［Select a Component］对话框中的［Group］下拉菜单中选择［Diodes］，在［Family］下的［DIODES_ VIRTUAL］中选择［ZENER］，放置两个在图样上，选择其中一个［ZENER］，右击选择［Filp vertically］进行垂直翻转，将两个单向稳压管连接成一个双向稳压管，如图 13.5 所示。

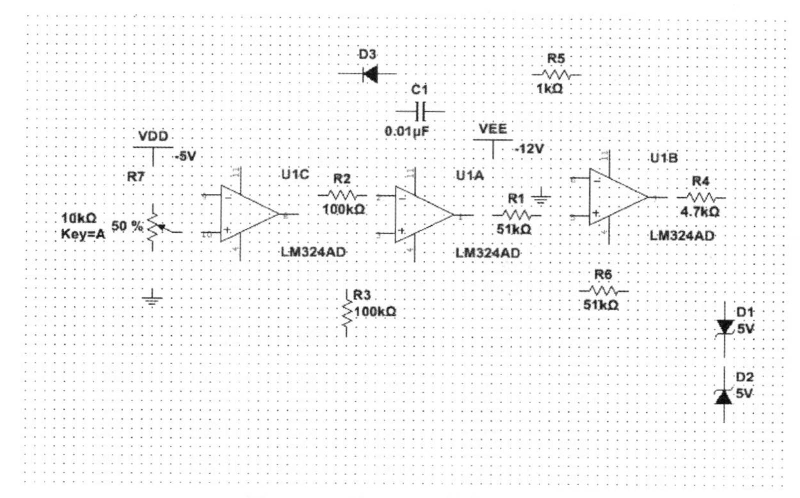

图 13.5　放置二极管与稳压管

6）在［Select a Component］对话框中的［Group］下拉菜单中选择［Sources］，在［Family］选项框中选择［POWER_ SOURCES］，分别在右边的［Component］选项框中选择［VCC］（设置为 12V）、［VEE］（设置为-12V）、［VDD］（设置为-5V）和［GROUND］，放置在图样上，如图 13.6 所示。

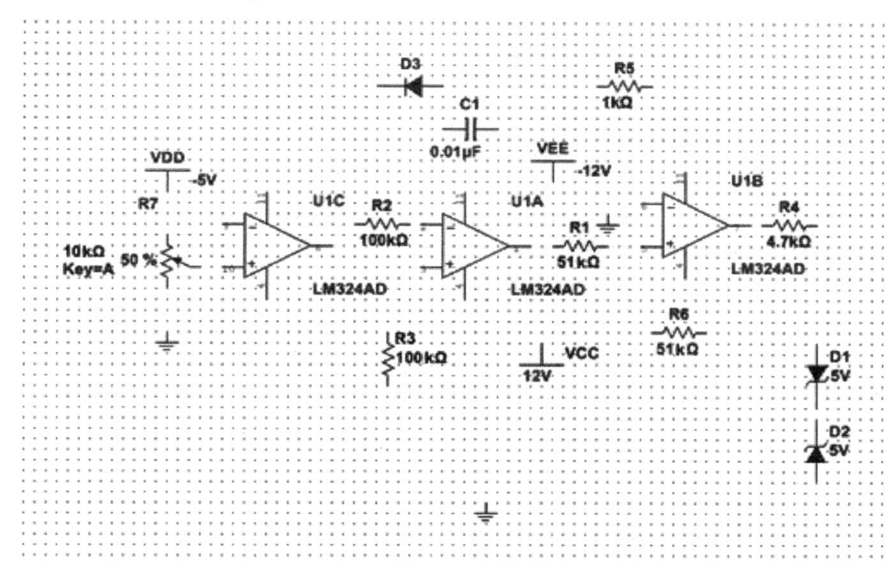

图 13.6　放置电源

7）在 Multisim 界面的右边虚拟仪器工具栏中选择［Multimeter］、［Oscilloscope］

和［Frequency counter］，放置在图样上，如图 13.7 所示，并将万用表设置为直流电压测量功能。

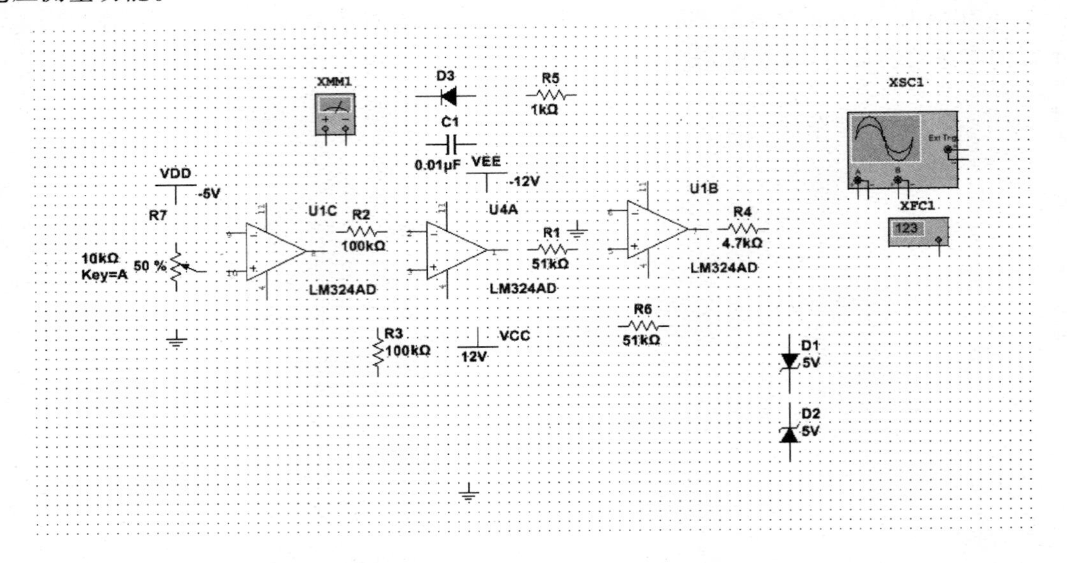

图 13.7　放置万用表、示波器、频率分析仪

8）将所摆放的元器件按图 13.1 所示进行电路连接，连接好的电路如图 13.8 所示。

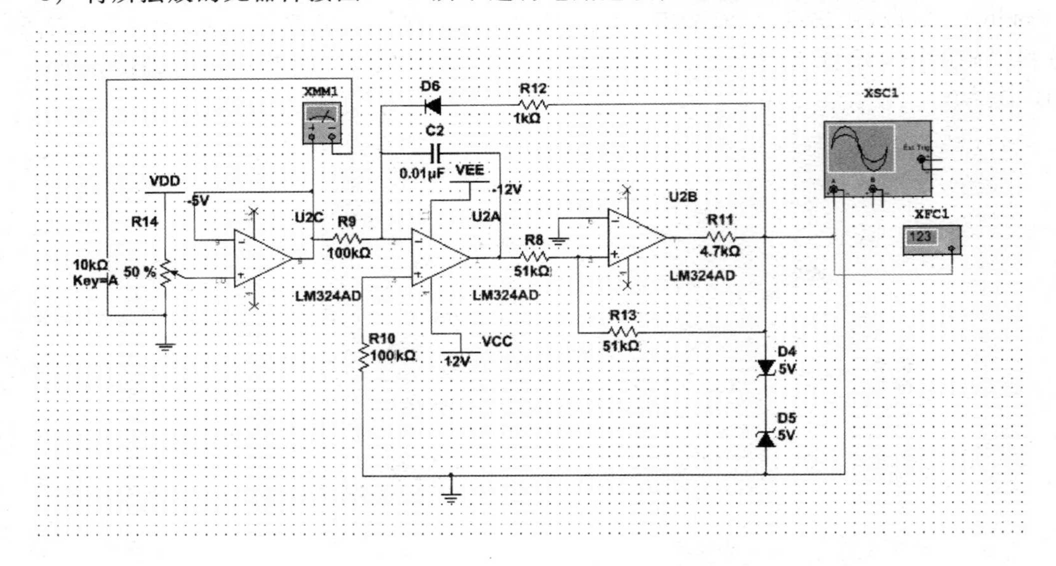

图 13.8　电荷平衡式电压—频率转换仿真电路

9）将数字万用表调至直流电压档，接至电压跟随器输出端观察电压。打开示波器，观察输出端电压 U_o 波形与输入电压改变时频率的变化，如图 13.9～图 13.11 所示。注意两个电路应该共地，并将所处特定输入电压所对应的频率值记录在表 13.1 中。如频率值无法显示，可以根据波形先求出周期再计算频率。

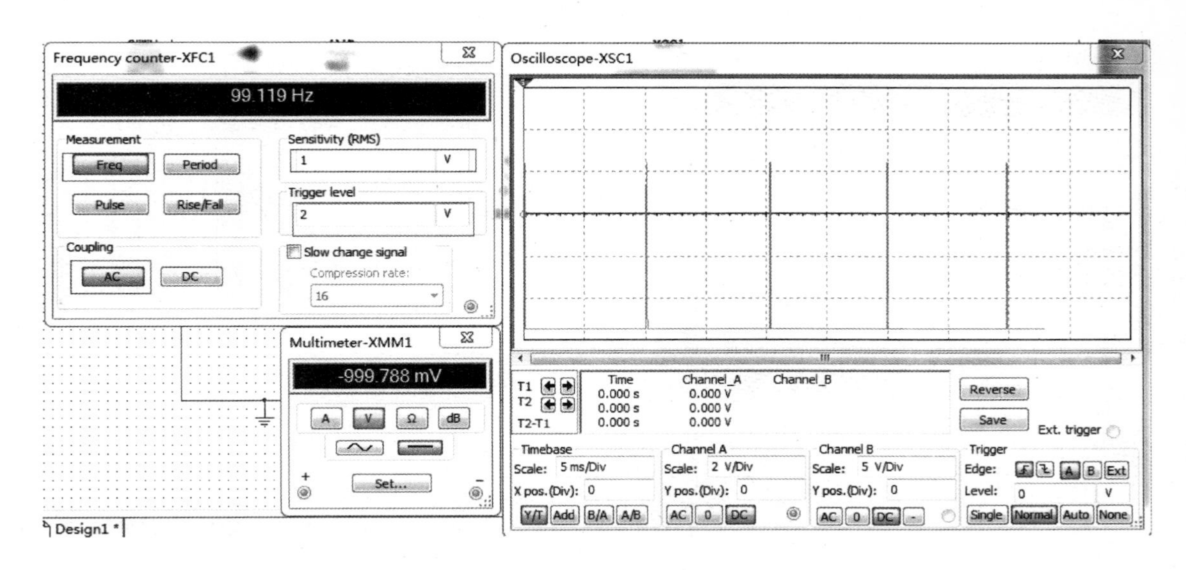

图 13.9　输入电压-1000mV时频率值及输出电压波形

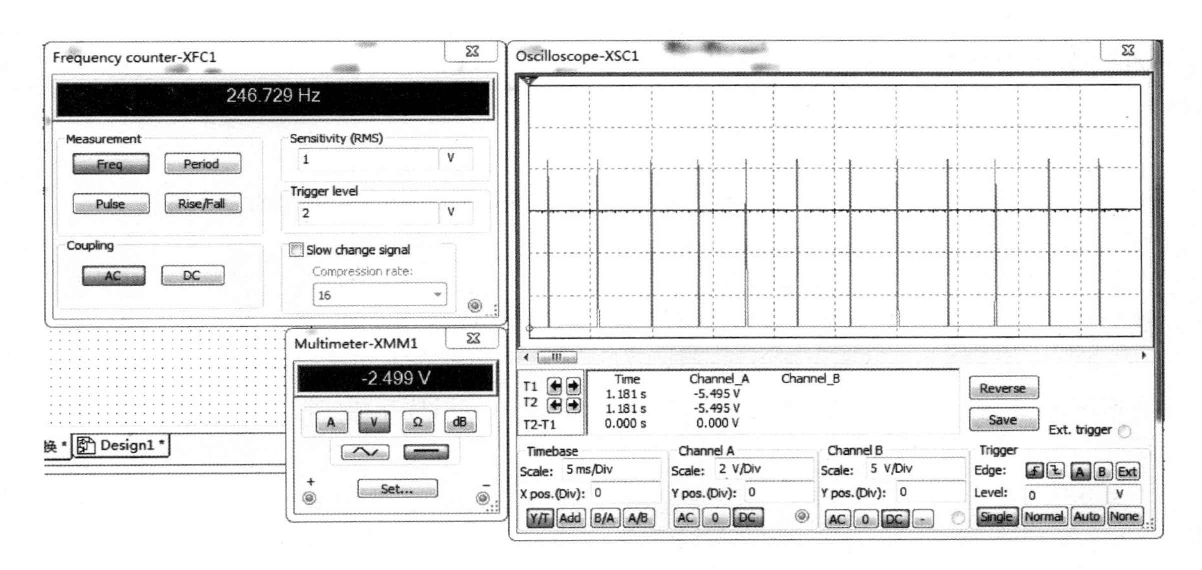

图 13.10　输入电压-2.5V时频率值及输出电压波形

表 13.1　输入电压与频率关系表

集成压控振荡器		
输入电压	振荡频率 f 理论值	振荡频率 f 仿真测量值
$U_i=-1V$	100Hz	99.1Hz
$U_i=-2.5V$	250Hz	246.7Hz
$U_i=-5V$	500Hz	490.1Hz

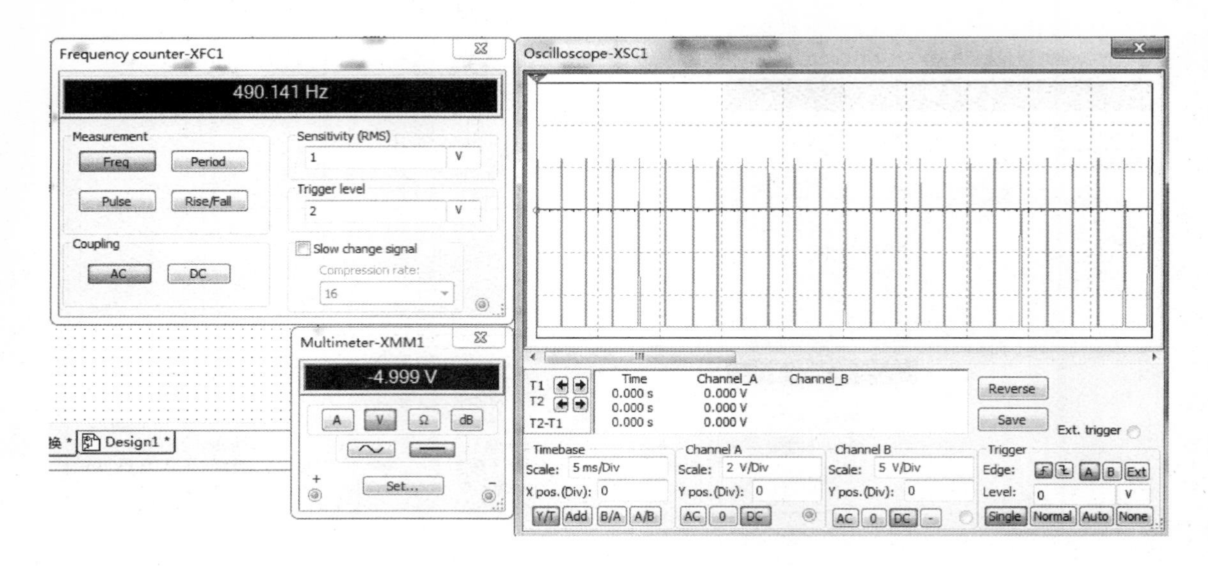

图 13.11　输入电压-5V 时的频率值及输出电压波形

四、实验内容与步骤

具体实验步骤如下：

1）确保 NI ELVIS Ⅱ+的电源开关处于断开状态。

2）将 NI ELVIS Ⅱ+上的原形板取下，取出 YL-NI ELVIS Ⅱ+系列实验模块转接主板，将其插在 NI ELVIS Ⅱ+上，注意检查是否接插到位。

3）实验模块转接主板接插到位后，取出课程实验模块（压控振荡、非正弦波发生电路）将其插在实验模块转接主板上，注意检查是否接插到位。

4）集成运算放大器构成的电压—频率转换电路。将模块上的未接好的压控振荡电路根据图 13.1 进行电路逻辑关系连接，如图 13.12 所示，用杜邦线实际连线图如图 13.13 所示。

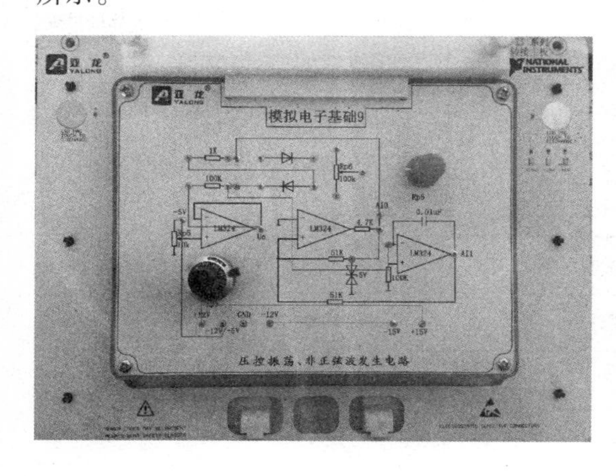

图 13.12　电压—频率转换电路

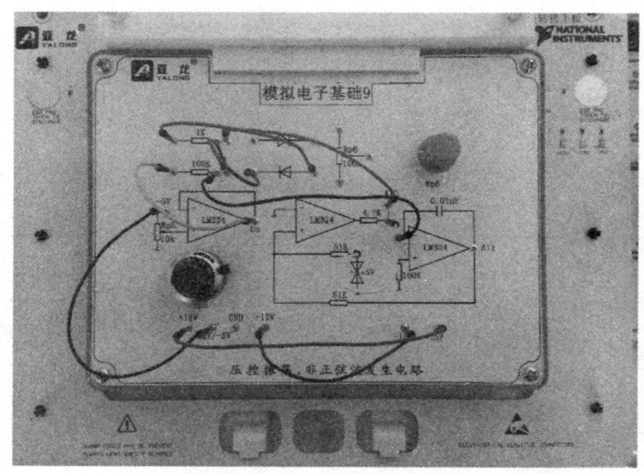

图 13.13　用杜邦线实际连线图

5）打开［开始］→［所有程序］→［National Instruments］→［NI ELVISmx for NI ELVIS & myDAQ］菜单下的［NI ELVISmx Instruments Launcher］，打开面板上的［Variable Power Supplies］（可变电源），将supply-调至-5V（如图13.14所示），将-5V的直流电源加在电压跟随器同相输入端的10kΩ电阻上，以滑动电位器使得输入电压可变，±12V电源因可调电源接口有限，可以使用固定±15V电源，电压跟随器的连接如图13.15所示。

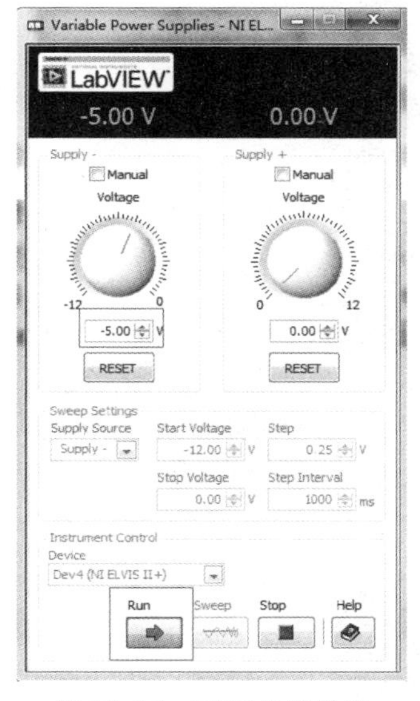

图13.14　可调电源设置

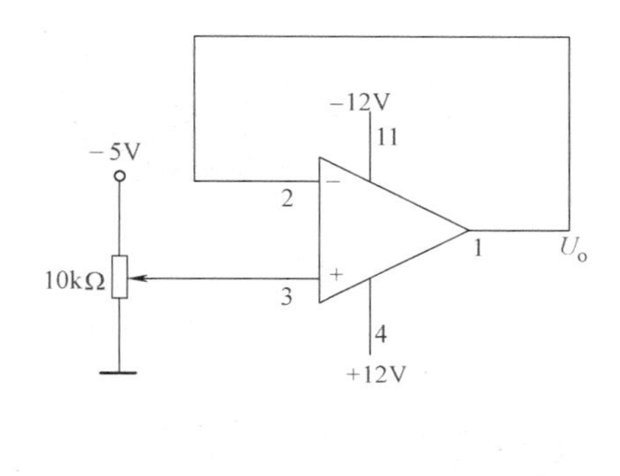

图13.15　电压跟随器电路

6）将电压跟随器的输出端电压U_o作为输入端接到图13.1所示的压控振荡器的电压输入端U_i。调整电位器以改变电压跟随器的输出电压U_o，从而U_i的电压也随之变化。将数字万用表调至直流电压档，接至电压跟随器输出端观察电压变化。打开示波器，通过示波器的CH0端口接到图13.1所示的电压输出端U_o，观察输入电压改变时频率的变化，如图13.16～图13.18所示。注意两个电路应该共地，并将所处特定输入电压对应的频率记

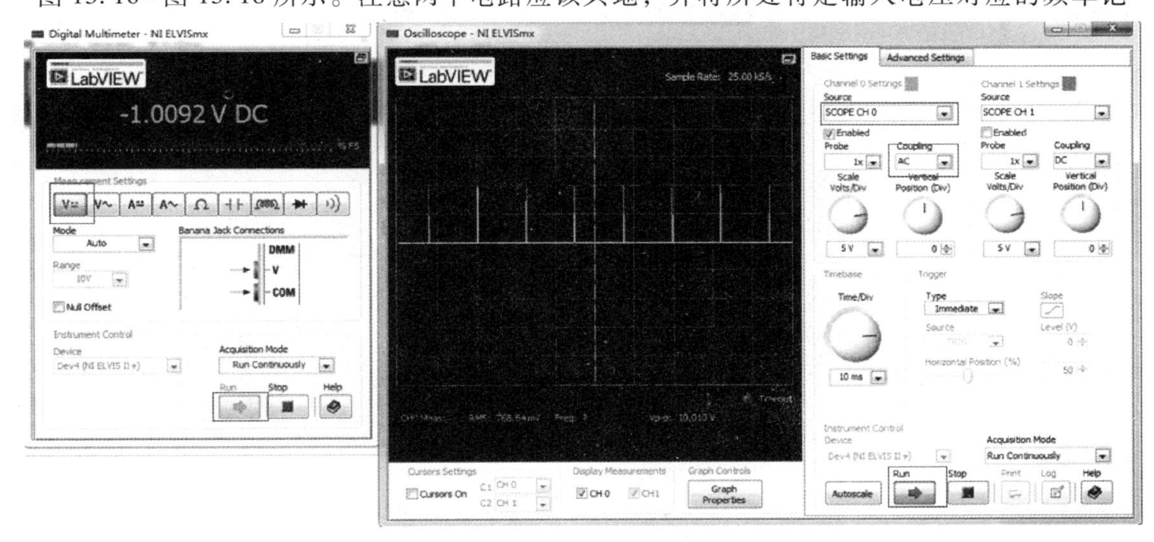

图13.16　输入电压为-1V时对应频率

录在表 13.2 中。如频率无法显示可以根据波形先求出周期再计算频率。

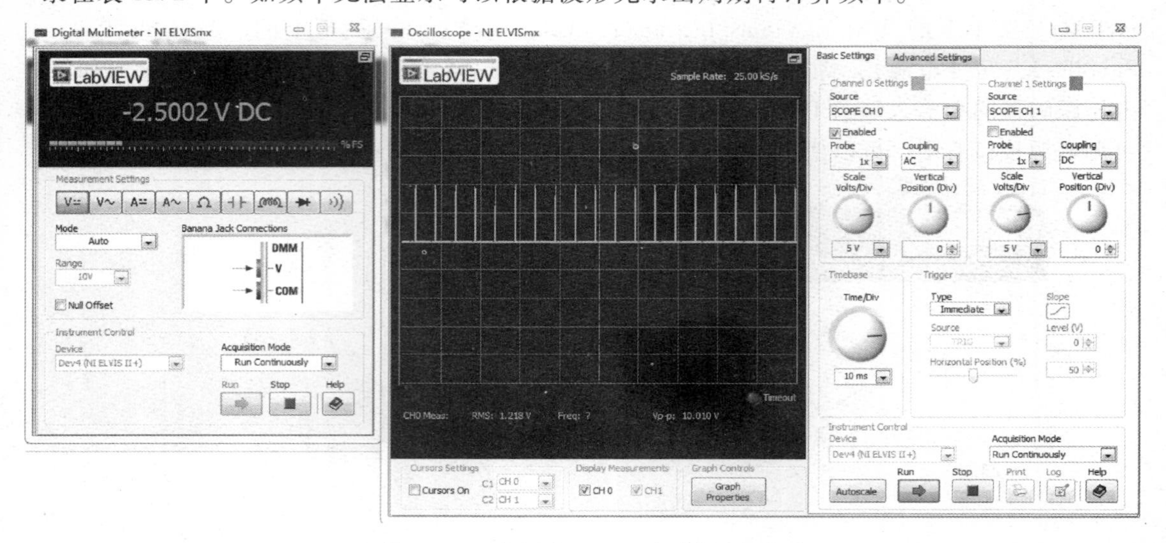

图 13.17 电压为-2.5V 时对应的频率

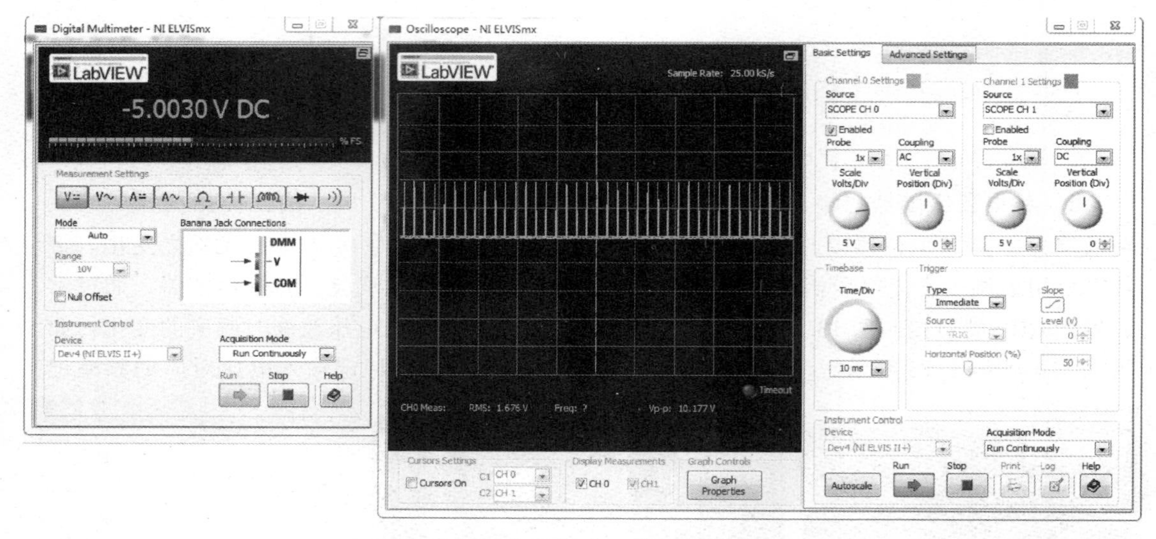

图 13.18 电压为-5V 时对应的频率

表 13.2 输入电压与频率关系表

集成运算放大器压控振荡器		
输入电压	振荡频率 f 理论值	振荡频率 f 实测值
$U_i=-1V, U_z=6.2V$	81Hz	81.076Hz
$U_i=-2.5, U_z=6.2V$	202Hz	197.553Hz
$U_i=-5V, U_z=6.2V$	403Hz	386.845Hz

实验项目十四

功率放大电路

一、实验项目目的

1）了解 OCL 互补功率放大器的调试方法。

2）测量 OCL 互补功率放大器的最大输出功率、效率。

3）了解 OTL 互补功率放大器的调试方法。

4）测量 OTL 互补功率放大器的最大输出功率、效率。

5）测量集成功率放大器的各项性能指标。

6）了解自举电路原理及其对改善 OTL 互补功率放大器性能所起的作用。

二、实验所需模块与元器件

1）OCL 互补功率放大电路模块、OTL 互补功率放大电路模块、LM386 集成功率放大电路模块。

2）杜邦线若干。

三、实验原理及电路仿真

（一）实验原理

1. OCL 互补功率放大器

在图 14.1 所示的放大电路中，静态时从 +12V 经过 R_1、RP_{11}、VD_1、VD_2、R_3 到 -12V有一个直流电流，它在 VT_1 和 VT_2 两个基极之间所产生的电压为 $U_{b1-b2}=U_{RP11}+U_{VD1}+U_{VD2}$，使 U_{b1-b2}略大于 VT_1 发射极和 VT_2 发射极开启电压之和，从而使两只晶体管均处于微导通状态，都有一个微小的基极电流，分别为 I_{b1}和 I_{b2}。静态时应调节整个电路的 RP_{11}，使发射极电位 U_e 为 0，即输出电压 U_o 为 0。由于实际情况下难以调整到电路完全对称，应该调整电位器 RP_{11}使得 U_o 尽可能接近 0V，这样才能获得最大不失真电压有效值。

当所加信号按正弦规律变化时，由于二极管 VD_1、VD_2 的动态电阻很小，而且 RP_{11} 的阻值也较小，所以可以认为 VT_1 基极电位的变化与 VT_2 基极电位的变化近似相等，即 $U_{b1}\approx U_{b2}\approx U_i$，也就是说，可以认为两管基极之间电位差基本是一个恒定值，两个基极电位随 U_i 产生相同的变化。这样，当 $U_i>0$ 且逐渐增大时，U_{be1}增大，VT_1 基极电流 i_{b1}随之增大，发射极电流 i_{e1}也必然增大，负载电阻 R_L 上得到正方向的电流，与此同时 U_i 的增大使 U_{eb2}减小，当减小到一定数值时，VT_2 截止。同理，当 $U_i<0$ 且逐渐变小时，使 U_{eb2} 逐渐增大，VT_2 的基极电流 i_{b2}随之增大，负载电阻 R_L 上得到负方向的电流；与此同时，

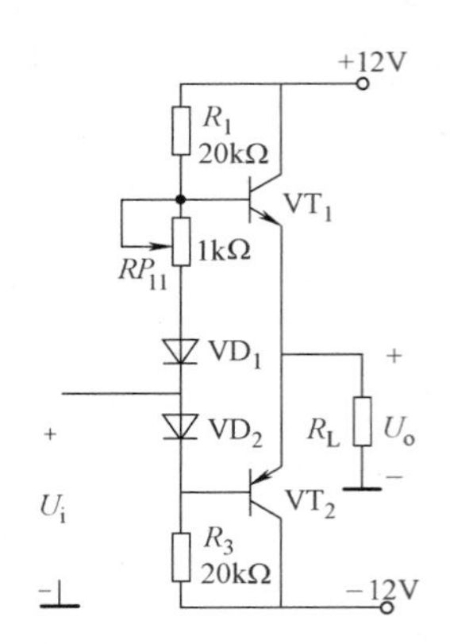

图 14.1　OCL 功率放大电路

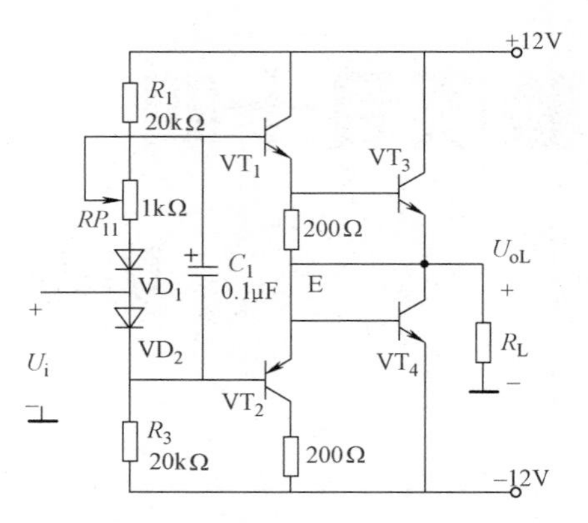

图 14.2　复合管 OCL 功率放大电路

U_i 的减小，使 U_{be1} 减小，当减小到一定数值时，VT_1 截止。这样，即使 U_i 很小，总能保证至少有一只晶体管导通，因而消除了交越失真。综上所述，输入信号的正半周主要是 VT_1 发射极驱动负载，而负半周主要是 VT_2 发射极驱动负载，两个晶体管的导通时间都比输入信号的半个周期长，即在信号电压很小时，两个晶体管同时导通。实际实训板上采用了互补复合管的形式，如图 14.2 所示。这样增强了电流放大能力，从而减小了对信号源驱动电流的要求；从另一个角度看，若驱动电流不变，采用复合管后，输出电流将大大增强。

2. OTL 互补功率放大器

图 14.3 所示为带自举电路 R_2、C_3 的 OTL 电路。当 $U_i=0$ 时，调节 RP_{12} 使得 $V_A=V_{CC}/2=6V$，$V_B=V_{CC}-i_{R2}R_2$，电容 C_3 两端电压 $U_{C3}=V_B-V_A=V_{CC}/2-i_{R2}R_2$，可认为 U_{C3} 基本为常数，不随 U_i 而改变。这样，当 U_i 为负半周时，VT_2 导通，V_A 由 $V_{CC}/2$ 向正的方向变化，考虑到 B 点电位 $V_B=V_{C3}+V_A$，随着 A 点电位升高，B 点电位也自动升高。因而，即使输出电压 U_o 幅值升得很高，也有足够的电流流过 VT_2 的基极，使 VT_2 充分导通，这种工作方式称为自举，意思是电路本身把 V_B 提高了。当正弦信号 U_i 在负半周时经 VT_1 反相放大后加到 VT_2、VT_3 基极，使 VT_3 截止、VT_2 导通，有电流流过 R_L，同时向电容 C_2 充电，形成输出电压 U_o 的正半周波形；在信号的正半周时，经 VT_1 反相放大后，使 VT_2 截止、VT_3 导通，则已充电的电容 C_2 起着电源的作用，通过 VT_3 和 R_L 放电，形成输出电压 U_o 的负半周波形。当 U_i 周而复始变化时，VT_2、VT_3 交替工作，负载 R_L 上得到完整的正弦波。

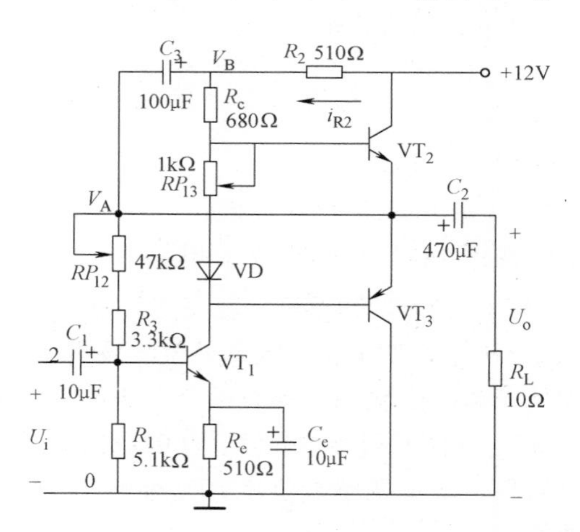

图 14.3　OTL 互补功率放大电路

3. LM386 集成功率放大电路

LM386 是一种音频集成功率放大器，具有自身功耗低、电压增益可调整、电源电压范围大、外界元件少和总谐波失真小等优点，广泛应用于录音机和收音机之中。LM386

的内部电路如图 14.4 所示，与通用型集成运算放大器相似，它是一个三级放大电路，如点画线所划分区域。

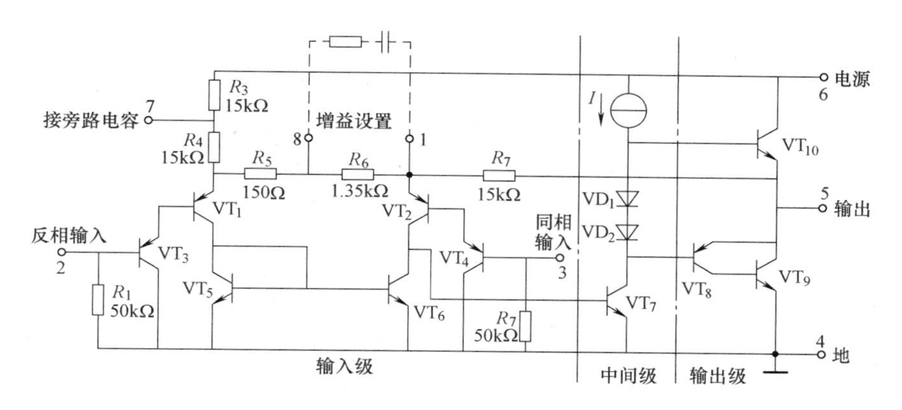

图 14.4　LM386 集成功率放大电路

当引脚 1 和 8 之间开路时，电路的电压放大倍数 $A_U \approx 20$，当引脚 1 和 8 对交流信号相当于短路时，$A_U \approx 200$，所以当引脚 1 和 8 之间外接不同阻值的电阻时，A_U 的调节范围为 20～200，即增益约为 $20\lg|A_U|$ 约为 26～46dB。LM386 的外形和引脚排列如图 14.5 所示，引脚 2 为反相输入端，3 为同相输入端，引脚 5 为输出端，引脚 6 和 4 分别为电源和接地，引脚 1 和 8 为电压增益设定端，使用时在引脚 7 和地之间接旁路电容，通常取 10μF。

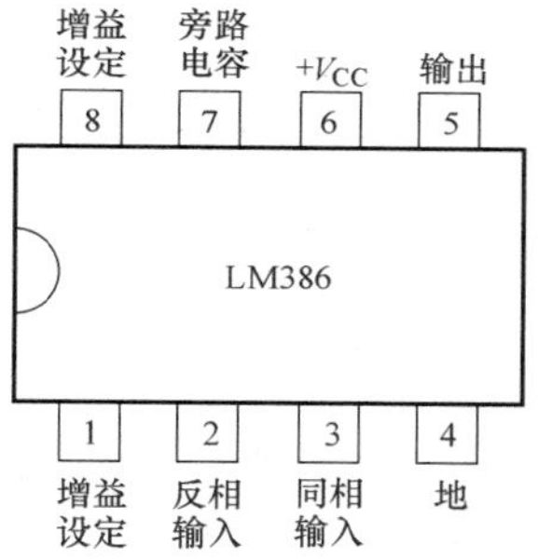

增益设定 8　旁路电容 7　$+V_{CC}$ 6　输出 5

LM386

增益设定 1　反相输入 2　同相输入 3　地 4

图 14.5　LM386 外形与引脚排列

（二）电路仿真

具体仿真步骤如下：

1）打开计算机中电工电子电路仿真软件 Multisim，单击［File］→［New］→［Blank］→［Create］新建一个空白的图样。

2）右击图样空白区域选择［Place Component］，打开［Select a Component］对话框，在［Group］下拉菜单中选择［Transistors］，在［Family］选项框中选择［All Families］，在［Component］下搜索 2N2222、TIP41C、TIP42C，把［2N2222］、［TIP41C］、［TIP42C］放在图样上，如图 14.6 所示。

3）同理，打开［Select a Component］对话框，在［Group］下拉菜单中选择［Basic］，在［Family］选项框中选择［RESISTOR］，参照图 14.3 中各电阻的阻值选择适合的电阻，放置在图样上。在［Family］下的［POTENTIOMETER］中选择电位器，如图 14.7 所示。

4）打开［Select a Component］对话框，在［Group］下拉菜单中选择［Basic］，在［Family］选项框中选择［CAP_ ELECTROLIT］，参照图 14.3 中各电容值选择适合的电容，放置在图样上，如图 14.8 所示。

5）打开［Select a Component］对话框，在［Group］下拉菜单中选择［DIODE］，在［Family］选项框中选择［All Families］，在［Component］下搜索 1N4148，把［1N4148］放置在图样上，如图 14.9 所示。

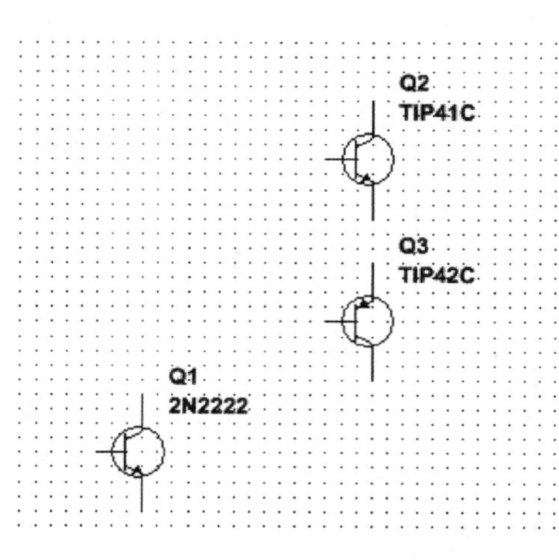

图 14.6 放置晶体管

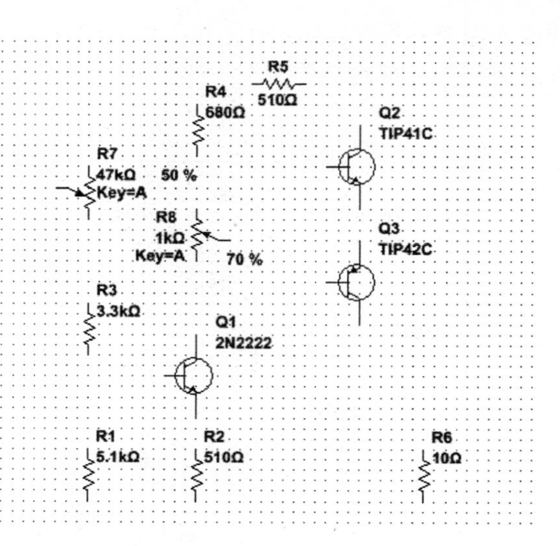

图 14.7 放置电阻和电位器

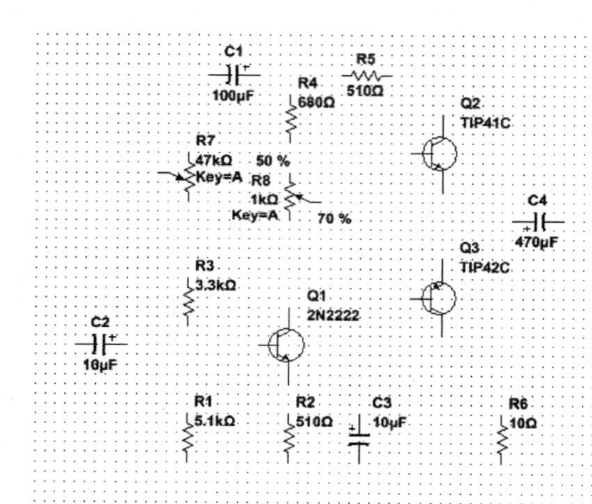

图 14.8 放置电容

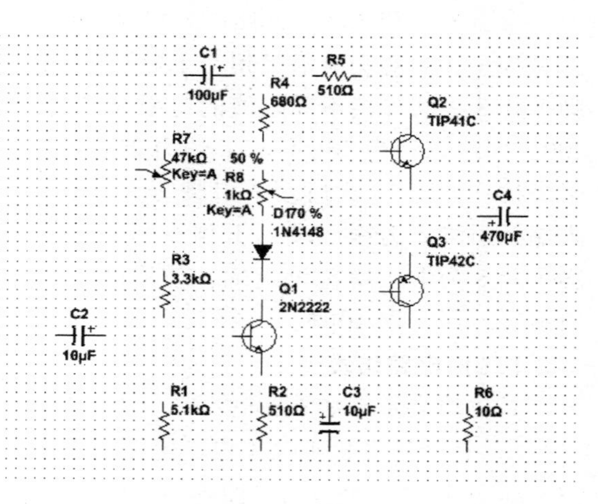

图 14.9 放置二极管

6）在［Select a Component］对话框中的［Group］下拉菜单中选择［Sources］，在［Family］选项框中选择［POWER_ SOURCES］，分别在右边的［Component］选项框中选择［DC _ POWER］和［GROUND］，放置在图样上，如图 14.10 所示。

7）在［Select a Component］对话框中的［Group］下拉菜单中选择［All Groups］，在［Family］选项框中选择［All Families］，在［Component］

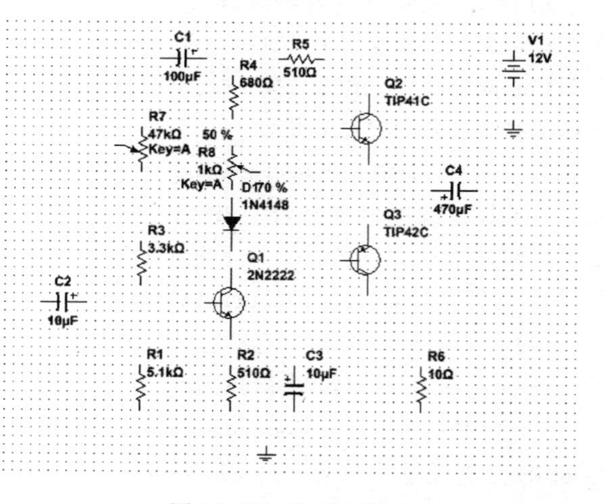

图 14.10 放置电源

下搜索 AC_ VOLTAGE，把［AC_ VOLTAGE］放在图样上，如图 14.11 所示。交流信号源参数设置如图 14.12 所示。

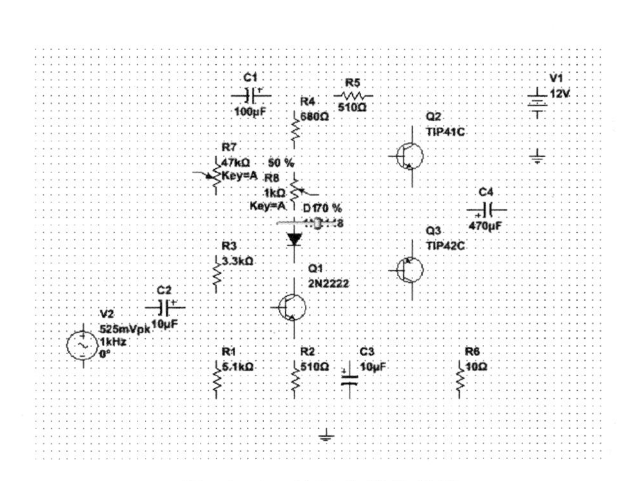

图 14.11　放置交流信号源

AC_VOLTAGE

Label | Display | Value | Fault | Pins | Variant | User fields

Voltage (Pk):	525m	V
Voltage offset:	0	V
Frequency (F):	100	Hz
Time delay:	0	s
Damping factor (1/s):	0	
Phase:	0	°
AC analysis magnitude:	1	V
AC analysis phase:	0	°
Distortion frequency 1 magnitude:	0	V
Distortion frequency 1 phase:	0	°
Distortion frequency 2 magnitude:	0	V
Distortion frequency 2 phase:	0	°
Tolerance:	0	%

Replace...　OK　Cancel　Help

图 14.12　交流信号源参数设置

8）在 Multisim 界面右边的虚拟仪器工具栏中选择［Multimeter］和［Oscilloscope］，放置在图样上，如图 14.13 所示，并对其设置对应的电压测量功能。

9）将所摆放的元器件按图 14.3 所示进行电路连接，连接好的电路如图 14.14 所示。

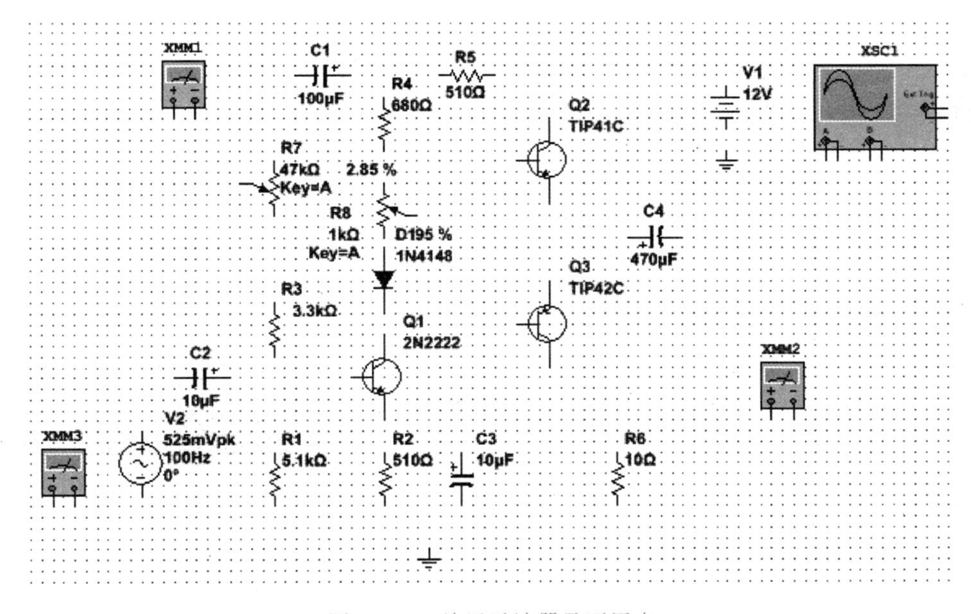

图 14.13　放置示波器及万用表

10）OTL 互补功率放大器。引入自举，$U_i=0$ 时（移除信号源），调节 RP_7（2.85%）使得 $V_A=V_{CC}/2=6V$，如图 14.15 所示，待电压值稳定下来后，接入信号源，将 100Hz 的正弦信号加到 OTL 功率放大电路的输入端，具体信号源参数设置如图 14.12 所示，注意

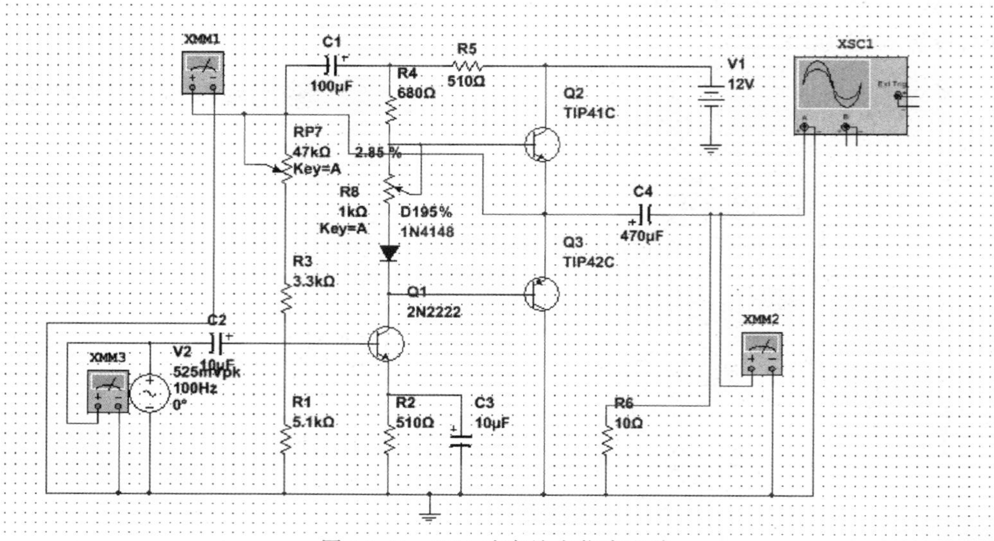

图 14.14　OTL 功率放大仿真电路

函数信号发生器输出的是小信号，因为该 OTL 电路第一级晶体管 Q_1 能起到一个信号放大的作用，如果输入信号过大，很容易使输出波形产生失真。逐渐增大输入信号的电压幅值，当用示波器观察到输出电压 U_o 波形为临界削波时，如图 14.16 所示，用数字万用表交流电压档测出此时输出电压有效值 U_o，如图 14.17 所示，并计算出此时的输出功率 P_{om}，填入表 14.1 中。

11）OCL 互补功率放大器。按照图 14.2 进行电路连接，连接好的电路如图 14.18 所示。

图 14.15　V_A 读数

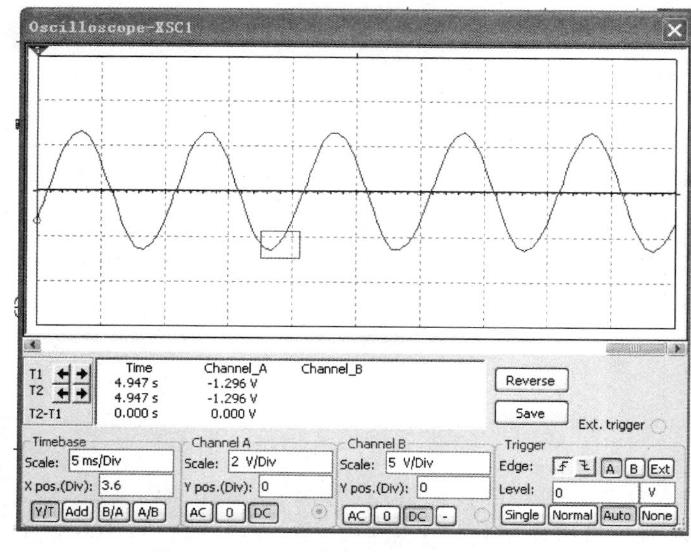

图 14.16　OTL 功率放大电路临界削波

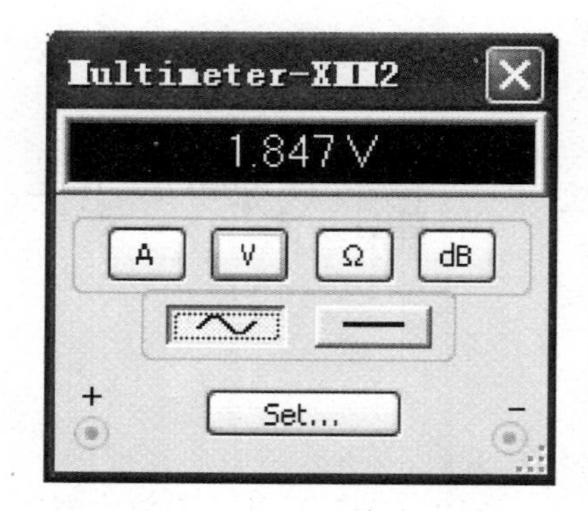

图 14.17　输出电压读数

表 14.1　输出电压与输出功率的比较

OCL 功率放大电路($R_L = 200\Omega$)		OTL 功率放大电路($R_L = 10\Omega$)	
U_{oL}	$P_{om} = U_{oL2}/R_L$	U_o	$P_{om} = U_{o2}/R_L$
7.5V	0.28W	1.85V	342.2mW

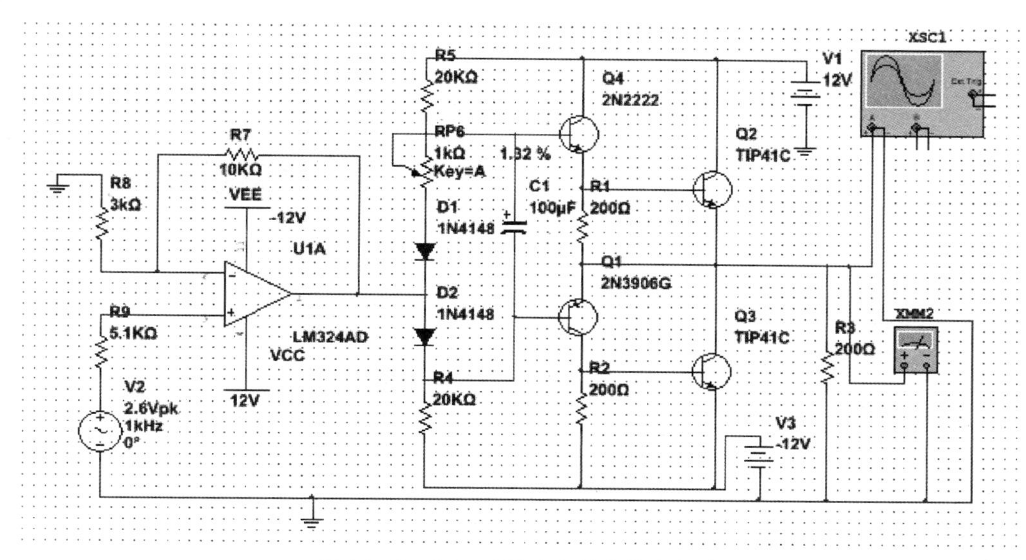

图 14.18　OCL 互补功率放大仿真电路

移除信号源，打开数字万用表调至直流电压档，调节 RP_6（1.32%）使得 U_{oL}尽可能接近 0V，如图 14.19 所示。

图 14.19　输出电压 U_{oL}读数

打开函数信号发生器，然后将 1kHz 的正弦信号加到比例放大电路的输入端，这样做是因为信号源输出的电压峰-峰值有限（如果信号源可以提供较大的电源电压峰-峰值，则不需要额外接入比例放大电路），经过比例放大电路放大后可以使电压峰-峰值增大，放大两倍左右。注意将两个电路共地。最后将放大后的电压信号接到 OCL 功率放大电路的输入端，逐渐加大输入电压幅值，当用示波器观察 OCL 功率放大电路输出电压 U_{oL}波形为临界削波时，如图 14.20 所示，用万用表测出输出电压 U_{oL}的有效值，如图 14.21 所示，并计算出此时的输出功率 P_{om}，填入表 14.1 中。

四、实验内容与步骤

具体实验步骤如下：

1）确保 NI ELVIS Ⅱ+的电源开关处于断开状态。

2）将 NI ELVIS Ⅱ+上的原形板取下，取出 YL-NI ELVIS Ⅱ+系列实验模块转接主板，将其插在 NI ELVIS Ⅱ+上，注意检查是否接插到位。

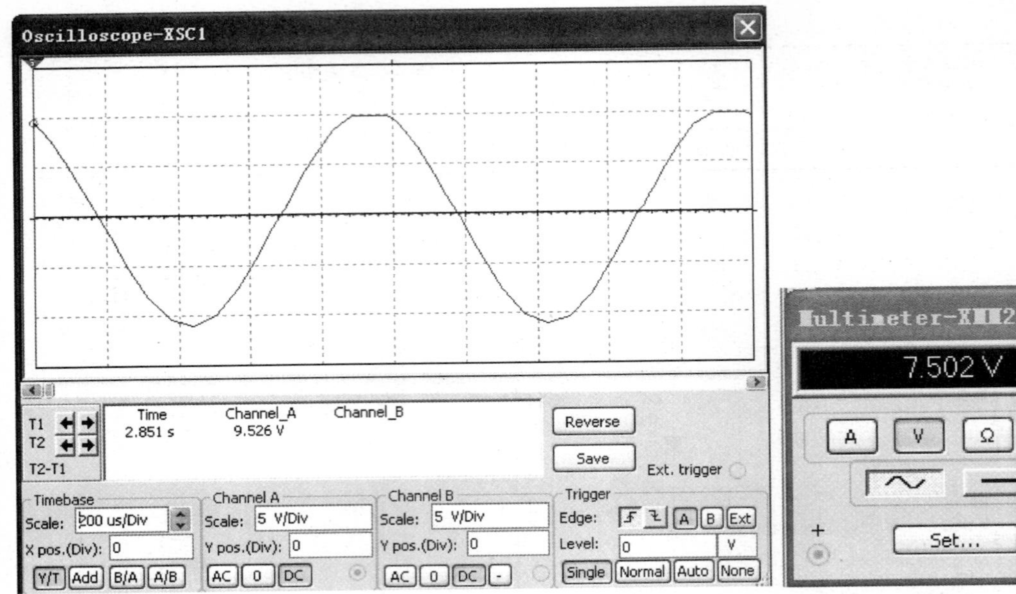

图 14.20　OCL 功率放大电路临界削波

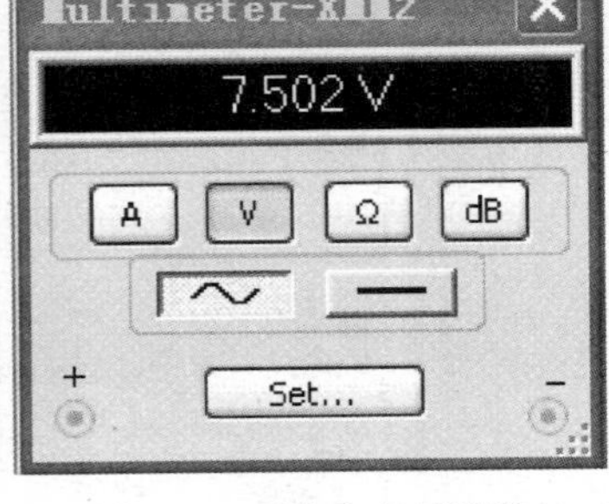

图 14.21　输出电压读数

3）实验模块转接主板接插到位后，取出课程实验模块（OCL 互补功率放大电路）将其插在实验模块转接主板上，注意检查是否接插到位。

4）OCL 互补功率放大器。按照图 14.2 进行电路连接，放大电路如图 14.22 所示，用杜邦线实际连线图如图 14.23 所示。注意检查是否正确。

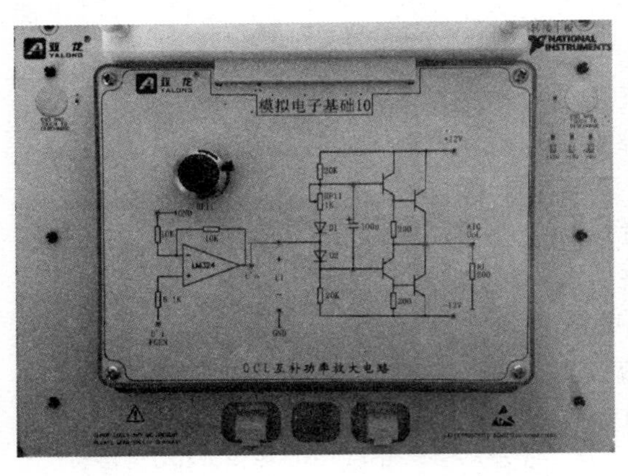

图 14.22　OCL 功率放大电路

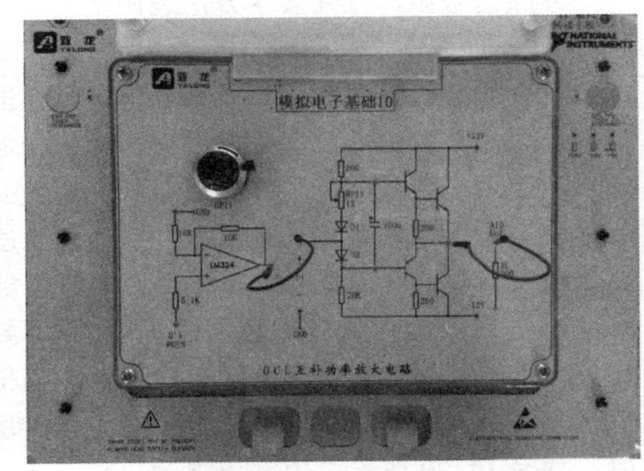

图 14.23　用杜邦线实际连线图

5）检测电路无误后先打开 NI ELVIS II+工作站开关，再打开原形板开关，等待计算机识别设备。

6）打开［开始］→［所有程序］→［National Instruments］→［NI ELVISmx for NI ELVIS & myDAQ］菜单下的［NI ELVISmx Instruments Launcher］，打开面板上的［Variable Power Supplies］（可变电源），调节电压至+12V、-12V，单击“Run”按钮运行，如图 14.24 所示。

7）打开数字万用表，调至直流电压档，调节 RP_{11} 使得 U_{oL} 尽可能接近 0V，如图

14.25 所示。

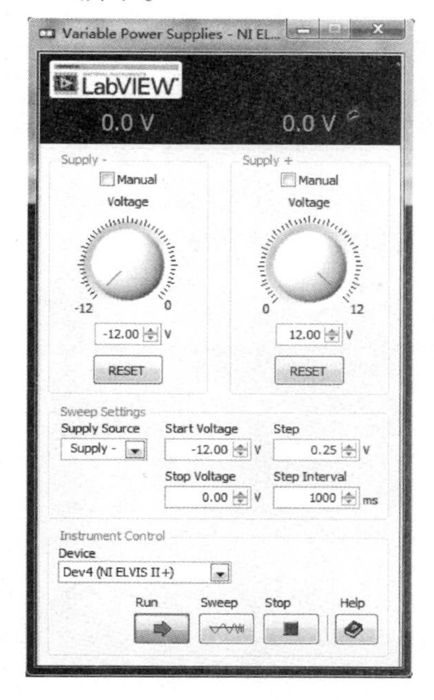

图 14.24　可调电源设置

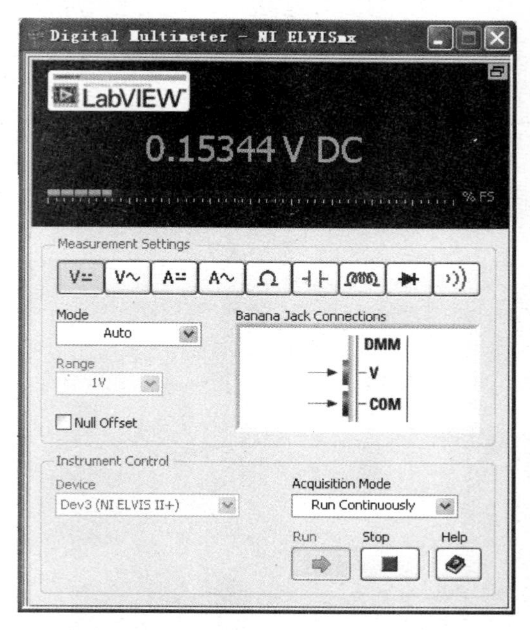

图 14.25　输出电压 U_{oL} 读数

8）打开函数信号发生器［Function Generator］，然后将 1kHz 的正弦信号加到比例放大电路的输入端，经过比例放大电路放大后可以使电压峰-峰值放大两倍左右。注意将两个电路的共地。最后将放大后的电压信号接到 OCL 功率放大电路的输入端，逐渐加大输入电压幅值，当用示波器观察 OCL 功率放大电路输出电压 U_{oL} 波形为临界削波时，如图 14.26 所示，用万用表测出输出电压 U_{oL} 的有效值，并计算出此时的输出功率 P_{om}，填入表 14.2 中。

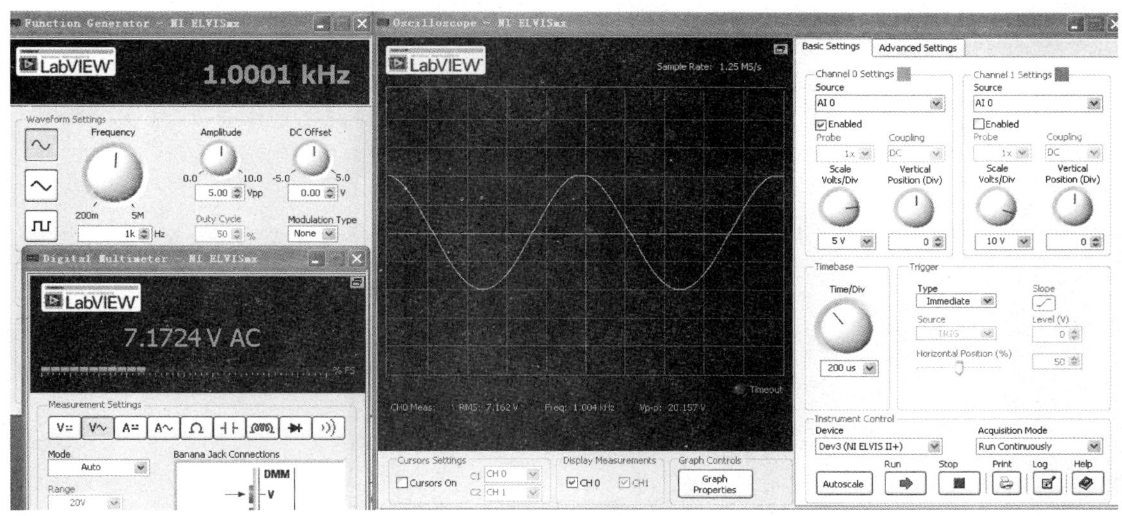

图 14.26　OCL 功率放大电路临界削波

表 14-2　输出电压与输出功率的比较

OCL 功率放大电路($R_L=200\Omega$)		OTL 功率放大电路($R_L=10\Omega$)	
U_{oL}	$P_{om}=U_{oL2}/R_L$	U_o	$P_{om}=U_{o2}/R_L$
7.17V	0.26W	2.46V	605.2mW

9）OTL 互补功率放大器。关闭电源，将模块换成 OTL 互补功率放大电路，按图 14.3 所示进行电路连接，如图 14.27 所示，用杜邦线实际连线图如图 14.28 所示。

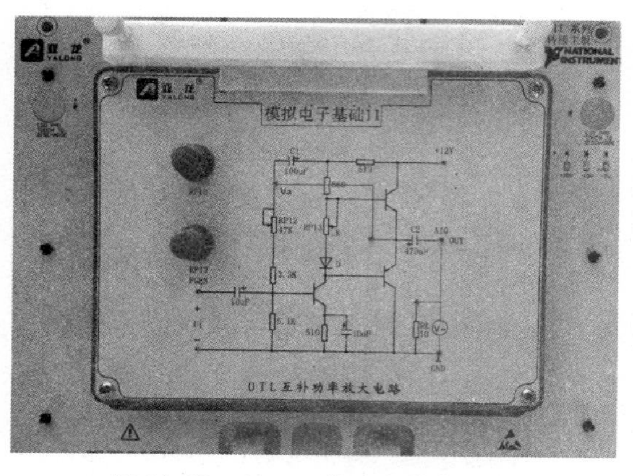

图 14.27　OTL 互补功率放大电路

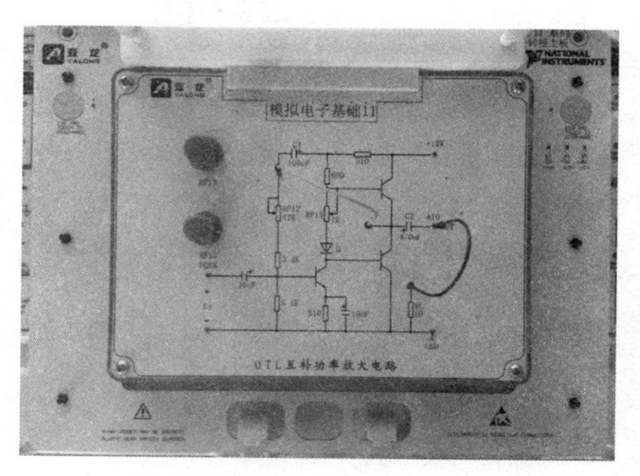

图 14.28　用杜邦线实际连线图

10）引入自举，$U_i=0$ 时，调节 RP_{12} 使得 $V_A=V_{CC}/2=6V$，如图 14.29 所示，待电压值稳定下来后，将 100Hz 的正弦信号加到 OTL 互补功率放大电路的输入端，逐渐增大输入信号的电压幅值，当用示波器观察到输出电压 U_o 波形为临界削波时，如图 14.30 所示，用数字万用表电压交流档测出此时输出电压 U_o，如图 14.31 所示，并计算出此时的输出功率 P_{om}，填入表 14.2 中。

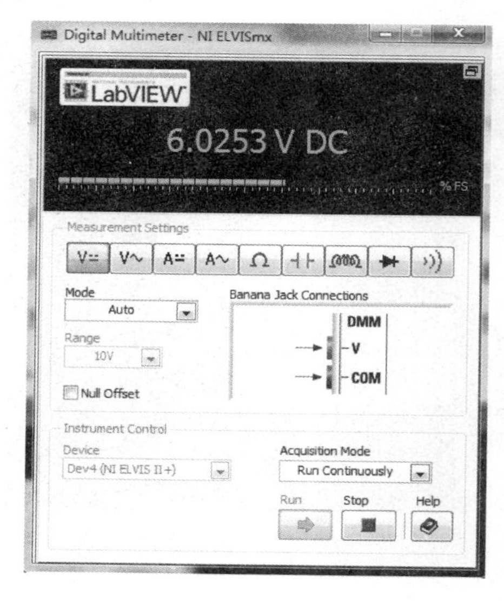

图 14.29　V_A 数值

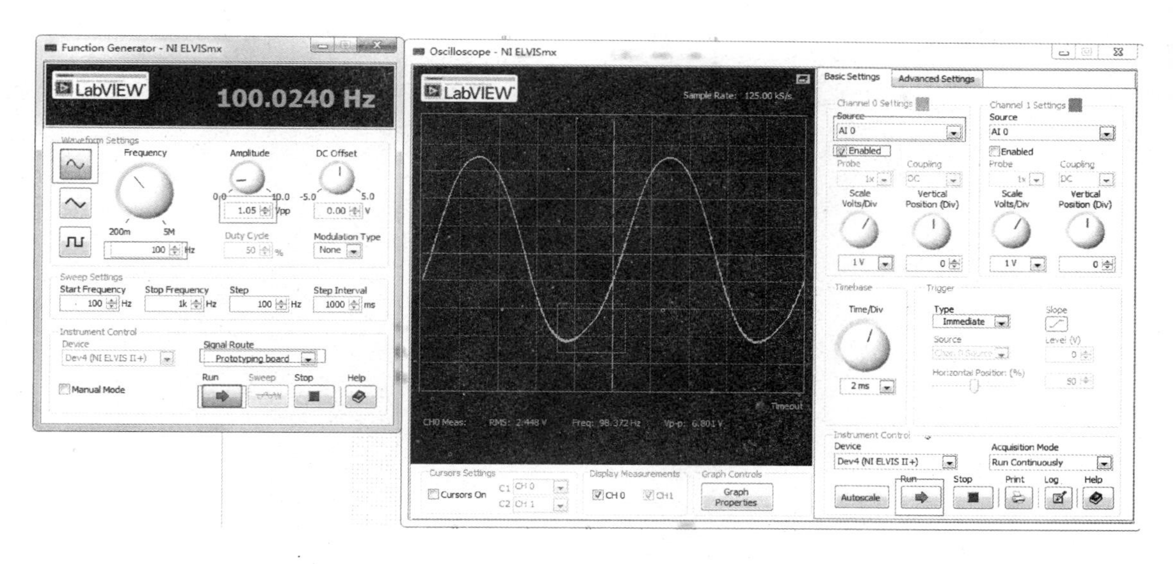

图 14.30　OTL 互补功率放大电路 U_o 临界削波

11）LM386 集成功率放大器。放大电路如图 14.32 所示。令功率放大器的 1 引脚和 8 引脚开路，然后加入正弦电压信号，有效值为 100mV，频率为 300Hz，用数字万用表电压交流档观察输出电压 U_o 的有效值，用示波器观察输出电压 U_o 的幅值，如图 14.33 所示，然后分别将输入、输出电压的有效值记录在表 14.3 中，并算出电压放大倍数，也记录在表 14.3 中。逐渐增大输入信号电压的幅值，当示波器观察到输出电压 U_o 波形为临界削波时，如图 14.34 所示，用数字万用表电压交流档读出此时的输出电压 U_o'，并计算出输出功率 P_{om} 填入表 14.3 中。然后将 1、8 引脚短路（虚线位置连接），调整电位器 RP_{15}，当示波器观察到输出电压 U_o 波形为临界削波时，如图 14.35 所示，用数字万用表电压交流档读出此时的输出电压有效值 U_o，并将 U_o、U_i、电压放大倍数 A_U 填入表 14.3 中。

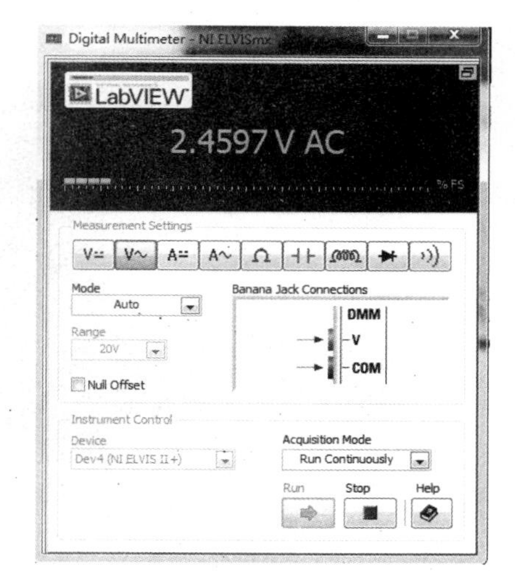

图 14.31　输出电压读数

表 14.3　相关参数比较

LM386 功率放大电路							
1、8 引脚开路					1、8 引脚短路		
U_i	U_o	A_U	U_o'	$P_{om}=U_o'2/R_L(R_L=8)$	U_i	U_o	A_U
97mV	1.77V	18.3	3.23V	1.3W	97mV	4V	41

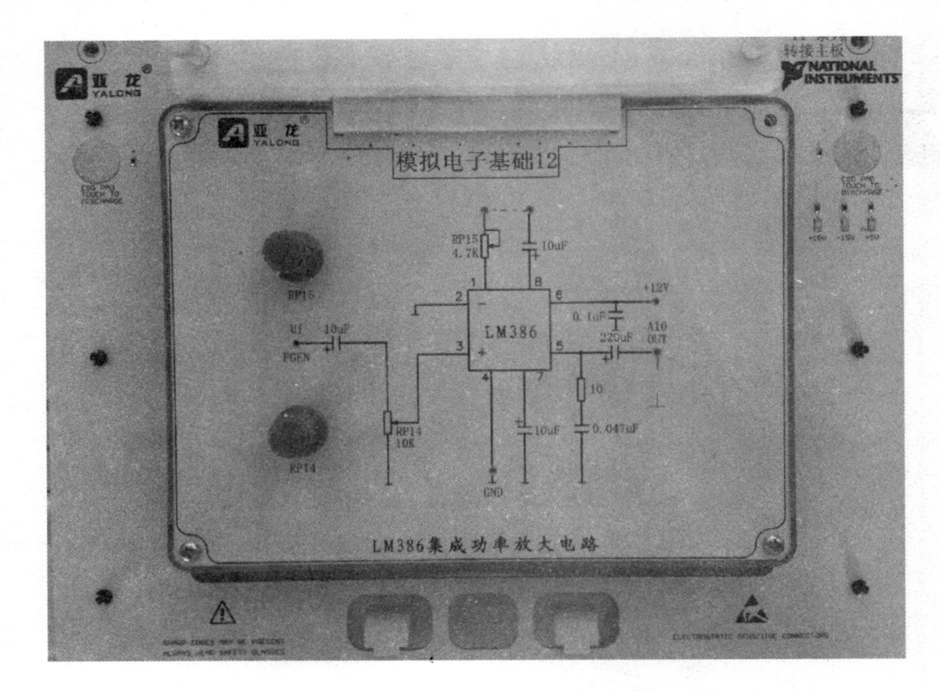

图 14.32 LM386 集成功率放大电路

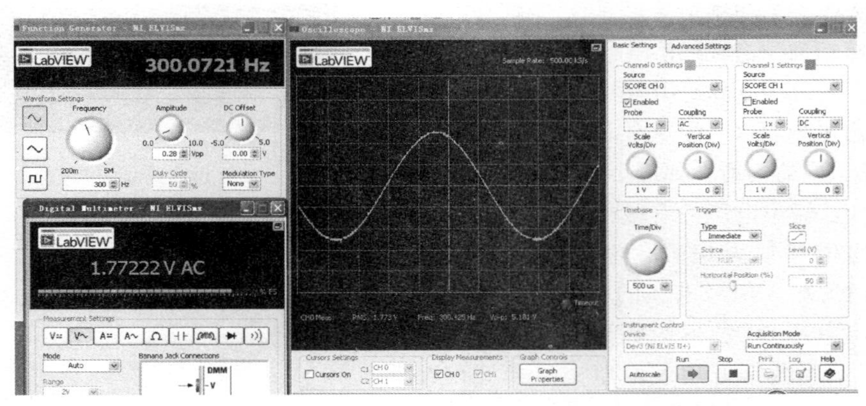

图 14.33 输出电压波形

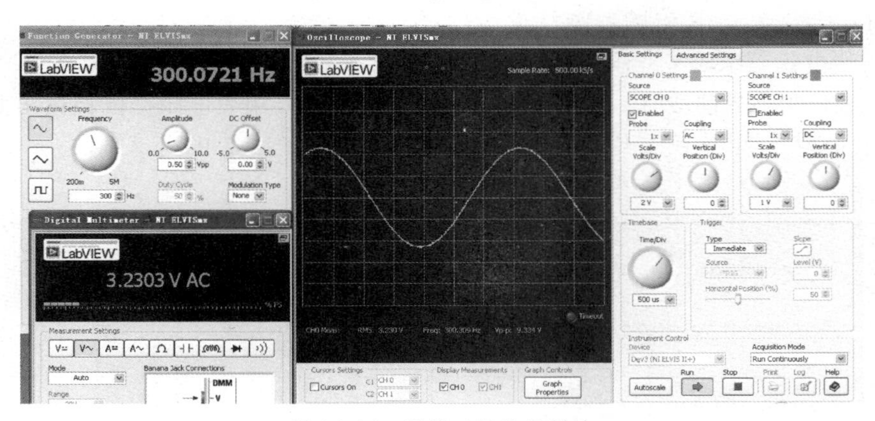

图 14.34 开路时的临界削波

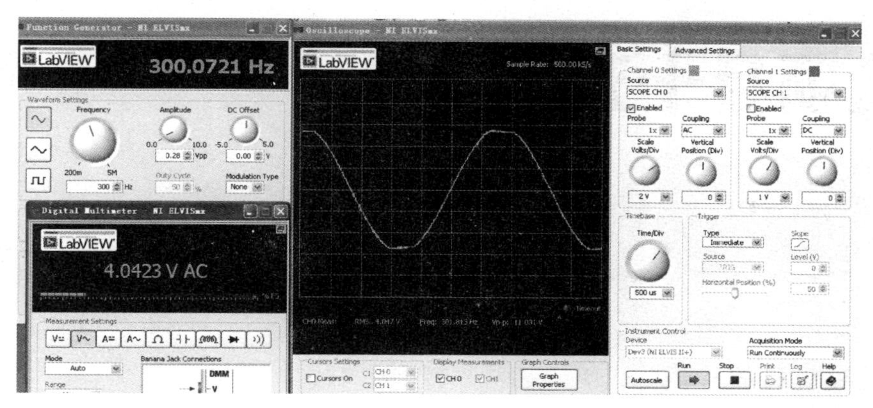

图 14.35　短路时的临界削波

实验项目十五

直流电源电路

一、实验项目目的

1）理解直流稳压电源的组成及各部分的作用。

2）能够分析整流电路的工作原理、估算输出电压及电流的平均值。

3）了解滤波电路的工作原理，能够估算电容滤波电路输出电压平均值。

4）理解串联型稳压电路的工作原理，能够计算输出电压的调节范围。

5）了解集成稳压器的工作原理及使用方法。

二、实验所需模块与元器件

1）直流电源电路模块、变压器。

2）杜邦线若干。

三、实验原理及电路仿真

（一）实验原理

电子设备一般都需要直流电源供电。这些直流电除了少数直接利用干电池和直流发电机外，大多数是采用将交流电（市电）转变为直流电的直流稳压电源。

直流稳压电源由电源变压器，整流电路、滤波电路和稳压电路四部分组成，其原理框图如图 15.1 所示。电网供给的交流电压 u_1（220V，50Hz）经电源变压器降压后，得到符合电路需要的交流电压 u_2，然后由整流电路变换成方向不变、大小随时间变化的脉动电压 u_3，再用滤波电路滤去其交流分量，就可得到比较平直的直流电压 u_I。但这样的直流输出电压，还会随交流电网电压的波动或负载的变动而变化。在对直流供电要求较高的场合，还需要使用稳压电路，以保证输出直流电压更加稳定。

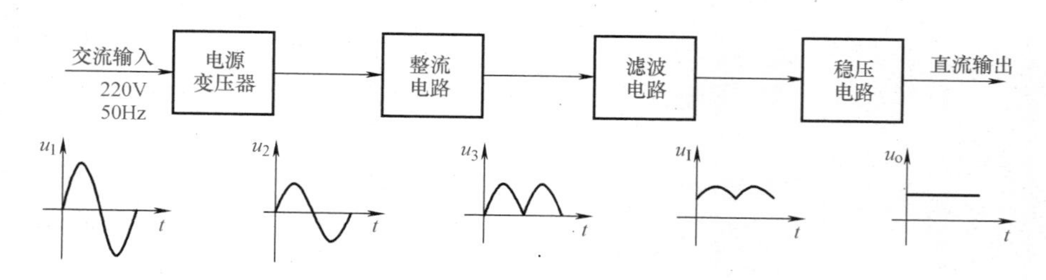

图 15.1　直流稳压电源框图

1. 单相桥式整流电路

单相桥式整流电路由四只二极管组成，其构成原则就是保证在变压器次级电压 u_2 整个周期内，负载上的电压和电流方向始终不变。

如图 15.2 所示为单向桥式整流电路原理图，设变压器次级电压 $u_2=\sqrt{2}U_2\sin\omega t$，$U_2$ 为其有效值。当 u_2 为正半周时，电流由 A 点流出，经过 VD_1、R_L、VD_3 流入 B 点，如实线箭头所示，因而负载电阻 R_L 上的电压等于变压器次级电压，即 $U_o=U_2$，VD_2 和 VD_4 承受的反向电压为 $-U_2$。当 u_2 为负半周时，电流由 B 点流出，经过 VD_2、R_L、VD_4 流入 A 点，如虚线箭头所示，负载电阻 R_L 上的电压等于 $-U_2$，即 $U_o=-U_2$，VD_1、VD_3 承受的反向电压为 U_2。

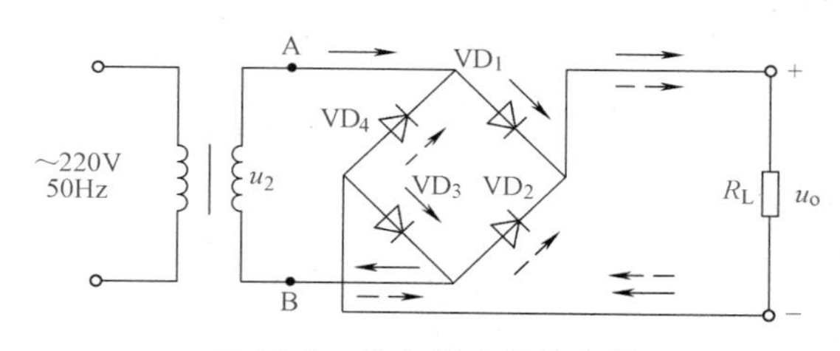

图 15.2　单向桥式整流电路

这样，由于 VD_1、VD_3 和 VD_2、VD_4 两对二极管交替导通，致使负载电阻 R_L 上在 u_2 的整个周期都有电流通过，而且方向保持不变，输出电压 $u_o=\left|\sqrt{2}U_2\sin\omega t\right|$。

2. 电容滤波电路

电容滤波电路是最常见的简单滤波电路。在整流电路的输出端（即负载电阻两端）并联一个电容即构成电容滤波电路，如图 15.3 所示。滤波电容容量较大，因而一般采用电解电容，在接线时要注意电解电容的正负极。电容滤波电路利用电容的充放电作用，使输出的电压趋于平滑。

3. 串联型稳压电路

如图 15.4 所示为具有放大环节的串联型稳压电路。

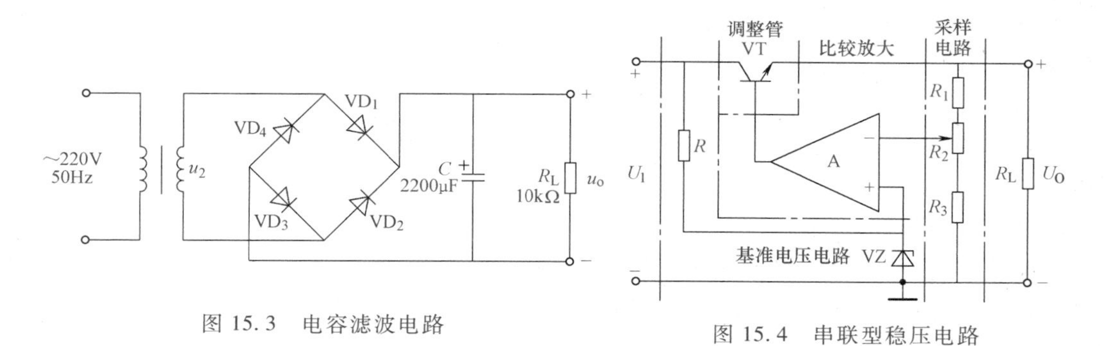

图 15.3　电容滤波电路

图 15.4　串联型稳压电路

当由于某种原因（如电网电压波动或者负载电阻变化等）使输出电压 U_o 升高（降低）时，采样电路将这一变化趋势送到 A 的反相输入端 U_n，并与同相输入端电压 U_z 进行比较放大；A 的输出电压，即调整管的基极电压 U_b 降低（升高）；因为电路采用射极输出形式，所以输出电压 U_o 必然降低（升高），从而使 U_o 得到稳定。可简述为如下过程：

$$U_o\uparrow\rightarrow U_n\uparrow\rightarrow U_b\downarrow\rightarrow U_o\downarrow \text{ 或 } U_o\downarrow\rightarrow U_n\downarrow\rightarrow U_b\uparrow\rightarrow U_o\uparrow$$

可见，电路是靠引入深度电压负反馈来稳定输出电压的。

如图 15.4 所示，在理想运算放大器条件下，$U_n = U_p = U_z$，（U_n 为反相输入端电压，U_p 为同相输入端电压，U_z 为稳压管稳定电压）所以当电位器 R_2 的滑动端在最上端时，输出电压最小，为 $U_{omin} = \frac{R_1+R_2+R_3}{R_2+R_3}U_z$；当电位器 R_2 的滑动端滑动在最下端时，输出电压最大，为 $U_{omax} = \frac{R_1+R_2+R_3}{R_3}U_z$；故输出电压调节范围 $\frac{R_1+R_2+R_3}{R_2+R_3}U_z \leqslant U_o \leqslant \frac{R_1+R_2+R_3}{R_3}U_z$ 实际实验模块电路如图 15.5 所示。

根据上述分析，实用的串联型稳压电路至少包含调整管、基准电压电路、采样电路和比较放大电路等四个部分。串联型稳压电路的框图如图 15.6 所示。

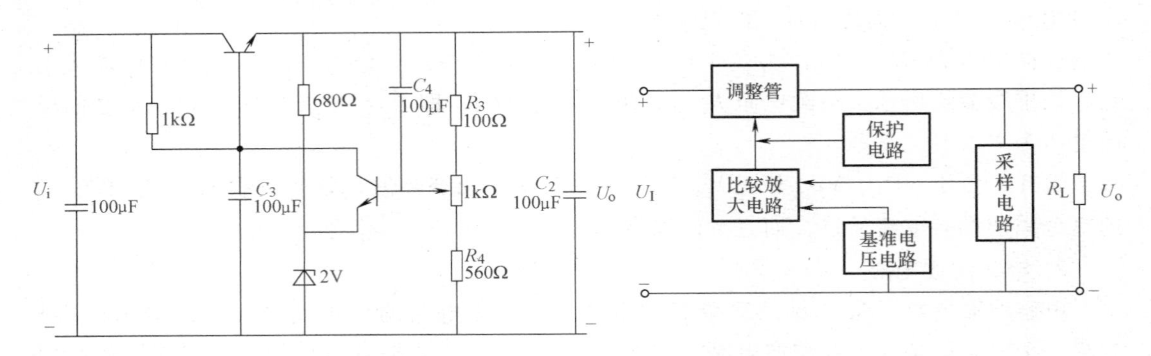

图 15.5　实验模块电路图　　　图 15.6　串联型稳压电路框图

4. 集成稳压电路

从外形上看，集成串联型稳压电路有三个引脚，分别为输入端、输出端和公共端（或调整端），因而称为三端稳压器。按功能可分为固定式稳压电路和可调式稳压电路，前者的输出电压不能调节，为固定值，如 W7800 三端稳压器；后者可以通过外接元器件使输出电压得到很宽的调节范围，如 W117 三端稳压器。

（1）W7800 三端稳压器及应用

W7800 系列的三端稳压器的输出电压有 5V、6V、9V、12V、15V、18V 和 24V 七个档次，型号后面的两个数字表示输出电压值。输出电流有 1.5A（W7800）、0.5A（W78M00）和 0.1A（W78L00）三个档次。

W7800 基本应用电路如图 15.7 所示。输出电压和最大输出电流取决于所选三端稳压器。图中 C_i 用于抵消输入线较长时的电感效应，以防止电路产生自激振荡，其容量较小，一般小于 1μF。电容 C_o 用于消除输出电压中的高频噪声，可取小于 1μF 的电容，也可取几微法甚至几十微法的电容，以便输出较大的脉冲电流。但是若 C_o 容量较大，一旦输入端断开，C_o 将从稳压器输出端向稳压器放电，易使稳压器损坏。因此，可在稳压器的输入端和输出端之间跨接一个二极管，如图 15.7 中虚线所画，起保护作用。

W7900 系列芯片是一种输出负电压的固定式三端稳压器，输出电压有 −5V、−6V、−9V、−12V、−15V、−18V 和 −24V 七个档次，并且电流也有 1.5A、0.5A 和 0.1A 三个档次，使用方法与 W7800 系列稳压器相同，只是要特别注意输入电压和输出电压的极性。

W7900 与 W7800 相配合，可以得到正、负输出稳压电路，如图 15.8 所示。

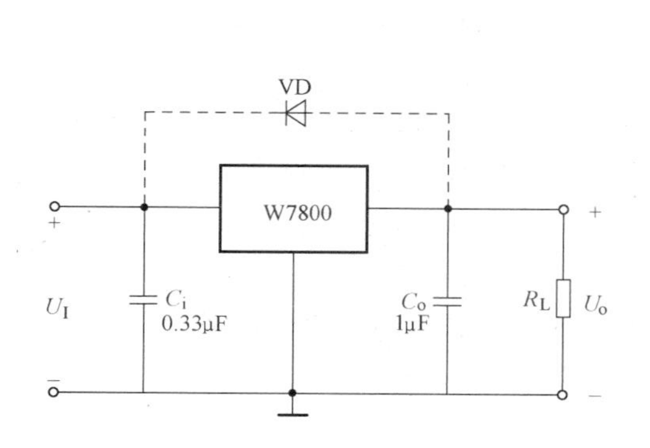

图 15.7　W7800 基本应用电路

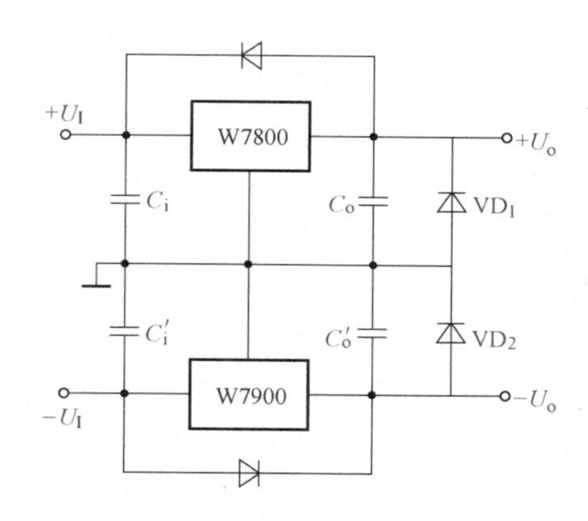

图 15.8　正、负输出稳压电路

图 15.8 中的 VD_1、VD_2 两只二极管起保护作用，正常工作时均处于截止状态。若 W7900 的输入端未接入输入电压，W7800 的输入电压将通过负载电阻接到 W7900 的输出端，使 VD_2 导通，从而将 W7900 的输出端电压箝位在 0.7V 左右，保护其不至于损坏，同理，VD_1 可以在 W7800 的输入端未接入输入电压时保护其不至于损坏。

（2）W117 三端稳压器

W117 为可调式三端稳压器，它有三个引出端，分别为输入端、输出端和电压调整端。与 W7800 系列一样，W117、W117M 和 W117L 的最大输出电流分别为 1.5A、0.5A 和 0.1A。W117、W217、W317 具有相同的引出端、相同的基准电压和相似的内部电路。

如图 15.9 所示为 W117 组成的基准电压源电路，输出端和调整端之间的电压是非常稳定的电压，其值为 1.25V，输出电流可达 1.5A。图 15.9 中 R 为泄放电阻，根据 W117 最小负载电流（取 5mA）可以计算出 R 的最大值。$R_{max}=(1.25/0.005)\Omega=250\Omega$，实际取值可略小于 250Ω，如 240Ω。

W117 可调式三端稳压器主要应用于实现输出电压可调的稳压电路，典型电路如图 15.10 所示。图中 R_1 的取值原则与图 15.9 所示 R 相同，可取 240Ω。由于调整端电流很小，可以忽略不计，输出电压为 $U_o=(1+R_2/R_1)\times1.25V$。

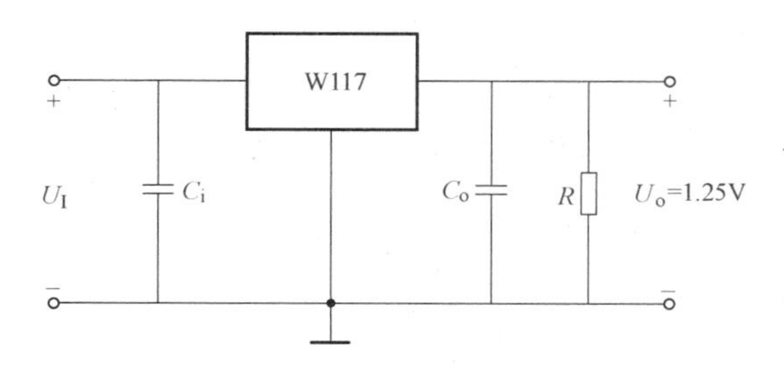

图 15.9　W117 基准电压源电路

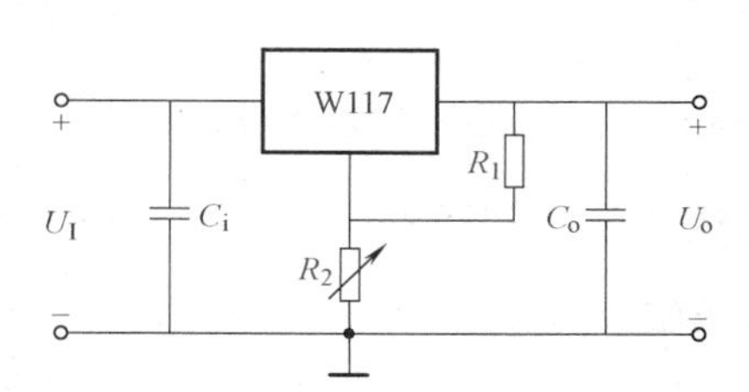

图 15.10　W117 电压可调稳压电路

（二）电路仿真

具体仿真步骤如下：

1）打开计算机中电工电子电路仿真软件 Multisim，单击［File］→［New］→［Blank］→［Create］新建一个空白的图样。

2）右击图样空白区域选择［Place Component］，打开［Select a Component］对话框，在［Group］下拉菜单中选择［Diodes］，在［Family］选项框中选择［DIODE］，在［Component］下搜索 1N4007，把［1N4007］放在图样上，如图 15.11 所示。

3）同理打开［Select a Component］对话框，在［Group］下拉菜单中选择［Basic］，在［Family］选项框中选择［RESISTOR］，参照图 15.3 中各电阻的阻值选择适合的电阻，放置在图样上，如图 15.12 所示。

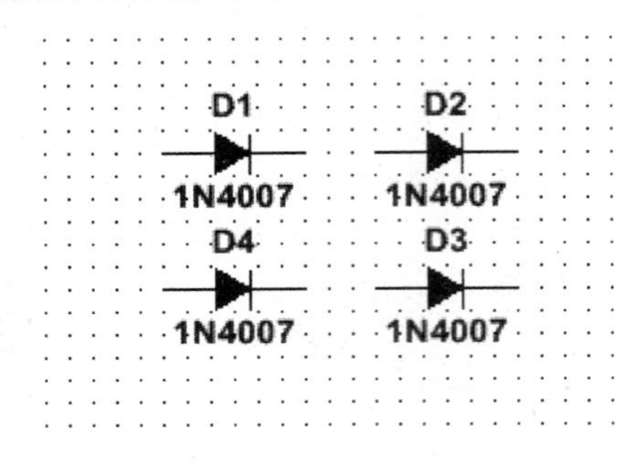

图 15.11　放置二极管

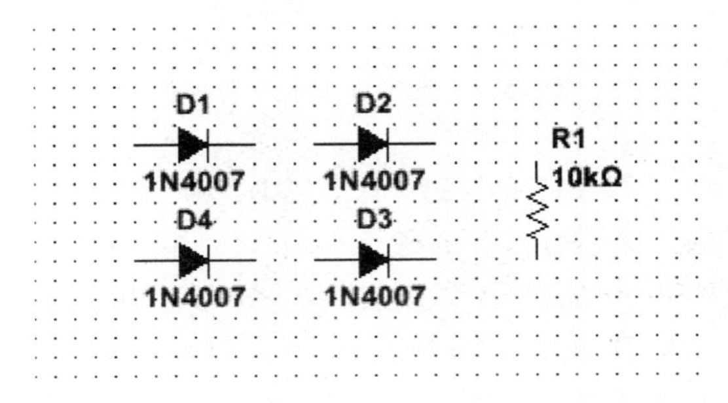

图 15.12　放置电阻

4）打开［Select a Component］对话框，在［Group］下拉菜单中选择［Basic］，在［Family］选项框中选择［CAP_ ELECTROLIT］，参照图 15.3 中各电容的值选择适合的电容，放置在图样上，如图 15.13 所示。

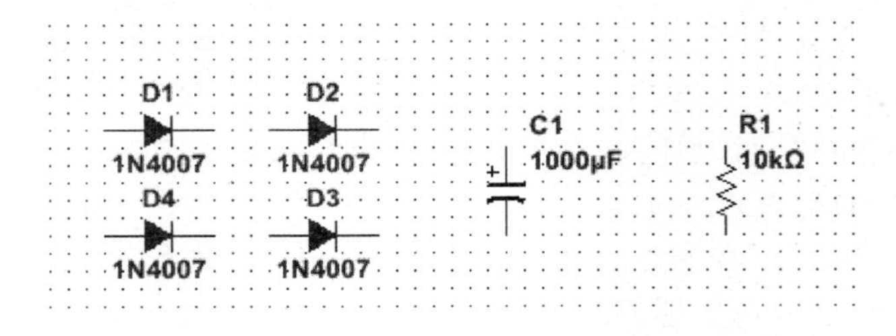

图 15.13　放置电容

5）在［Select a Component］对话框中的［Group］下拉菜单中选择［Sources］，在［Family］选项框中选择［POWER_ SOURCES］，分别在右边的［Component］选项框中选择［AC_ POWER］和［GROUND］，放置在图样上，如图 15.14 所示，并设置交流输出电压为 15V，如图 15.15 所示。

6）在 Multisim 界面右边的虚拟仪器工具栏中选择［Multimeter］和［Oscilloscope］，放置在图样上，如图 15.16 所示。

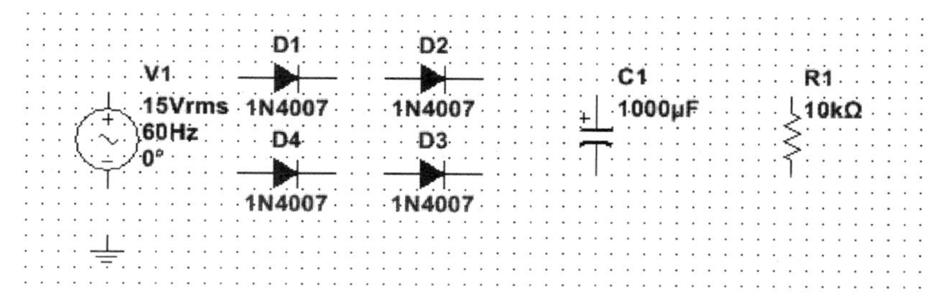

图 15.14　放置交流电源

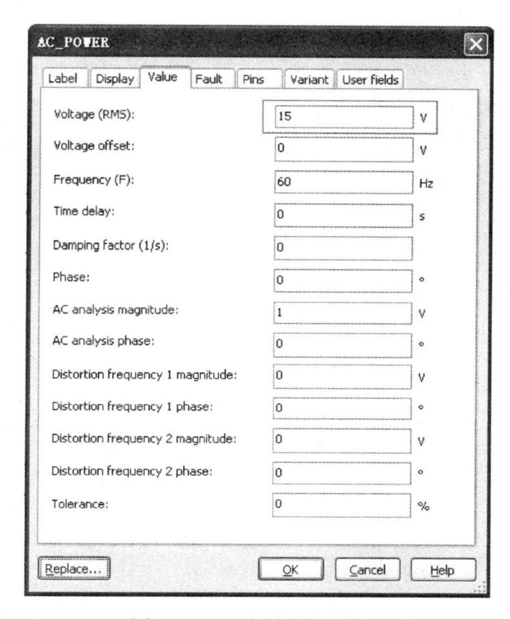

图 15.15　交流电源设置

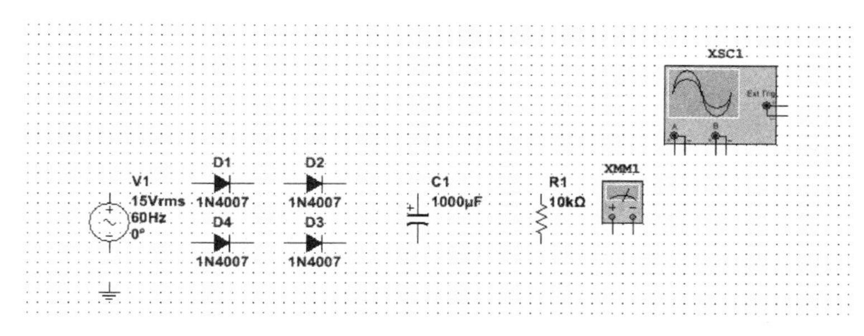

图 15.16　放置万用表和示波器

7）将所摆放的元器件按图 15.2 所示进行电路连接，连接好的滤波电路如图 15.17 所示（先不接滤波电容）。

8）测量电容滤波电路输出电压。

单击“Run”按钮运行，打开面板上的示波器，先不连入滤波电容，用示波器观察 U_L 波形，打开数字万用表测量直流输出电压，如图 15.18 所示，再连入滤波电容重复上述操作，输出电压波形如图 15. 19 所示，并将测试结果和两个波形分别填入表 15. 1 中。

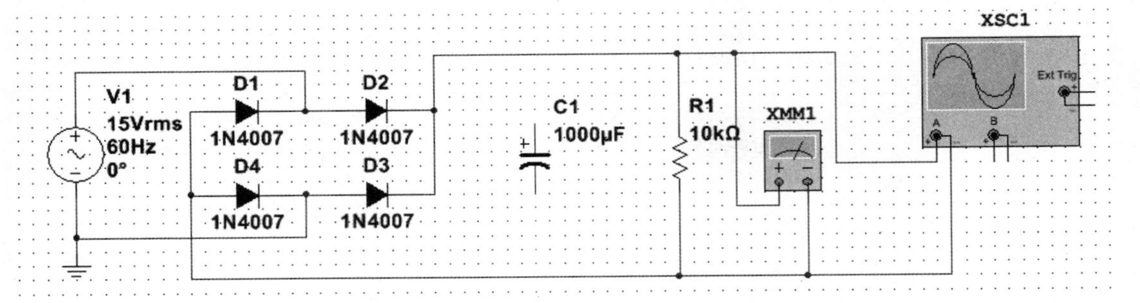

图 15. 17　整流滤波电路

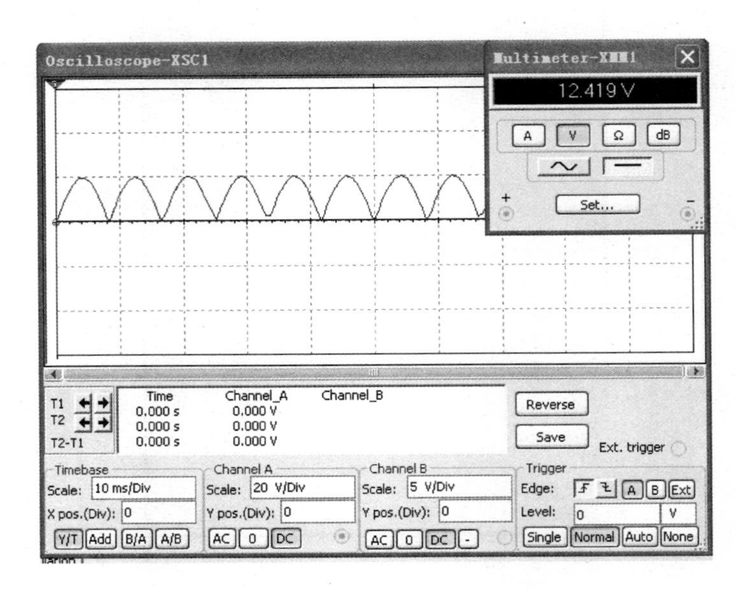

图 15. 18　整流后输出电压及波形

表 15. 1　整流滤波相关参数比较

电路形式		U_L	U_L 波形
$R_L = 10\text{k}\Omega$		12. 4V	
$R_L = 10\text{k}\Omega$ $C = 2200\mu\text{F}$		19. 8V	

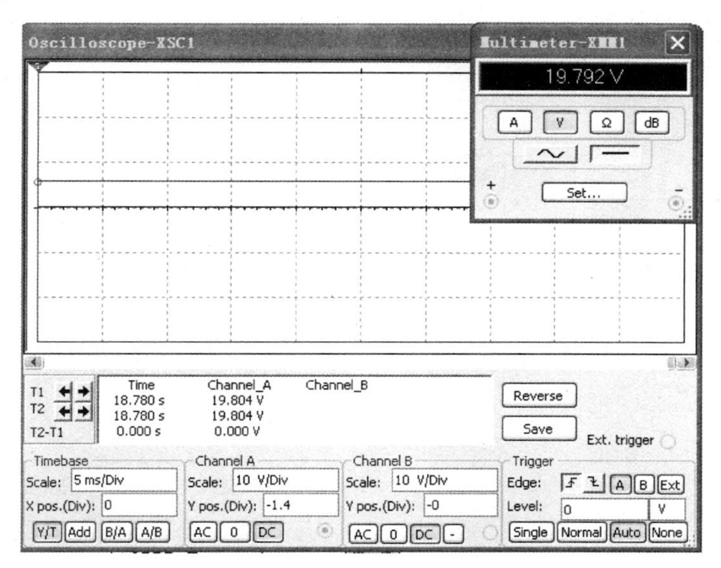

图 15.19　连入滤波电容后的电压 U_L 及波形

可以看出，如果滤波电容足够大，负载端等效电阻也足够大的话，输出电压脉动纹波非常小。可以在仿真软件中将滤波电容调小一些，比如 220μF，将负载电阻也调小一些，比如 100Ω，则可以看到脉动明显的直流输出电压。

9）测量正、负输出稳压电路输出电压。按照图 15.20 连接好正、负输出稳压电路，仿真电路如图 15.21 所示，在［Select a Component］对话框中的［Group］下拉菜单中选择［All Groups］，在［Family］选项框中选择［All Families］，分别在右边的［Component］下搜索 LM7812CT、LM7912CT。

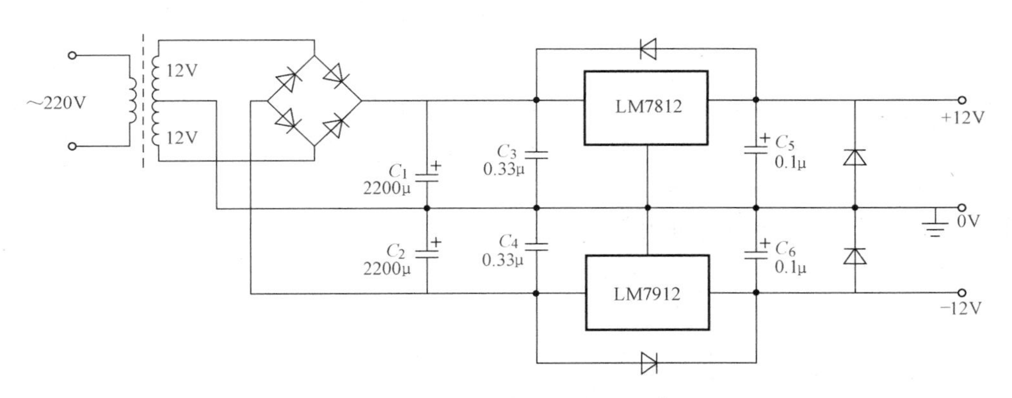

图 15.20　正、负输出稳压电路

用数字万用表分别测量+12V 和-12V 输出电压，如图 15.22 所示，并填入表 15.2。

表 15.2　正、负输出电压

	理论值	测量值
+12V 输出电压	12V	12.57V
-12V 输出电压	-12V	-12.6V

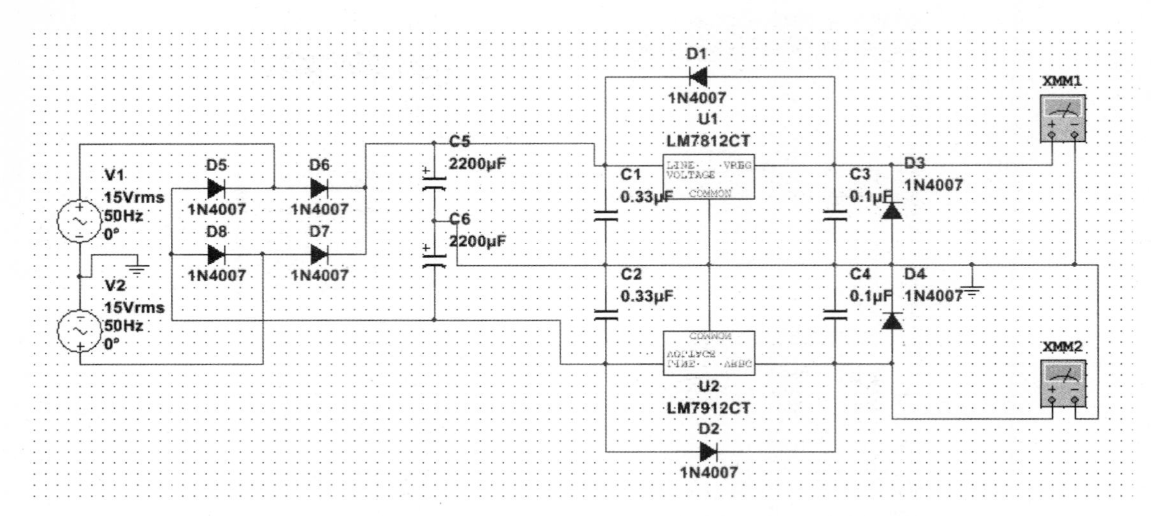

图 15.21　正、负输出稳压仿真电路

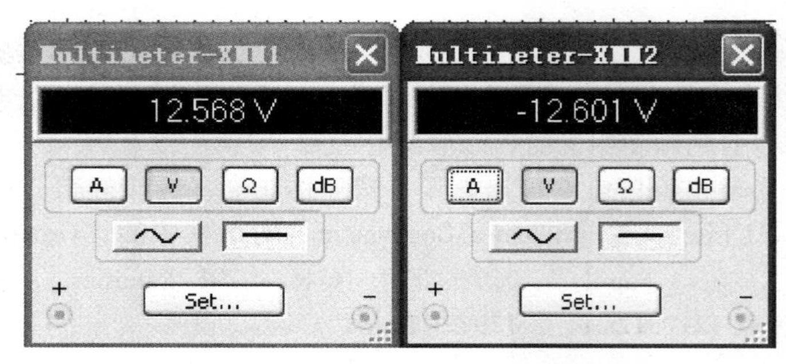

图 15.22　输出电压、读数

10）测量 W117/W217/W317 三端可调式稳压器输出电压范围。将图 15.3 滤波电路输出端接到图 15.10 稳压电路输入端，三端可调仿真电路如图 15.23 所示。电位器 R_2 阻值从 0 调至最大，观察输出电压变化，并将 $R_2=0$ 与 R_2 调至最大值时对应的输出电压测量值（图 15.24）和计算值分别填入表 15.3 中，并进行对比。

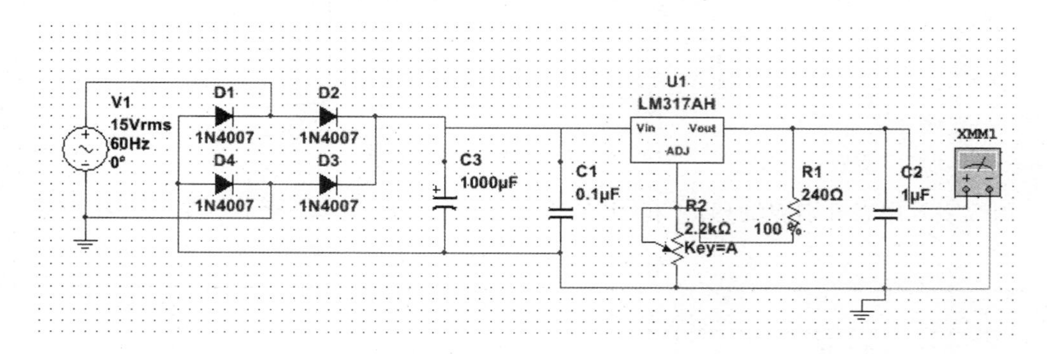

图 15.23　三端可调稳压仿真电路

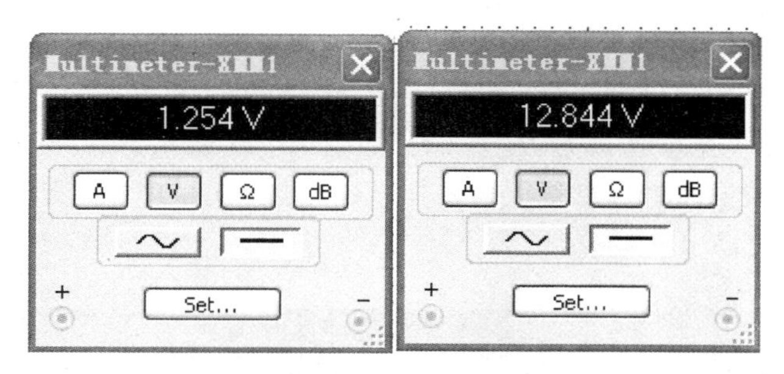

图 15.24　输出电压读数

表 15.3　不同电阻值对应的输出电压

电阻值	理论值	测量值
$RP_2=0$	1.25V	1.25V
$RP_2=2.2\text{k}\Omega$	12.7V	12.84V

四、实验内容与步骤

具体实验步骤如下：

1）确保 NI ELVIS Ⅱ+的电源开关处于断开状态。

2）将 NI ELVIS Ⅱ+上的原形板取下，取出 YL-NI ELVIS Ⅱ+系列实验模块转接主板，将其插在 NI ELVIS Ⅱ+上，注意检查是否接插到位。

3）实验模块转接主板接插到位后，我们取出课程实验模块（直流电源电路）将其插在实验模块转接主板上，注意检查是否接插到位。

4）测量电容滤波电路输出电压。按照图 15.3 进行电路连接，电容滤波仿真电路如图 15.25 所示，用杜邦线实际连线图如图 15.26 所示。输入 12V（实测 15 V 左右）交流电，

图 15.25　电容滤波仿真电路

打开［开始］→［所有程序］→［National Instruments］→［NI ELVISmx for NI ELVIS & myDAQ］菜单下的［NI ELVISmx Instruments Launcher］，打开面板上的［Oscilloscope］，先不连入滤波电容，用示波器观察 U_L 波形，如图 15.27 所示，打开数字万用表测量直流输出电压 U_L。再连入滤波电容重复上述操作，U_L 波形如图 15.28 所示，并将测试结果和两个波形分别填入表 15.4 中。

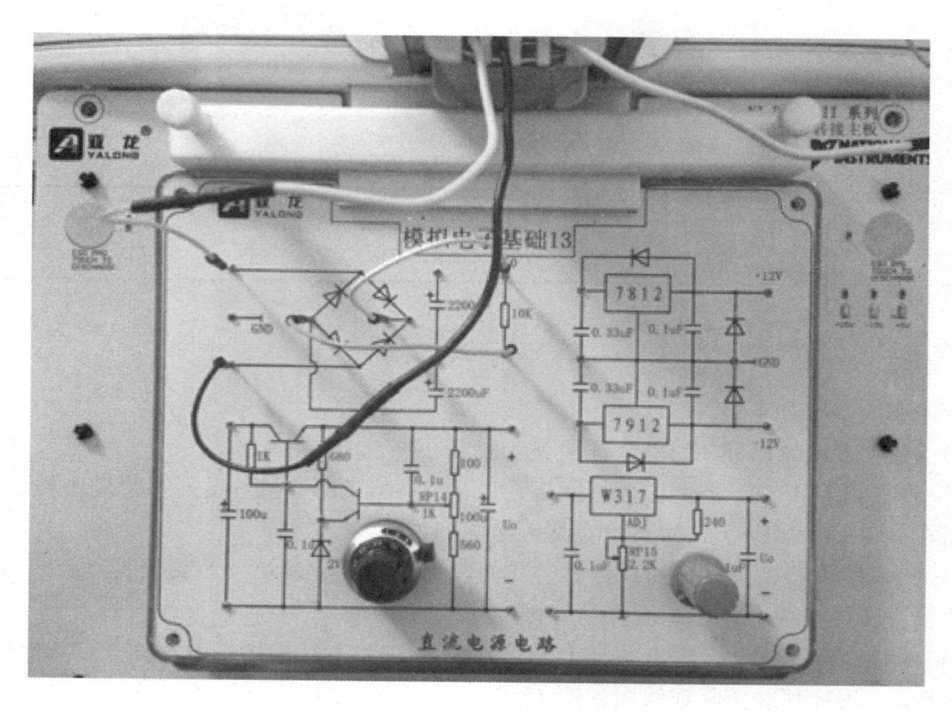

图 15.26　用杜邦线实际连线图

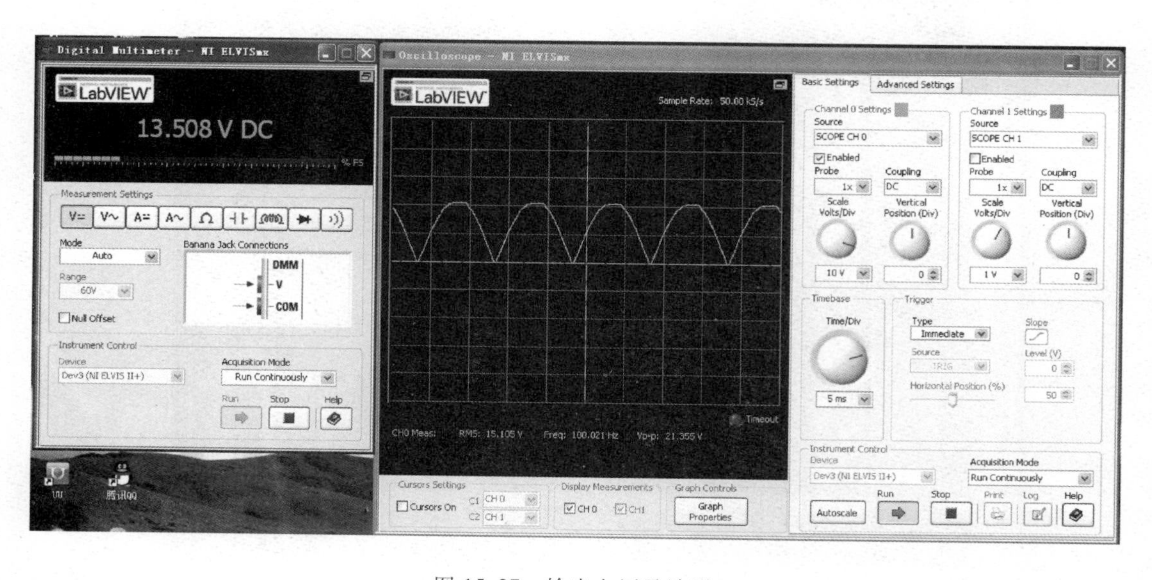

图 15.27　输出电压及波形

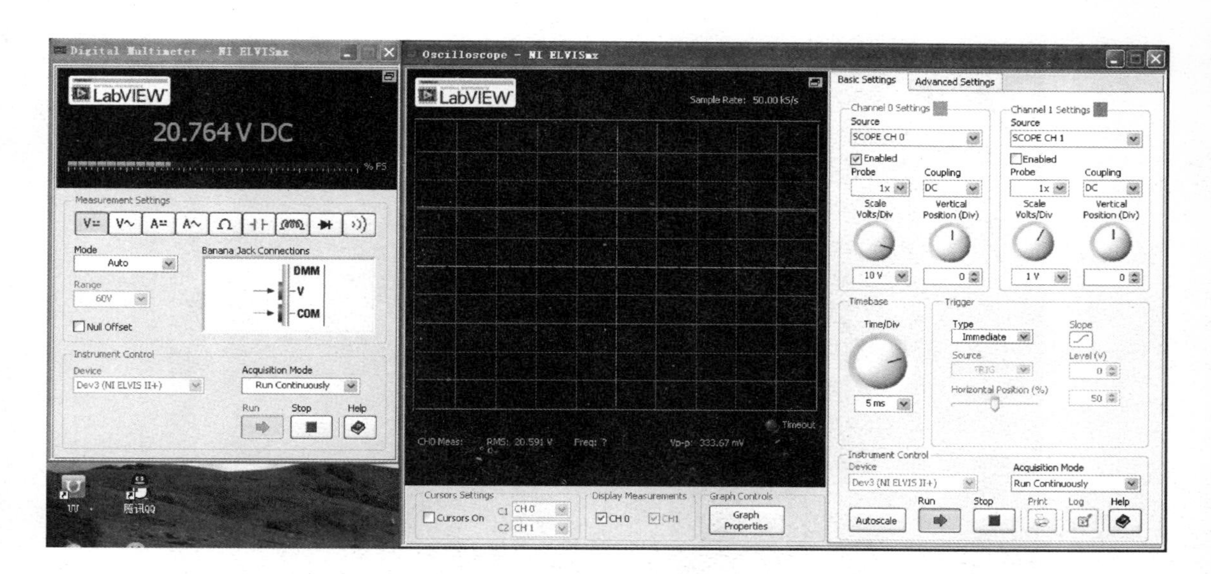

图 15.28　滤波输出电压及波形

表 15.4　电压测量结果及输出波形

电路形式		U_L	U_L 波形
$R_L = 10\text{k}\Omega$		13.5V	
$R_L = 10\text{k}\Omega$ $C = 2200\mu\text{F}$		20.8V	

5）测量串联型稳压电路输出电压可调范围。将图 15.3 滤波电路输出端接到图 15.5 稳压电路输入端，构成串联型稳压电路如图 15.29 所示，用杜邦线实际连线图如图 15.30 所示。测量稳压管稳定电压 U_Z，如图 15.31 所示，再根据所测量的 U_Z 计算出理论输出电压的调节范围。将电位器 RP_{14} 滑动端滑至最上端，测量输出电压 U_{omin}，如图 15.32 所示，再滑至最下端，测量输出电压 U_{omax}，如图 15.33 所示，并与理论计算值做对比后，填入表 15.5 中（由于电阻有误差，所以测量数值与理论值有偏差）。

表 15.5　输出电压值比较

电压	理论电压值	测量电压值
U_Z	2V	2.7V
U_{omin}	3.55V	3.4V
U_{omax}	9.9V	10.4V

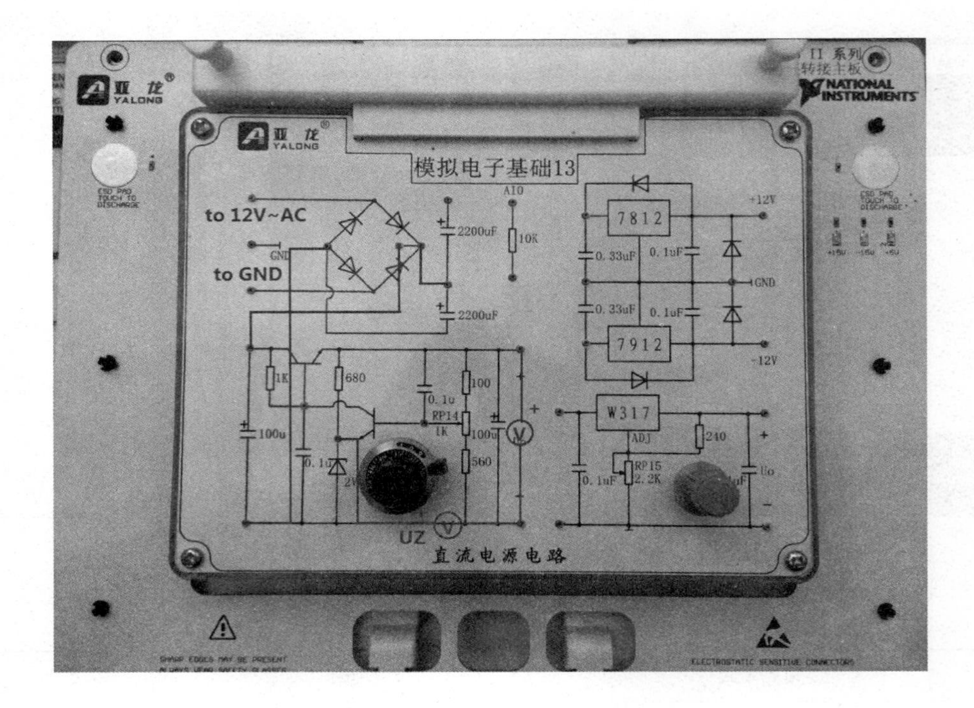

图 15.29　串联型稳压电路

图 15.30　用杜邦线实际连线图

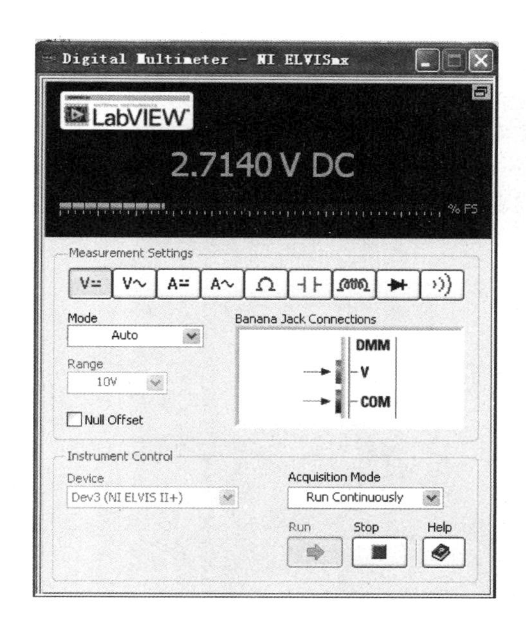

图 15.31　稳压管稳定电压 U_Z 读数

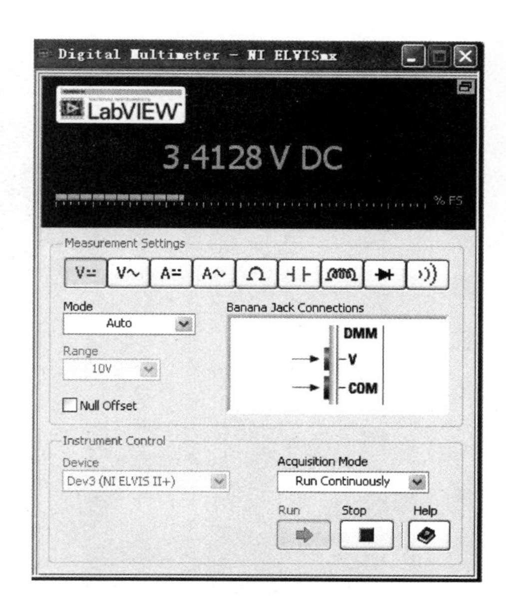

图 15.32　最小输出电压

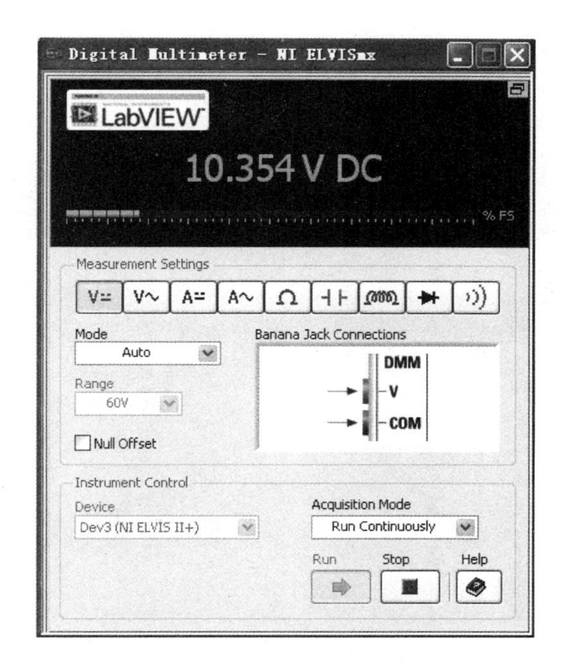

图 15.33　最大输出电压

6）测量正、负输出稳压电路输出电压。按照图 15.20 连接电路，正、负输出稳压电路如图 15.34 所示，用杜邦线实际连线图见图 15.35 所示。

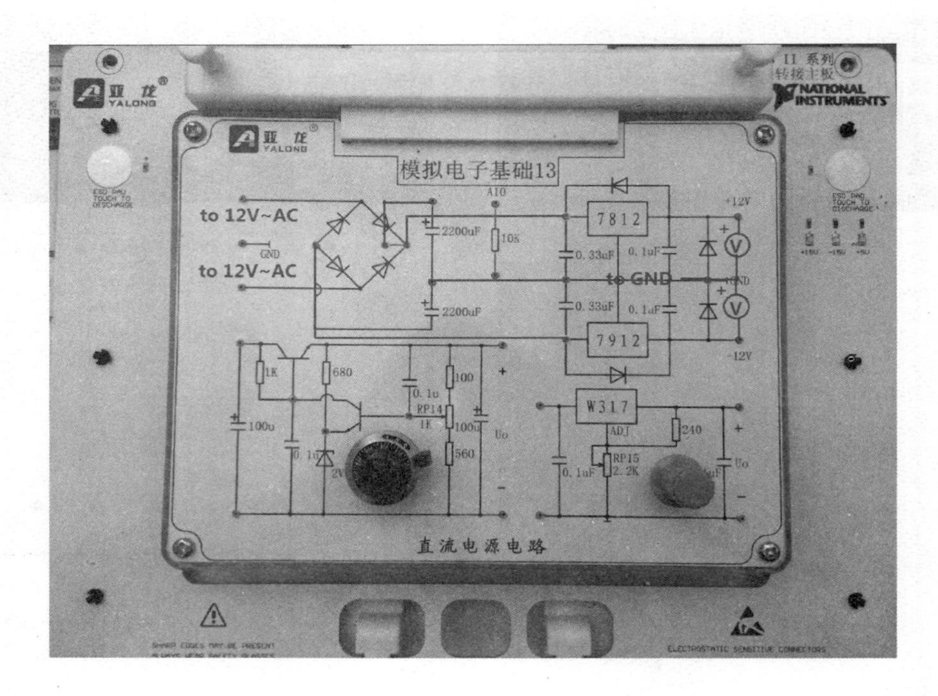

图 15.34　正、负输出稳压电路

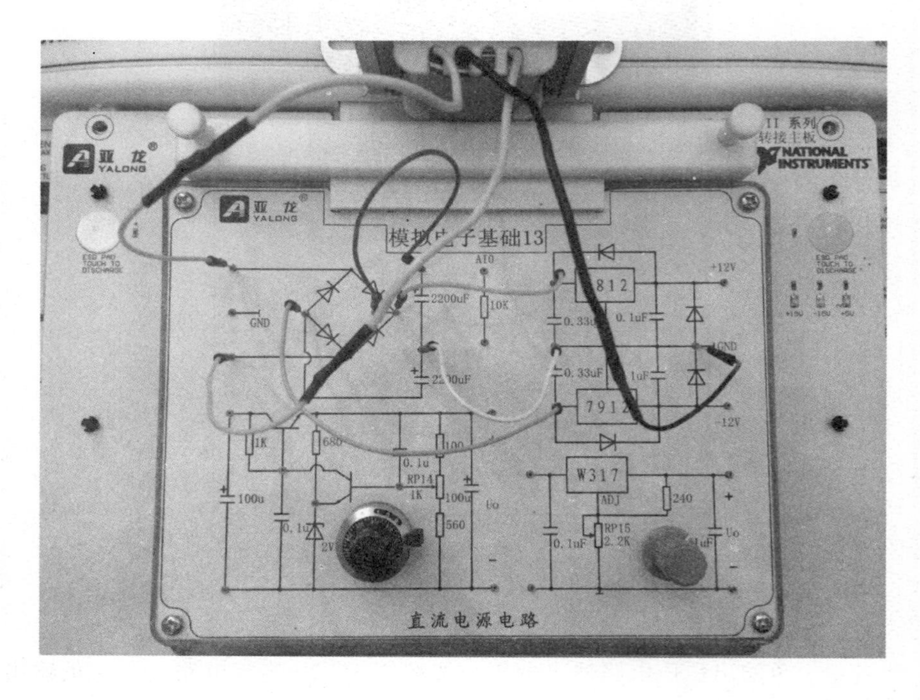

图 15.35　用杜邦线实际连线图

用数字万用表分别测量+12V 和-12V 输出电压，如图 15.36 所示，并填入表 15.6。

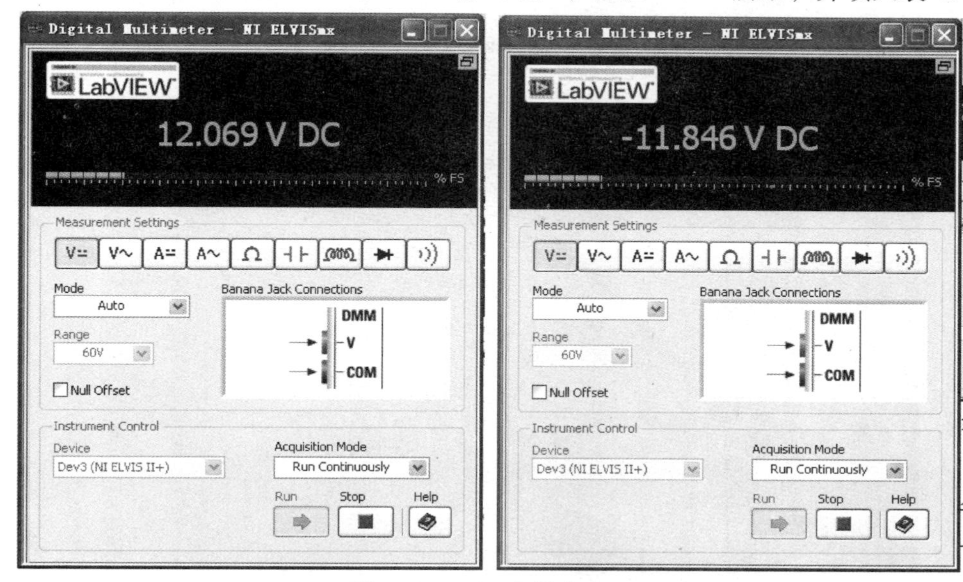

图 15.36　正、负输出电压

表 15.6　正、负输出电压值比较

	理论值	测量值
+12V 输出电压	12V	12.07V
-12V 输出电压	-12V	-11.85V

7）测量 W117/W217/W317 三端可调式稳压器输出电压范围。将图 15.3 滤波电路输出端接到图 15.10 稳压电路输入端，三端可调稳压电路如图 15.37 所示，用杜邦线实际连

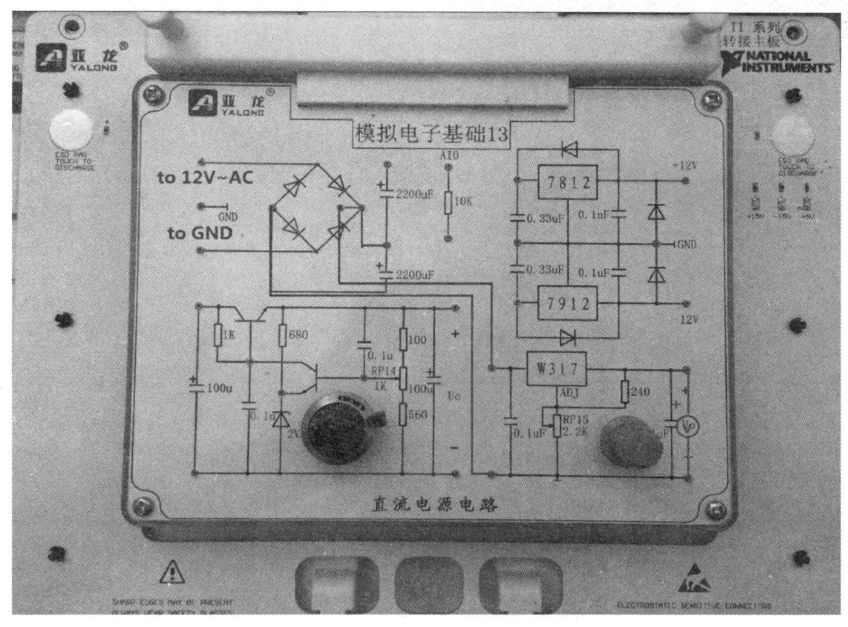

图 15.37　三端可调稳压电路

线如图 15.38 所示。电位器 RP_{15}阻值从 0 调至最大，观察输出电压变化，并将 $RP_{15}=0$ 与 RP_{15}调至最大值时测量值（图 15.39）和计算值分别填入表 15.7 中，并进行对比。

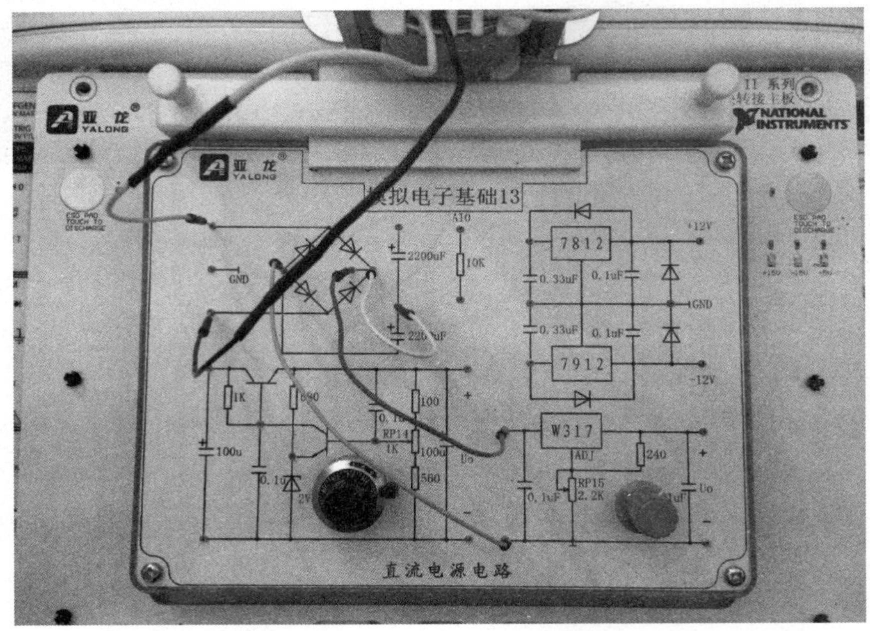

图 15.38　用杜邦线实际连线图

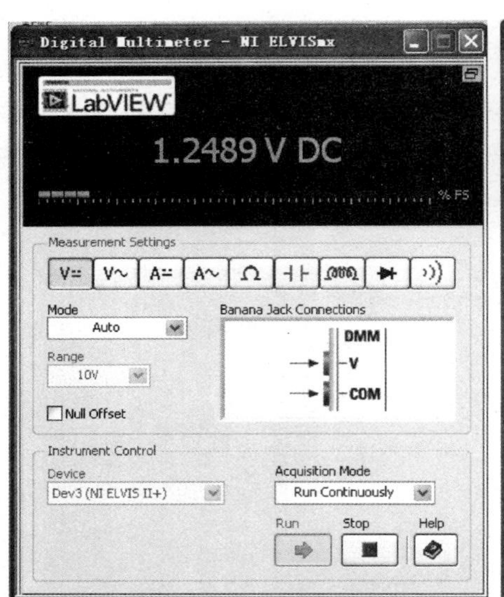

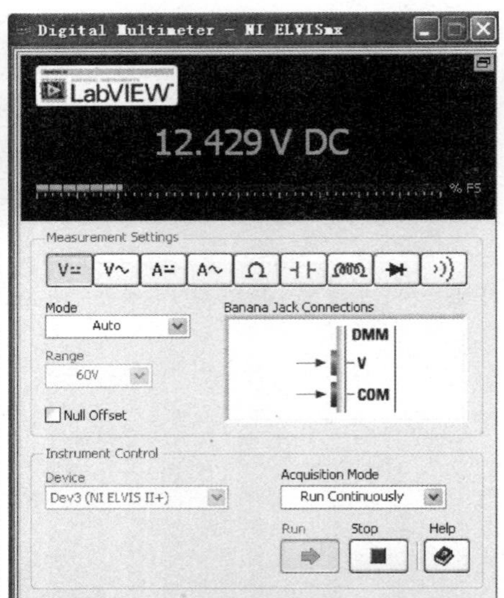

图 15.39　输出电压读数

表 15.7　输出电压值比较

电阻值	理论值	测量值
$RP_{15}=0$	1.25V	1.25V
$RP_{15}=2.2\text{k}\Omega$	12.7V	12.4V

参考文献

［1］ 童诗白，华成英．模拟电子技术基础［M］．5版．北京：高等教育出版社，2015.

［2］ 阎石．数字电子技术基础［M］．6版．北京：高等教育出版社，2016.

［3］ 孔凡才，周良权．电子技术综合应用创新实训教程［M］．北京：高等教育出版社，2008.

［4］ 孔凡才．自动控制系统——工作原理、性能分析与系统调试［M］．2版．北京：机械工业出版社，2011.

［5］ 从宏寿，李绍铭．电子设计自动化——Multisim在电子电路与单片机中的应用［M］．北京：清华大学出版社，2008.